TERRITOIRES, INONDATION ET FIGURES DU RISQUE
La prévention au prisme de l'évaluation

ITINERAIRES GEOGRAPHIQUES
Sous la direction de Colette Vallat

Espace de débats scientifiques reflétant la diversité et la densité des intérêts géographiques comme la richesse méthodologique qui préside à la recherche en ce domaine, cette collection veut rassembler tous les *itinéraires* menant au territoire (géographie sociale, culturelle, quantitative, normative, aménagement...). Forum où rien de ce qui touche à l'homme n'est indifférent la collection donne aussi l'occasion d'ouvrir le dialogue avec de nombreuses sciences humaines en accueillant les textes présentant une réelle curiosité pour l'espace, les cultures et les sociétés.

Titres à paraître
* Ugo Leone, Gilles Benest, *Europe : de nouvelles politiques pour l'environnement*
* Alessia Mariotti, *Tourisme et développement durable au Sénégal*
* Alexandre Moine, *Comprendre et observer les territoires : l'indispensable apport de la systémique*
* Patrice Melé, Corinne Larrue, *Territoires d'action*

TERRITOIRES, INONDATION ET FIGURES DU RISQUE
La prévention au prisme de l'évaluation

Sous la direction de Richard Laganier
Professeur à l'Université Paris 7

Gilles Arnaud-Fassetta, MCF à l'Université Paris 7
Stéphanie Defossez, Doctorante à l'Université Montpellier 3
Monique Fort, Professeur à l'Université Paris 7
Gilles Hubert, Professeur à l'Université de Cergy
Nancy Meschinet de Richemond, MCF à l'Université Montpellier 3
Frédéric Ogé, Chargé de recherche CNRS, UMR PRODIG
Albert Plet, MCF à l'Université Paris 7
Nathalie Pottier, MCF à l'Université de Versailles-St Quentin
Helga-Jane Scarwell, MCF à l'Université Lille 1
Freddy Vinet, MCF à l'Université Montpellier 3.

L'Harmattan
5-7, rue de l'École-Polytechnique ; 75005 Paris
FRANCE

L'Harmattan Hongrie
Könyvesbolt
Kossuth L. u. 14-16
1053 Budapest

Espace L'Harmattan Kinshasa
Fac..des Sc. Sociales, Pol. et
Adm. ; BP243, KIN XI
Université de Kinshasa – RDC

L'Harmattan Italia
Via Degli Artisti, 15
10124 Torino
ITALIE

L'Harmattan Burkina Faso
1200 logements villa 96
12B2260
Ouagadougou 12

www.librairieharmattan.com
harmattan1@wanadoo.fr
diffusion.harmattan@wanadoo.fr

ISBN : 2-296-00976-X
EAN : 9782296009769

Préface

L'inondation n'est certes plus aujourd'hui perçue comme une fatalité, contrepartie plus ou moins inévitable des ressources et des bienfaits apportés par le cours d'eau. Mais elle encore souvent ressentie, dans l'immédiateté de la catastrophe et l'émotion des pertes de vies humaines ou des dommages qui alimentent la médiatisation de l'évènement, comme un scandale, une faillite du système technico-économique ou des politiques publiques. Lier inondation et territoire, comme nous y invitent Richard Laganier et ses collègues, c'est inscrire le phénomène dans d'autres temporalités et d'autres échelles d'analyse.

Si indispensables en effet que soient les outils tels que la prévision, les dispositifs d'alerte ou les « retours d'expérience », ils restent largement dépendants de la réalisation du risque et de son caractère aléatoire. Leur mise en œuvre, leur audience et la mobilisation des acteurs autour du risque sont marquées par l'alternance, souvent constatée, entre périodes d'oubli relatif et accélérations motivées par le souci de répondre à l'émotion suscitée par l'intensité ou la répétition des catastrophes. S'inscrivant dans la chaîne des actions qui associe la prévention, la gestion et la remédiation, l'évaluation du risque que les auteurs ont choisi de privilégier permet de s'affranchir de cette alternance ; elle ouvre la voie vers la continuité et le long terme du développement et de l'aménagement des territoires.

Lier inondation et territoire, c'est aussi inviter à ne pas considérer les zones inondables (et périodiquement inondées) comme les seuls espaces concernés par le risque. En France aujourd'hui, l'inondation est de loin le plus répandu des risques naturels, puisqu'il concerne à des degrés divers environ 1/3 des communes, dont la plupart des grandes villes, et représente 80 % des dommages imputés aux risques naturels. En présentant la diversité des processus et des manifestations de l'inondation, en analysant des exemples aussi divers que l'Aude et ses affluents méditerranéens dont les crues récentes et leurs effets ont été fortement médiatisés, l'Orge, la Lys ou la Semoy dont les crues n'ont à l'évidence pas le même caractère spectaculaire, l'ouvrage contribue à une vision élargie du phénomène. Bien plus, l'accent mis sur l'interdépendance spatiale des territoires renforce l'idée que la gestion territorialisée du risque ne doit pas avoir les zones directement concernées par l'inondation pour seul champ d'action, et que ses effets s'exercent bien au-delà.

Certes, le lien entre territoire et risque d'inondation n'est pas un principe nouveau ; il a été souvent invoqué à l'occasion des évolutions qui, depuis plusieurs décennies, ont marqué les politiques publiques et la transformation des institutions en charge du risque d'inondation. Mais quelle en est l'application réelle ? Quelles sont, en retour, les implications sur les modes de gestion et la « gouvernance » des territoires ? En tentant de répondre à ces questions, avec la distance critique et la liberté permise aux chercheurs, cet ouvrage s'adresse certes aux chercheurs eux-mêmes, mais aussi à ceux qui sont chargés de mettre en œuvre les politiques publiques de gestion du risque et à ceux des citoyens qui sont ou seront de plus en plus conviés à prendre part à une gouvernance démocratique du risque. C'est au moins le destin que l'on peut lui souhaiter.

Claude Kergomard

Professeur à l'École normale supérieure

Sommaire

Première partie
L'intégration inondation-territoire au prisme de l'évaluation

Deuxième partie
L'appropriation d'une contrainte environnementale : l'inondation

Troisième partie
Les implications territoriales d'une gestion spatialisée du risque

INTRODUCTION

TERRITOIRES, INONDATION ET FIGURES DU RISQUE LA PRÉVENTION AU PRISME DE L'ÉVALUATION

Sous la direction de Richard Laganier

L'inondation, anciennement perçue comme une fatalité, s'est progressivement transformée en un mal à combattre, avant de devenir, ces dernières années, une contrainte à intégrer au développement des territoires voire un atout de développement. Ces différentes visions ont donné corps à de multiples interventions humaines sur l'espace, parfois concurrentes, qu'une vision stratégique de l'avenir, construite par la volonté des décideurs, chercherait dès lors à harmoniser.

Ces changements de représentations et de pratiques s'inscrivent, en ce tournant de siècle, dans une métamorphose plus générale du rapport de nos sociétés contemporaines aux risques, sociétés du risque prenant conscience des multiples impacts engendrés par le développement des sciences et des techniques (BECK, 2001). Ils rentrent également en interactions avec d'autres dynamiques propres aux territoires. Car le jeu territorial change, et avec lui le statut des territoires qui ne se limite plus aux caractéristiques socio-spatiales et à l'emprise des activités économiques ou encore aux institutions qui le gouvernent. Le territoire est désormais « acteur », porteur de « projets ». Il est lui-même en recomposition ; ses limites géographiques évoluent tout comme ses compétences. Les territoires deviennent alors des systèmes complexes, organisés, hiérarchisés, mouvants et porteurs d'actions.

L'enjeu est alors de comprendre en quoi la mise en œuvre et l'évolution des modalités de gestion du risque d'inondation est capable de transformer les territoires dans leurs dimensions matérielles, organisationnelles et sociales.

Le processus de territorialisation des risques s'inscrit en effet dans un cadre spatial qu'il contribue à modeler. Par la structuration de la vie collective, la prévention du risque d'inondation, à travers la définition de normes, la mise en place d'outils de planification et la création de nouvelles institutions territoriales, participe à la transformation des territoires. Il s'agit alors de prendre en considération la réalité hydrologique là où elle s'exprime : la vallée inondable et le bassin versant associé en tant que lieu de production du risque. Il s'agit aussi d'apprécier les interactions entre cette réalité physique et les dynamiques économiques et sociales des territoires et du risque. C'est la condition même de l'efficacité de son action. Émerge alors l'idée d'une dimension locale de l'action collective et des risques auxquels elle est confrontée. L'intégration du local dans l'action publique se forgerait à travers des démarches d'adaptation des politiques et normes nationales aux spécificités locales afin de définir un « style » de prévention en adéquation avec les contextes sociaux, culturels, institutionnels, économiques et géographiques particuliers.

Par conséquent, la démarche d'une telle politique n'est plus de dicter le futur des territoires mais de le construire avec les acteurs concernés. Ce nouveau champ d'action est alors structuré à partir de différentes formes de partenariats entre l'État, les collectivités locales et les acteurs privés. L'enjeu est de rapprocher et de confronter les savoirs et les représentations qu'ont les acteurs des enjeux liés au risque et des modalités de gestion individuelle ou collective du risque d'inondation. La volonté est aussi de pallier les situations de conflits et de blocages qui aboutissent très fréquemment, en matière de gestion des risques, à un rejet de la politique et à un échec des mesures préconisées. Des démarches plus ou moins actives de concertation ou de négociation cherchent ainsi à mobiliser de nouveaux acteurs territoriaux et à construire une action publique territorialisée. Quels sont les moyens mis en œuvre pour assurer la prise en compte de la territorialité, i.e. les multiples dimensions du vécu territorial des membres d'une collectivité concernée par les risques et leur gestion ? Qu'en est-il de leurs conséquences du point de vue de la redistribution des rôles entre acteurs publics et privés et de façon plus générale sur les contenus des nouvelles formes de décision collective dans la gestion du risque d'inondation ? Conduisent-elles à une redéfinition des représentations spatiales et à une appropriation des politiques publiques par les acteurs du territoire ? (Partie 2)

La mise en interaction du risque d'inondation avec le territoire par l'élaboration d'outils multiformes de prévention pose également, avec acuité, la question de la détermination de l'échelle pertinente pour l'action. Or s'agissant du risque d'inondation, force est de constater que l'espace de l'aléa et l'espace des enjeux ne coïncident pas avec un territoire issu d'un découpage administratif ou politique traditionnel (commune, département, région). Dès lors, de nouvelles constructions territoriales et de nouvelles normes vont s'imposer avec toutes les difficultés en matière de coordination et d'appropriation que rencontrent de telles constructions. L'analyse de nouveaux dispositifs réglementaires et organisationnels (plans de prévention des risques, schéma d'aménagement et de gestion des eaux…) permettra ainsi de voir en quoi les contours, les contenus et les stratégies des territoires ont été modifiés dans la perspective d'une meilleure intégration du risque d'inondation dans leur aménagement et leur développement tout comme une meilleure articulation, à l'échelle d'un territoire, des régulations publiques et des stratégies privées (partie 3).

Un rapide détour sur les concepts et les méthodes d'évaluation des politiques publiques appliquées à plusieurs actions publiques et territoires français (partie 1) permettra d'apprécier au mieux ces dynamiques de territorialisation du risque d'inondation et les différentes figures du risque[1].

[1] Les auteurs remercient le CNRS pour le soutien financier accordé dans le cadre du Programme SHS « Eau, Environnement et Sociétés » et le FEDER

PREMIÈRE PARTIE

L'INTÉGRATION INONDATION-TERRITOIRE AU PRISME DE L'ÉVALUATION

Le projet d'intégration de l'aléa inondation au territoire passe par une combinaison de plusieurs processus : un processus d'action publique qui cherche à définir ou à redéfinir les cadres institutionnels d'intervention et les outils d'intégration, un processus technique de prise en compte du risque dans les stratégies d'aménagement et un processus économique de financement et d'indemnisation basé notamment sur le principe de solidarité. Posée en ces termes, l'intégration inondation-territoire ne peut faire l'impasse d'une réflexion préalable sur le concept de risque et sur les liens qu'entretient l'aléa inondation avec le développement territorial et les sociétés qui le façonnent (chapitre 1). Le risque hydrologique apparaît en effet non seulement comme l'expression d'une réalité physique mais également comme un problème de distribution spatiale et temporelle des activités humaines. Ainsi, le risque d'inondation ne se pose pas avec la même acuité dans les différents territoires, et pour un même espace dans le temps en fonction des évolutions des systèmes socio-économiques et techniques, des représentations que les sociétés peuvent avoir du risque et des projets de société.

Au-delà de la définition des liens théoriques qui peuvent se tisser entre l'aléa et le territoire, il s'agira aussi d'examiner les modalités particulières développées ces dernières années en France par l'action publique pour assurer la mise en œuvre du projet d'intégration du risque d'inondation au territoire. La présentation d'un tableau synthétique des démarches normatives, organisationnelles et contractuelles précisera ainsi les grands axes d'approche de cette intégration. La dimension temporelle permettra de s'interroger sur l'idée d'un changement dans la conception de la gestion des risques tant sur le plan organisationnel et décisionnel que sur une réorientation des enjeux liés aux hydrosystèmes. S'opérerait en effet un glissement d'une démarche essentiellement normative, fortement structurée autour de l'État et de ses services, vers une définition des cadres de l'intervention basés sur une coopération élargie entre de multiples acteurs pour une meilleure mise en œuvre et une plus grande appropriation à l'échelle locale. Par ailleurs, les hydrosystèmes fluviaux seraient désormais considérés comme une infrastructure naturelle à vocation patrimoniale et économique, un bien à préserver pour le développement futur dans l'intérêt de la collectivité.

Au regard de ce nouveau projet de gestion intégrée des risques, cette recherche mettra l'accent sur les méthodes déployées pour mesurer et évaluer les implications territoriales liées à l'application des nouvelles modalités d'action publique (Chapitre 2). L'état des lieux de la politique des risques et de sa mutation dans le temps permettra d'engager dans les parties suivantes une analyse de certaines actions publiques conduites à l'échelle locale, à partir d'une méthodologie originale d'évaluation des relations inondation-territoire et de vérifier le caractère opérationnel de la gestion intégrée. Elle s'appuiera sur différents sites d'étude sélectionnés sur le territoire français (la

Lys, l'Orge, l'Aude, la Semoy) illustrant à la fois l'unité et la diversité de la problématique (chapitre 3).

Chapitre 1

LA TERRITORIALISATION DU RISQUE D'INONDATION EN QUESTIONS

R. Laganier

Le risque d'inondation en tant que système

Le risque d'inondation peut être classiquement défini comme un événement dommageable, doté d'une certaine probabilité, lié à la conjonction de l'aléa inondation[2] et de la vulnérabilité de la société. Il correspond à une contrainte hydrologique potentielle, car l'aléa est caractérisé par des variables en termes d'extension spatiale, de hauteur et de vitesse d'eau, dépendantes de sa fréquence ; potentielle aussi, par la définition même de la vulnérabilité de la société appréciée par les dommages matériels ou tangibles qu'elle pourrait subir en cas d'inondation mais aussi les dommages non matériels ou intangibles (préjudice moral), susceptibles de peser lourdement sur le niveau de bien-être des individus.

La notion de vulnérabilité traduit ainsi la mesure objective et subjective des dommages potentiels ou avérés rapportée à l'intensité de l'aléa. Le caractère objectif de la vulnérabilité peut s'analyser par une comptabilité analytique des dommages liés à l'inondation et des enjeux au sein de l'espace inondable mais aussi par une évaluation plus globale des dysfonctionnements engendrés par l'aléa au sein du système socio-économique (impacts indirects des réseaux techniques affectés par l'aléa sur la vie économique d'une ville, d'une région voire d'un pays par exemple). L'évaluation plus synthétique de la vulnérabilité révèle ainsi que le danger potentiel s'étend au-delà des seuls lieux inondés et peut fragiliser un système territorial dans son ensemble. Ces territoires physiquement extérieurs à la zone inondable dépendent en réalité de la densité des réseaux techniques (routes, autoroutes, aéroport, réseaux électriques…) tout comme des liens économiques susceptibles d'être touchés. L'action publique, en matière de risque, supposerait alors d'être modulée

---

[2] L'inondation correspond à un phénomène de submersion temporaire, naturelle ou artificielle, d'un espace terrestre.

selon les contextes en la réintégrant dans son environnement local, qu'il soit économique, social ou institutionnel.

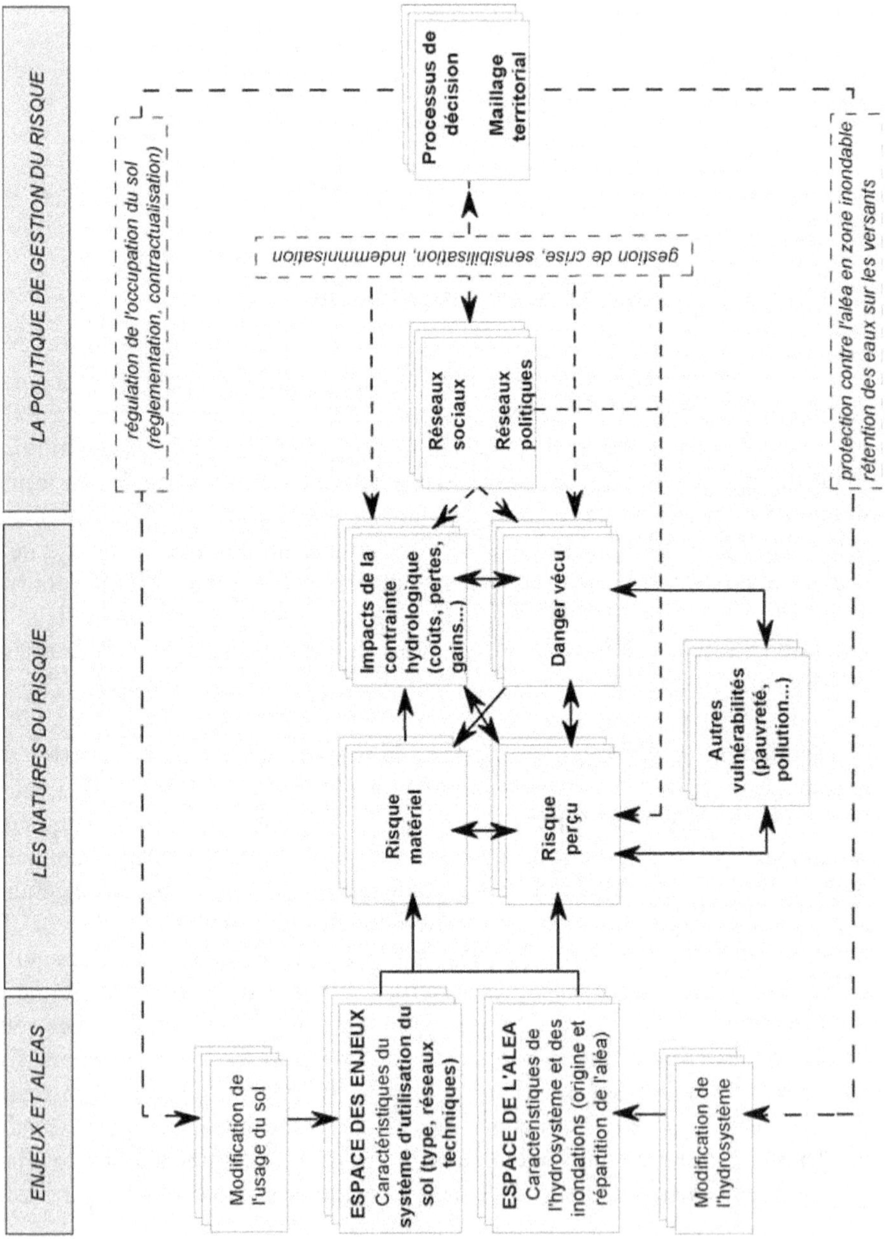

Figure 1.1 - Le risque d'inondation en tant que système

La notion d'interdépendance spatiale des territoires apparaît donc primordiale dans l'analyse des risques (figure 1.2). Ainsi une action publique conduite sur une zone donnée aura, certes, des conséquences sur la zone en question, conformes ou non aux intentions qui présidaient à la décision de l'appliquer, mais disposera aussi d'effets de débordement sur d'autres espaces. L'exemple de l'endiguement localisé d'un cours d'eau et de ses conséquences aval (aggravation de l'aléa) l'illustre parfaitement.

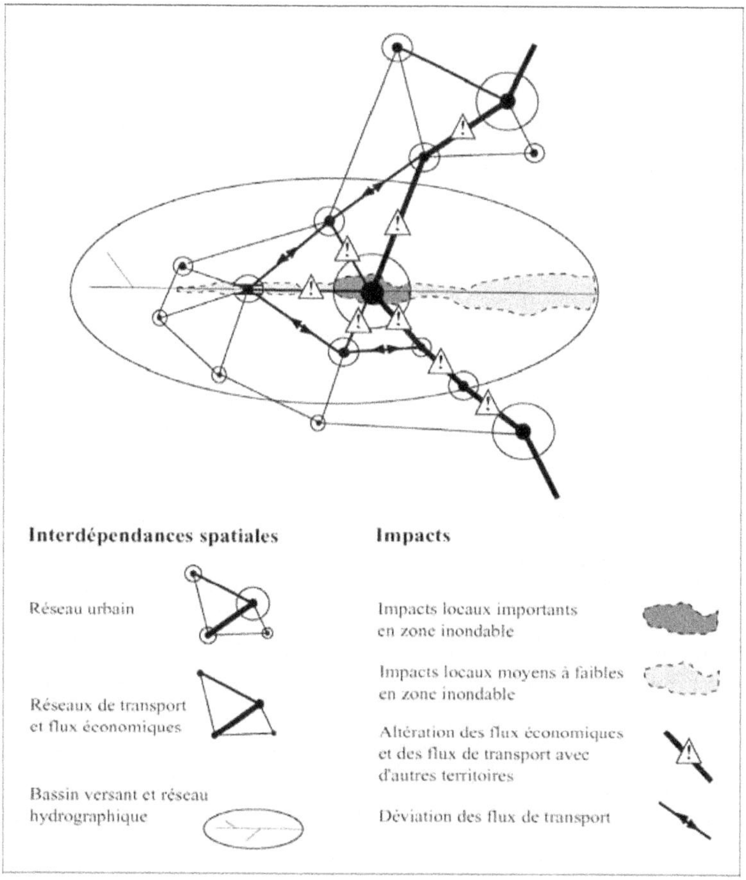

Figure 1.2 - Risque d'inondation et interdépendances spatiales

La problématique de la gestion des risques insiste donc sur le renforcement de telles interactions et, en l'espèce, il s'agit tout à la fois d'une multiplication de ces effets spatiaux, d'un élargissement de l'espace d'incidence et d'une accentuation de l'importance des effets. Ce n'est pas tant le fait que les impacts liés aux inondations soient localisés qui nous intéresse ici, que l'existence d'une disjonction radicale entre l'origine spatiale de l'aléa (les précipitations), ses espaces de transferts (les versants) et ses lieux de manifestation (les vallées inondables et les territoires connexes). Il s'avère alors que le partage des responsabilités et le partage des risques sont foncièrement inégaux selon les secteurs géographiques. Par ailleurs, une tendance dans l'analyse des problèmes comme dans la recherche de solutions se renforce au fil du temps : celle du passage des risques quantitatifs localisés aux risques transfrontaliers (frontière d'État comme frontière communale). Or, l'espace fonctionnel d'un pôle économique ou urbain, par exemple, ne coïncide plus avec le territoire géographique de nuisances environnementales qui en résulte, délimité, dans le cas des inondations, par des processus hydrologiques variés. Le territoire de l'inondation tend également à se déconnecter du territoire institutionnel, le seul pourtant censé assurer la régulation du problème en question. Sans doute, "l'espace des réponses" doit-il évoluer, mais il n'est nullement certain que la complexe architecture sociopolitique qui préside à la construction du territoire institutionnel puisse ainsi intégrer, aussi aisément, de nouveaux arguments hydrologiques pour se transformer. C'est l'enjeu qui sous-tend par exemple la mise en place de structures intercommunales à l'échelle d'un bassin versant que nous analyserons plus loin.

Au-delà du constat spatial de la vulnérabilité matérielle, l'enjeu est aussi d'appréhender le caractère subjectif de la vulnérabilité (figure 1.1). Le risque est en effet bien plus que la combinaison de processus naturels et anthropiques matériels. Il est aussi une construction sociale où la subjectivité dépend de la nature des réactions des individus face au danger (danger vécu) tout comme des représentations que se font les personnes concernées de ces phénomènes (risque perçu). C'est pourquoi un événement défini comme faiblement puissant, sur le plan hydrologique, pourra se traduire par un impact fort au niveau du système social alors qu'une inondation de très forte intensité pourra être davantage acceptée en d'autres lieux si le groupe social considéré y est mieux préparé. Ce travail sur les acteurs amène ainsi à réfléchir sur les notions de seuils d'acceptation, de mémoire du risque ou encore d'appropriation du phénomène tout comme des pratiques mises en œuvre pour le gérer. L'analyse des modes de gestion du risque conduira à s'interroger sur la manière dont les démarches de communication, d'information et de concertation sont menées ainsi que sur la représentation que peuvent en avoir les acteurs locaux.

La nature des risques est donc plurielle : matérielle et immatérielle, locale et régionale et se caractérise par des interdépendances spatiales et des interrelations avec les domaines de la vie sociale, économique et politique.

De plus, les deux dimensions qui engendrent le risque d'inondation, l'aléa et la vulnérabilité, évoluent dans le temps. L'aléa inondation est en effet lié, outre à la variabilité saisonnière ou interannuelle normale du climat, aux fluctuations climatiques, qui font qu'un même espace peut être soumis à des périodes durant lesquelles les inondations sont plus fréquentes et violentes que d'autres. La non-stationnarité de la nature constitue ainsi un autre élément à prendre en compte dans la définition de la gestion des risques. Or il s'agit d'une temporalité que les services en charge de la gestion risque ont bien souvent insuffisamment considéré. De plus, l'aléa inondation, qui est en partie dépendant de la nature des états de surfaces générateurs des crues, est aussi lié à l'évolution de l'usage du sol sur les bassins versants. L'imperméabilisation des sols par l'urbanisation, la modification du parcellaire agricole et la suppression, par le biais des remembrements, des discontinuités hydrauliques que pouvaient constituer certaines haies contribuent à l'accélération des transferts d'eau sur les versants (DELAHAYE D., 1996). En certains lieux, les surfaces inondées sont donc largement influencées voire produites par un certain nombre d'interventions humaines. La géographie des inondations constitue également une contrainte socialement et historiquement déterminée.

De son côté, la vulnérabilité évolue dans sa dimension matérielle (l'occupation du sol dans les vallées inondables tout comme les liens économiques tissés entre les territoires soumis au risque et les autres territoires ont fortement changé au cours du temps). Les espaces vulnérables à l'inondation peuvent être également sujets à d'autres formes de vulnérabilités (pauvreté, pollution…) elles-mêmes dynamiques sur le plan temporel.

La dimension immatérielle de la vulnérabilité est également dynamique (évolution des représentations mentales que les groupes sociaux se font de l'aléa, de la catastrophe et de la politique de gestion du risque). L'interdépendance temporelle, mise en exergue ici, est probablement à voir comme la plus importante dans une optique de durabilité (LAGANIER et al, 2002). Les effets d'une action (endiguement, drainage, barrage…) ne se limitent pas au présent ou au court terme. Le long terme, voire le très long terme (plusieurs siècles) est en réalité influencé et ces incidences peuvent s'avérer significatives sur la situation des collectivités humaines. Nous-mêmes sommes déjà les témoins des conséquences de décisions passées : que l'on pense, dans les régions dites de tradition industrielle, aux effets de l'extraction minière (affaissements et effondrements conduisant à une très forte artificialisation des écoulements souterrain et de surface et à une accentuation du risque d'inondation), ou à un niveau global, la menace d'une transformation du climat à relier à plus de deux siècles de croissance industrielle. Mais, nos décisions présentes sont aussi à même d'influer sur la situation des générations futures. Se dessine ici le précepte premier qui fonde la gestion intégrée et durable des risques : notre manière d'agir ne doit pas, compte tenu de son impact sur le futur, porter préjudice aux générations ultérieures. Passé, présent et futur sont ainsi reliés dans une même chaîne temporelle, le phénomène réellement nouveau étant que ces liens semblent être davantage reconnus. Parce que l'efficacité de la gestion du risque d'inondation est garante du bon fonctionnement des sociétés dans le long terme, l'enjeu est donc d'éviter une augmentation de la vulnérabilité des populations et des territoires.

Par les multiples interdépendances temporelles et spatiales, par les liens très forts noués entre la société et les excès hydrologiques, le risque d'inondation constitue ainsi un système complexe. Dans cette perspective, il ne s'agit pas de définir l'inondation comme objet indépendant de la société mais de l'envisager comme une contrainte qui s'inscrit dans l'histoire, dans un territoire et le devenir de notre société. La puissance publique va alors progressivement tenter d'assurer cette intégration et ébaucher un changement de perspective dans la manière de gérer le risque.

La prééminence de la puissance publique dans la gestion du risque d'inondation en France

L'actuelle gestion publique des risques s'est forgée dans le prolongement d'une longue tradition, qui remonte en particulier aux premiers règlements du Royaume de France au XVIIe siècle. Ces derniers, renforcés pendant la période révolutionnaire et jusqu'au Second Empire, relèvent d'une volonté de maîtrise des milieux et de ses aléas pour s'assurer une conquête des terres fertiles alluviales et supprimer le risque. Cette gestion sécuritaire passée s'inscrit pleinement dans la logique d'alors d'autonomisation de la société par rapport aux phénomènes naturels et se traduit, avec le développement des techniques, par une artificialisation des vallées françaises (GODARD, 1980 ; DOURLENS et al, 1991). Elle s'ancre dans une vision technique, largement portée par l'expertise et le savoir-faire du corps des ingénieurs du roi, puis des Ponts et Chaussées et des Eaux et Forêts qui auront pour charge la mise en œuvre d'aménagements de lutte contre l'aléa (endiguement, barrages écrêteurs de crues, curages et rectification des cours d'eau). Ces techniques ont été parfois combinées à celles de l'assèchement des terres humides et du développement des voies navigables. La conception de la gestion des risques d'alors, fondée sur les lois de l'hydraulique, est construite sur l'idée d'une évacuation rapide des eaux vers l'aval du bassin par le remodelage du linéaire fluvial et le drainage des terres humides connexes.

Avec l'amélioration des techniques de drainage et de lutte contre les inondations, l'ingénieur devient l'agent de l'État en charge d'encadrer et de promouvoir la valorisation économique du territoire national. Le dessèchement des terres humides tout comme la protection contre les eaux des fleuves et des rivières incitera ainsi les élites administratives et techniques tout comme l'État à affirmer, par les progrès de l'expertise et des savoirs scientifiques, leur contrôle sur les espaces locaux (HAGHE, 1998). Or, la politique préventive engagée ces vingt dernières années, parce que davantage orientée vers la limitation de la vulnérabilité et donc vers une intervention directe au niveau de la vie économique et sociale des territoires, s'accompagne d'une recomposition de l'action publique et d'une redéfinition du rôle de l'État. Ainsi, plusieurs logiques d'action s'y confrontent, certaines davantage axées sur des finalités sécuritaires en réponse à une demande sociale importante de protection ; d'autres élargissent le champ de traitement du problème, dépassant la logique de lutte contre le phénomène « naturel » par l'expertise technique pour tenir compte de l'ensemble du contexte socio-économique et politique qui contribue à façonner le risque et sa gestion.

La gestion des inondations se construirait désormais dans un cadre élargi au sein duquel les acteurs de la « scène locale » du risque seraient conviés à participer à la recherche d'un consensus d'action. Cette évidente dimension collective et locale de l'action publique en matière de gestion de risque est longue à s'imposer, car les grandes politiques françaises furent, à l'origine, conçues pour gommer les particularismes locaux et affirmer le poids de l'État dans la gestion des espaces locaux. Il s'agit donc là d'une volonté de rompre avec trois siècles d'actions tendant à la centralisation, alors même que nombre d'habitudes, de comportements dans la pratique française du débat public perdurent, parfois de manière cachée. C'est ce retour du territoire dans le renouvellement de l'action publique que nous tenterons également d'analyser.

Un renouvellement de l'action publique : le retour du territoire

En France, le retour du territoire se matérialise dans les années 1980 par l'affirmation d'une politique de décentralisation. Même si le mouvement est en réalité plus ancien, ce sont les lois de décentralisation qui représentent le point d'inflexion de l'irruption du local dans le management public. Les élus locaux prennent en main la gestion des problèmes d'intérêt public et la mise en œuvre des politiques publiques. Les élus locaux deviennent ainsi des acteurs privilégiés de la gestion publique parce qu'ils restent relativement proches de la population.

Le territoire apparaît donc aujourd'hui comme un espace de proximité c'est-à-dire comme un lieu où peuvent se construire des relations étroites entre les différents acteurs qui œuvrent pour la résolution d'un problème commun complexe qu'est le risque. Le territoire local devient également un espace de médiation où se définissent les actions stratégiques et opérationnelles.

Parallèlement à ce mouvement général de reterritorialisation de l'action publique, un certain nombre d'éléments jouent dans le sens d'un retour du local dans la gestion des risques liés à la nature.

De la lutte contre l'aléa à la gestion de la vulnérabilité

Le tournant historique majeur, auxquels les acteurs locaux d'aujourd'hui adhèrent inégalement voire résistent, correspond au passage d'une logique de l'action publique, strictement fondée sur la domestication du danger et des excès hydrologiques par la « puissance » des sciences hydrauliques et des travaux publics, à une logique préventive cherchant davantage à limiter la vulnérabilité. La logique utilitariste a changé. La lutte contre l'aléa laisse davantage place à celle contre la vulnérabilité ; la conquête des milieux humides et inondables à la reconquête, par le cours d'eau, de son espace de liberté. Loin d'être une simple adaptation de la parade technique, il s'agit avant tout d'un renouvellement significatif et d'un autre regard sur le risque qui amène à définir de nouveaux moyens d'intégration des contraintes environnementales au développement des territoires. Les raisons de ce changement sont multiples.

Premièrement, les mesures structurelles de type endiguement ont montré leurs limites. Construite sur l'idée que la science et la technique pourraient supprimer le risque afin d'atteindre la sécurité totale, la politique sécuritaire de lutte contre l'aléa a engendré une spirale du risque désormais bien connue : la construction d'ouvrages de protection tout comme les travaux de curage conduisent progressivement les populations, qui se croient à l'abri de toute crise hydrologique majeure, à intensifier l'occupation de nouvelles terres situées dans les vallées inondables en arrière des digues et en aval des barrages censés jouer un rôle d'écrêteurs de crues (DOURLENS et al, 1991). Par défaut d'entretien des aménagements ou à l'occasion d'un évènement hydrologique majeur qui dépasse la crue ayant servi de référence à l'établissement de l'ouvrage (crue de projet), le système de protection mis en place ne joue plus son rôle ; les retenues, parfois pleines en début de saison pluvieuse, ne retiennent plus suffisamment d'eau ; ailleurs les digues cèdent et inondent alors des zones devenues très vulnérables par l'urbanisation ou l'agriculture qui s'y sont développées. De fait, les événements majeurs récents, par l'importance des dégâts qu'ils ont engendrés (inondations de la Camargue par rupture de digues en décembre 1993 et janvier 1994 ; débordement de l'Orb les 28-30 janvier 1996), nous rappellent brutalement que les systèmes techniques développés ne permettent pas d'ignorer des aléas naturels comme les inondations. De plus, les ouvrages restent circonscrits à des territoires particuliers, ne protégeant que partiellement les espaces à risque sans tenir compte des conséquences négatives éventuelles sur d'autres zones moins ou pas protégées, en aval du cours d'eau.

Le changement de conception est également lié au fait que la population urbaine française s'est fortement accrue, passant de près de 60 % en 1954 à 74 % en 1990. Cette profonde mutation peut-être dans certains cas fragilisée par :

- un étalement urbain pas toujours maîtrisé, y compris dans les zones à risque, qui a pour effet d'accroître la vulnérabilité mais également l'aléa en raison de l'imperméabilisation des sols ;
- une forte concentration des équipements, des infrastructures et des systèmes de transport rendant les villes et les territoires qui en dépendent beaucoup plus vulnérables en cas d'inondation ;
- une plus grande mobilité géographique des individus et une faible attache avec le territoire qui contribuent à l'absence de mémoire du risque des populations nouvellement installées.

Enfin, les préoccupations environnementales de nombreux scientifiques et d'une grande partie la population française se font de plus en plus pressantes. Ainsi, les zones humides, que la puissance publique, relayée par de nombreux acteurs locaux, a longtemps voulu effacer de la carte, sont désormais reconnues utiles, par certains acteurs, pour leur richesse écologique, leur fonction épuratrice des eaux usées et leur intérêt pour l'alimentation des nappes d'eau souterraines. La reconnaissance des impacts des ouvrages sur les hydrosystèmes (enfoncement des lits des cours d'eau, altération de la continuité hydraulique au sein des hydrosystèmes fluviaux) constitue autant d'arguments qui jouent en faveur du rétablissement des champs d'inondation et des zones humides qui leur sont associées et de la redéfinition des modalités d'intervention.

La mise en carte du risque d'inondation comme outil de territorialisation

Afin de répondre à l'augmentation des coûts liés aux inondations, à l'accroissement des investissements pour la réalisation et l'entretien des aménagements de protection et aux attentes des populations en matière de sécurité, la France a opté pour une démarche de territorialisation du risque d'inondation et d'affichage du risque. Celle-ci consiste à découper l'espace géographique dans une logique utilitaire qui a pour finalité de limiter les impacts potentiellement liés aux inondations. La délimitation de ces nouveaux espaces fonctionnels est fondée sur la définition de zonages de nature diverse : plan de prévention des risques (PPR) à l'échelle communale et intercommunale, Atlas des Zones Inondables (AZI) à l'échelle des vallées, planification de la gestion de l'eau et des risques à l'échelle des bassins versants à travers les Schéma d'Aménagement et de Gestion des Eaux (SAGE).

La mise en carte des espaces exposés à l'aléa inondation illustre le passage d'une approche planificatrice descendante, de type *top-down*, initiée par l'État et répercutée jusqu'aux communes, à une approche remontante (*bottom-up*) qui cherche à associer les acteurs territoriaux et leurs représentations sociales à l'action publique. Elle constitue depuis 1984, avec l'élaboration des Plans d'Exposition au Risque, la pierre angulaire de la politique préventive du risque d'inondation. Outil d'objectivation du risque et de désignation de l'inondation comme problème public, la cartographie réglementaire a pour finalité d'intervenir sur la vulnérabilité des espaces exposés à l'aléa inondation. Elle se fixe également pour objectif la préservation des champs d'expansion des inondations dans une perspective de maintien des équilibres naturels (et notamment le maintien de zones humides).

Avant 1984 pourtant, la cartographie réglementaire n'est pas totalement absente, mais son application est très limitée. Dès le 30 octobre 1935, la législation inscrit un premier texte de loi réglementant l'occupation du sol en zone inondable pour les cours d'eau domaniaux : **le Plan des Surfaces Submersibles (PSS).** L'outil s'applique alors à des « territoires » du risque fondés sur l'aléa, illustrant encore une conception hydraulicienne et techniciste de la gestion des inondations. Son objectif est de limiter les obstacles au libre écoulement des eaux et de conserver les champs naturels d'expansion des crues. Il impose des servitudes (interdictions et restrictions d'occupation du sol) en considérant deux types de zones : les zones A, dites de grand débit, où aucune construction nouvelle ne doit être autorisée sauf si elle n'apporte aucune aggravation des crues, et les zones B, dites complémentaires, où les constructions doivent être soumises à déclaration ou à autorisation. En raison de la lourdeur de la procédure (approbation après avis du Conseil d'État par décret interministériel) et de la pression des élus locaux, peu de PSS seront mis en œuvre en France, et lorsqu'ils le sont, ne seront pas toujours très efficaces (LAGANIER 1990 ; POTTIER, 1998).

La prévention par le contrôle de l'occupation du sol se poursuit en 1955 avec l'introduction, dans le Code de l'urbanisme de mesures générales de prévention des risques naturels. Les articles R. 111-2 et R. 111-3 (abrogés depuis 1995) permettent d'interdire ou de soumettre à conditions spéciales les constructions dans les zones exposées à divers risques (inondation, érosion, éboulement, avalanche). Ces articles imposent la prise en compte des risques dans la délivrance des permis de construire à travers la mise en place des **Périmètres de Risques (PR)** qui, en matière d'inondation, tient compte de la limite des plus hautes eaux connues comme dans le cas des PSS (GARRY,

1993). Son application, indépendante des frontières communales, concerne, à la différence des PSS, les cours domaniaux comme les cours d'eau non domaniaux. Sa mise en œuvre restera toutefois limitée dans le domaine des inondations (application surtout dans les espaces multirisques de montagne), en raison de conflits avec les collectivités territoriales qui se voyaient privées de terrains constructibles.

La loi d'orientation foncière de 1967 va plus loin dans sa volonté d'intégration du risque dans les stratégies de développement des communes. Elle instaure en effet le premier document d'urbanisme opposable au tiers, **le Plan d'Occupation des Sols (POS)**, qui institue des zones ND[3] (comprenant les zones inondables) au sein desquelles l'urbanisation est définitivement ou temporairement exclue.

Au début des années 1980, malgré la présence d'outils réglementaires permettant la maîtrise de l'occupation des sols en zone inondable, leur mise en œuvre reste très limitée par manque de volonté de l'État et des élus locaux. Les décennies qui se sont écoulées depuis le premier outil réglementaire que constituent les PSS (1935) ont été dominées par l'idée que l'usage de mesures structurelles destinées à limiter l'impact de l'aléa inondation permettrait seul de réduire le risque.

À partir des années 1980, la logique d'intervention et l'implication de l'État se modifie. Un Commissariat, dédié à l'étude et à la prévention des risques naturels majeurs, est créé en 1981. Il est suivi de la création d'une « Délégation aux risques majeurs » en 1983. Une nouvelle forme de cartographie réglementaire est instituée avec la loi du 13 juillet 1982 relative à l'indemnisation des victimes de catastrophes naturelles et le décret d'application du 3 mai 1984 : **le Plan d'Exposition au Risque (PER).** La procédure prend appui systématiquement, à la différence des documents précédents, sur une modélisation hydrologique et hydraulique qui est censée décrire objectivement l'aléa à l'échelle de sections de cours d'eau homogènes, à partir de variables quantitatives (hauteur de crue, vitesses d'écoulement, durée de submersion). La crue centennale devient la référence pour établir le zonage réglementaire à l'échelle communale. À la différence des documents précédents, les PER marquent le passage de la cartographie de l'aléa à la cartographie du risque, intégrant ainsi la notion de vulnérabilité. La cartographie définit trois types de zones correspondant à des degrés de risque différents (fort pour la zone rouge, moyen pour la zone bleue et faible pour la zone blanche). À chaque zone est attribuée une réglementation spécifique (GARRY, 1993 ; POTTIER, 1998). À l'intérieur des zones rouges, les constructions nouvelles sont interdites ; les constructions anciennes font l'objet de mesures techniques destinées à réduire la vulnérabilité,

---

[3] Zone ND : zone naturelle à protection renforcée

financièrement prises en charge par les propriétaires (effet rétroactif). À l'intérieur des zones bleues, l'urbanisation ancienne et à venir est soumise à l'application de mesures de réduction de la vulnérabilité (densité du bâti, orientation, emprise au sol, type de matériau utilisé...). Aucune mesure spéciale n'est imposée aux zones blanches.

Leur application va très rapidement se heurter à de multiples freins (BOURRELIER, 1997). La procédure est jugée trop lourde, trop sophistiquée et trop coûteuse[4]. Les attributions de crédits nécessaires à la mise en œuvre de la cartographie sont distribuées avec parcimonie (POTTIER, 1998). Dans un contexte politique marqué par la décentralisation, le processus de décision manque par ailleurs de concertation entre les services de l'État et les collectivités locales. La procédure est avant tout conçue comme *« des réponses techniques à des problèmes techniques »* (DE VANSSAY, 1991). Les élus la considèrent également comme trop contraignante (frein à l'urbanisation et au développement économique). Au final, seulement 441 PER vont être approuvés entre 1984 et 1996, sur les 2000 annoncés ! (BOURRELIER, 1997).

Face à ces difficultés et à la récurrence des inondations, une nouvelle procédure de prévention des risques naturels est définie à travers la loi du 2 février 1995 : **le Plan de Prévention des Risques (PPR).** À la maîtrise de l'urbanisme et la protection des biens et des personnes vient s'ajouter, par rapport au PER, un objectif nouveau qui est la préservation de l'environnement. Cette logique s'ancre sur l'idée de conservation, de restauration ou d'extension des champs d'inondation (article 20 de la loi du 2 février 1995).

La procédure d'élaboration et d'approbation du document est simplifiée. Le guide méthodologique d'élaboration des PPR stipule que pour l'évaluation de la vulnérabilité, le recours à des analyses qualitatives des enjeux socio-économiques à partir d'une carte d'occupation du sol est privilégié, pour des raisons de coût et de temps de réalisation, par rapport à une estimation économique des dommages potentiels développée dans le cadre des PER. Le champ thématique et spatial du PPR est élargi. Il englobe les domaines de l'urbanisme, de la construction, de l'exploitation des sols et de la sécurité civile. Il concerne les zones inondables mais également les secteurs non directement concernés par le risque d'inondation à l'intérieur desquels certaines activités ou certains modes d'occupation du sol pourraient aggraver l'inondation (zones imperméabilisées favorisant le ruissellement pluvial par exemple). Le PPR peut ainsi être prescrit à l'échelle communale ou intercommunale. Il est également préconisé de mener la procédure à l'échelle

[4] Le coût de réalisation est estimé entre 300000 et 400000 francs, la durée de réalisation est comprise entre 3 et 7 ans (Commissariat Général au Plan, 1997).

du bassin de risque (i.e. le bassin versant ou le sous bassin versant hydrographique). Cette référence donne au premier abord la possibilité au PPR d'articuler l'aménagement du territoire et la gestion du risque d'inondation. La procédure est par ailleurs entièrement décentralisée. Toutefois, l'État, par le biais de son représentant, le Préfet, peut engager une procédure d'élaboration de cartographie réglementaire des risques, dans le cas où les communes n'intégreraient pas le risque d'inondation dans les documents d'urbanisme (Plans d'Occupation du Sol, Schéma Directeur d'Aménagement et d'Urbanisme...). Une fois approuvée, la cartographie devient une servitude d'utilité publique inscrite obligatoirement dans l'ensemble des documents d'urbanisme existant. Si la situation relève d'un caractère d'urgence, le préfet peut rendre des dispositions immédiatement opposables, même si le PPR n'est pas encore approuvé. L'élaboration des cartes réglementaires, décidée par le Préfet au nom de l'intérêt général, est généralement confiée à la Direction Départementale de l'Equipement. La démarche adoptée par le service instructeur de la procédure doit, selon la loi, donner une place plus importante à la concertation avec les élus locaux durant les différentes phases d'élaboration du projet dans le but d'une plus grande appropriation de l'outil par les acteurs locaux. La société civile n'intervient qu'à l'issue de la procédure, au moment de l'enquête publique (la loi du 2 février 1995 concernant les dispositions relatives au débat public sur l'environnement ne fait pas mention de la prévention des risques).

Cette mise en carte réglementaire semble aller, en première lecture, vers une approche moins coercitive de l'action publique (concertation annoncée). Qu'en est-il pour autant de la part de négociation avec les acteurs du territoire dans le cadre de l'élaboration et de l'application de cet outil réglementaire tout comme de la volonté des acteurs locaux à construire la norme ? Cette démarche réglementaire ne reste-elle pas une approche strictement déterministe et sécuritaire qui reposerait sur l'évaluation des dommages potentiels et sur la volonté de neutraliser les résistances locales qu'elle pourrait susciter ? La cartographie finale dépend-elle aussi d'arbitrages politiques, économiques et sociaux ? La démarche est-elle capable de dépasser les conflits locaux tout comme les intérêts divergents entre les promoteurs de la réglementation, parfois porteurs d'une logique de gel des espaces à risque, et ceux qui souhaiteraient davantage de liberté d'action dans la manière de conduire l'aménagement et le développement des territoires locaux ? La finalité de cette réglementation est de limiter la vulnérabilité des sociétés. Quels sont les réels effets directs et les impacts non intentionnels de la cartographie réglementaire ? Qu'en est-il par ailleurs de la gestion des vulnérabilités existantes ?

Face à la complexité territoriale et au fait que la cartographie réglementaire se limite au seul espace inondable et prend difficilement en compte les interactions entre la zone inondable et son environnement local, l'enjeu est alors de replacer l'inondation dans une situation plus globale, dans laquelle interfèrent de multiples paramètres entre lesquels un équilibre devra être recherché. Il s'agit alors d'étendre le territoire risque.

L'extension du territoire du risque au cœur du processus de recomposition territoriale

L'écriture du risque, à travers l'élaboration de documents réglementaires attachés aux zones exposées, ne constitue plus la seule démarche de limitation de la vulnérabilité. Désormais, à la planification coercitive conduite en zone inondable (PPR) s'ajoutent de nouvelles procédures qui cherchent aussi à prendre en compte les interactions entre les zones inondables et les zones susceptibles de contribuer à la formation des inondations et à l'accentuation de l'aléa. C'est en particulier le cas des Schéma Directeur d'Aménagement et de Gestion des Eaux (SDAGE) et des Schéma d'Aménagement et de Gestion des Eaux (SAGE) définis comme des outils de planification stratégique (SDAGE) et opérationnelle (SAGE) respectivement aux échelles régionales et à l'échelle plus locale des bassins versants. La mise en œuvre de ces démarches conduit à repenser le lien entre aménagement du territoire et risques hydrologiques au sens large (pollution des eaux et érosion hydrique comprises) et contribue à façonner de nouvelles organisations territoriales pour la gestion des eaux et des risques associés. Ces nouveaux territoires supposent que les acteurs locaux concernés soient associés à leur construction et à leur fonctionnement, favorisant ainsi la pérennité des structures et l'appropriation des décisions qui en découlent.

Pour prévenir et combattre le risque, la France a en effet adopté, en matière de gestion de l'eau et des risques, une position de compromis qui est à la fois favorable à l'émergence de niveaux subsidiaires s'inscrivant dans une logique communautaire de participation (comité de bassin et commissions locales de l'eau) et au maintien de prérogatives au sein de l'État. S'organise ainsi une nouvelle forme de gouvernement des risques à multiples niveaux, de l'État à la commune en passant par les nouveaux territoires de gestion des risques hydrologiques. Toutefois, parce que les solidarités communautaires d'usage de l'eau et des milieux aquatiques tout comme les formes locales de mutualité pour la gestion des risques ne vont pas de soi et ne peuvent s'établir qu'entre membre d'une seule communauté, la vigilance de l'État semble nécessaire. Elle dépasse en effet les intérêts locaux (tensions entre l'amont et l'aval d'un cours d'eau sur les questions de risques hydrologiques et conflits politiques par exemple) ou même les intérêts à l'échelle d'un ou plusieurs bassins versants (transferts d'eau interbassins).

L'espace, à travers la mise en carte des risques et la création de nouvelles structures administratives de gestion des risques hydrologiques et des eaux (syndicats mixtes, établissements de bassin...), devient ainsi l'objet d'une attention particulière qui vise à gérer le risque d'inondation par la mise en œuvre de mesures structurelles et d'actions non structurelles (POTTIER, 1998). L'accent est toujours mis, à l'échelle des vallées, sur l'interdiction de construire en zone inondable présentant un risque important pour les hommes et les biens matériels tout comme sur le rétablissement des champs d'expansion de crues afin de ne pas accroître vers l'aval le débit des cours d'eau et donc le risque. Mais les politiques publiques s'attachent aussi à atténuer l'arrivée massive de flux d'eau dans les vallées en mettant en œuvre de nombreuses mesures ayant pour objectif de retenir l'eau sur les versants ou de ralentir le transfert des eaux dans la vallée (barrages écrêteurs de crue ; bandes enherbées...). Cette politique traduit une extension du territoire du risque, de la vallée inondable vers les zones productrices de l'écoulement de crue, tentant ainsi de prendre en compte les interdépendances hydrologiques au sein du bassin versant. Elle s'accompagne de la création d'un nouvel espace de gestion pertinent sur le plan hydrologique, qui constitue une nouvelle maille territoriale calée sur les limites du bassin versant. Sa fonction est d'assurer la cohérence des interventions au sein de cette unité fonctionnelle.

La création de cette nouvelle entité de gestion s'éloigne, a priori, de l'approche d'inspiration jacobine imposant des normes et des règlements pour parvenir au respect des objectifs généraux comme dans le cas du PER. Prenant appui sur le principe de subsidiarité[5], elle se définit par une démarche de planification et de mise en œuvre de moyens relevant de collectivités proches des citoyens et établis dans le cadre de principes énoncés, de solidarités exercées et d'évaluation faites au niveau supérieur (CALAME, 1994).

Désormais, la mise en œuvre de la subsidiarité dans le domaine de l'eau et des risques peut s'appuyer sur une démarche planificatrice élaborée depuis la loi sur l'eau du 3 janvier 1992, à l'échelle régionale (SDAGE) et locale (SAGE).

Le niveau régional défini les orientations stratégiques en matière de gestion des eaux et des risques, en accord avec les normes et les principes aux échelles nationale et européenne. Le SDAGE fixe ainsi, pour une période de 10 à 15 ans, les axes fondamentaux pour assurer une gestion équilibrée de la ressource en eau. Élaboré à l'initiative du Préfet par le Comité de bassin, il présente un caractère obligatoire pour les institutions publiques. Le comité de

---

[5] La subsidiarité donne priorité à la personne ou à la communauté de base dans le domaine de l'action individuelle et collective si celle-ci est capable de l'assumer. Une instance supérieure ne prend alors en charge que les tâches que les unités de proximité ne peuvent accomplir.

bassin, qui a la charge d'en assurer le suivi, voit son rôle politique renforcé et sa légitimité reconnue.

Le niveau local précise les orientations opérationnelles en se référant aux principes énoncés au niveau régional. Le SAGE fixe, pour une durée de 10 ans, à l'échelle du bassin versant restreint ou d'un système aquifère, les objectifs d'utilisation, de protection et de mise en valeur de la ressource et des milieux. Cette démarche s'appuie par ailleurs sur un mode d'organisation d'acteurs de statuts différents (institutions, entreprises, associations...) davantage fondé sur l'accommodement que sur la domination : la Commission Locale de l'Eau (CLE).

Toutefois, l'idée de planification n'est pas nouvelle. La loi sur l'eau de 1964 prévoyait déjà l'élaboration, sous l'égide des Préfets, de schémas dits d'objectifs de qualité, par tronçons de cours d'eau. Ils ne seront pas réalisés mais remplacés par des cartes départementales de qualité souhaitable, juridiquement non contraignantes. L'État revient donc en 1992 avec une volonté planificatrice. L'idée première de la Direction de l'Eau, qui est de créer un SAGE unique à l'échelle nationale, ne trouve pas, dans le contexte de la décentralisation, d'échos favorables au Parlement et au Sénat. Députés et sénateurs souhaitent avoir l'initiative de plusieurs SAGE élaborés localement (BARRAQUE, 1999). Dans un souci de cohérence générale, le choix d'encadrer les SAGE locaux par un Schéma Directeur d'Aménagement et de Gestion des Eaux (SDAGE) défini à l'échelle des circonscriptions de bassin a donc été avancé et voté.

Ces nouveaux outils traduisent la volonté d'adapter les espaces hydrologiques fonctionnels aux particularités socio-économiques locales. Ils définissent une nouvelle échelle de gestion, le bassin versant. Ils témoignent aussi d'une évolution de la conception de la gestion de l'eau par le passage d'une gestion par filière à une approche globale des hydrosystèmes en s'appuyant sur une concertation établie entre l'ensemble des usagers de l'eau. Ainsi, sur le bassin Artois-Picardie, le SDAGE a été défini à partir de réflexions conduites, dans un premier temps, au sein de deux commissions géographiques étudiant les problèmes de gestion rencontrés localement. Ces commissions géographiques ont également déterminé des thèmes d'actions prioritaires et des orientations générales, affinées, dans un second temps, au sein de cinq commissions thématiques. Ces commissions ont rassemblé 353 personnes dont 243 acteurs n'appartenant pas au Comité de bassin. La catégorie des usagers, composée d'acteurs très divers, a constitué le groupe le plus important (162 personnes). Sa composition révèle les enjeux rencontrés au niveau du bassin Artois-Picardie : part importante des industriels (plus de 30 %), des associations de consommateurs (14 %), du monde agricole (12,5 %), des compagnies distributrices d'eau (11,5 %) et des pêcheurs (11,5 %). Les associations de protection de la nature comme celles de la chasse ne représentent respectivement que 5,5 % et 4 % du nombre de participants. L'identification des acteurs ayant pris réellement part aux discussions comme l'analyse du contenu des débats restent toutefois à faire pour mieux apprécier la réalité de la participation des usagers à la définition du SDAGE.

Les SDAGE et les SAGE constituent une planification concertée dite réglementaire, opposable aux pouvoirs publics (État, collectivités territoriales, établissements publics...) dans la limite du degré de précision des documents. La démarche planificatrice du SDAGE, engagée au plan régional, s'articule avec les grands axes de la politique de l'eau définis au niveau national. La circulaire du 15 décembre 1994 a appelé à cet effet les services extérieurs de l'État à s'organiser (réunions de concertation et arbitrages interservices) afin de se mettre d'accord sur la manière de présenter les priorités nationales auprès des autres partenaires. Par ailleurs, chaque projet de SDAGE, défini par le Comité de bassin, a été soumis à consultation au niveau local auprès de chaque Conseil régional et général, et au niveau national auprès de la Mission Interministérielle de l'Eau[6] et du Comité national de l'eau[7]. Après la prise en compte des avis recueillis auprès de ces partenaires, les projets modifiés de SDAGE ont été adoptés par le comité de bassin et approuvés par l'autorité administrative. Ces projets s'articulent également avec les orientations politiques formulées par l'Union Européenne qui prévoit *« l'élaboration, dans chaque district hydrographique, d'un plan de gestion présentant la situation actuelle et les objectifs environnementaux »* (Directive cadre sur l'eau n°2000/60/CE en date du 23 octobre 2000).

Les SDAGE et les SAGE sont donc présentés, dans les textes de loi, comme des outils de gestion équilibrée de la ressource en eau aux échelles régionales (circonscriptions de bassin) et locales (bassin versant, système aquifère), élaborés à partir d'une démarche participative. Ces schémas doivent fixer des objectifs précis d'utilisation, de mise en valeur et de protection de la ressource en eau et définir les moyens pour les atteindre. Leur vision plus globale des relations entre les hydrosystèmes et le territoire à l'échelle de bassins versants correspond à un progrès par rapport aux différents classements des zones humides (réserve naturelle, ZNIEFF[8], ZICO[9], Ramsar...) ou à la définition des PPR communaux ou intercommunaux. En effet, à quoi sert-il de classer une zone humide en réserve naturelle, si des pollutions externes continuent d'altérer l'équilibre de ce milieu ? Que valent

---

6 Organe consultatif placé sous l'autorité du Ministère de l'Aménagement du Territoire et de l'Environnement et réunissant des représentants des divers ministères concernés par la politique de l'eau. Son rôle est d'exprimer des avis sur les textes de lois en préparation, les programmes d'investissements...

7 Organe consultatif réunissant des représentants des usagers, des collectivités locales, de l'Etat, des présidents des comités de bassin et des personnalités scientifiques. Son rôle est d'émettre des avis sur les projets à caractère national pour la gestion de gestion de l'eau.

8 ZNIEFF : Zone Naturelle d'Intérêt Ecologique Faunistique et Floristique

9 ZICO : Zone d'Intérêt pour la Conservation des Oiseaux

des niveaux de servitudes pour une zone inondable donnée dans une commune si des travaux, localisés en amont de la commune voire en aval, modifient à terme les conditions d'écoulement des eaux d'inondation ?

La définition du contenu et des modalités opératoires de la politique de l'eau et des risques à partir des SDAGE et des SAGE illustre par ailleurs l'institutionnalisation de la gestion décentralisée et participative. Le SDAGE fixe obligatoirement les règles et les objectifs préalablement négociés ; le SAGE décline, de façon facultative, ces règles et ces objectifs sur un espace plus restreint. Ces documents ne restent-ils pas toutefois sous le contrôle des services extérieurs de l'État, fortement impliqués dans le processus d'élaboration ? A contrario, les comités de bassin comme les CLE doivent-ils être considérés comme des structures qui, dans la perspective d'un processus de développement durable, conduisent ou peuvent conduire à assurer les trois fonctions essentielles suivantes :

- une fonction « partenariale » associant différents acteurs d'un territoire ;
- une fonction de « médiation » permettant de trouver un consensus sur les choix stratégiques à partir des intérêts des différents acteurs du territoire ;
- une fonction « prospective » à travers une réflexion stratégique de la gestion de l'eau à l'échelle du bassin versant.

L'analyse qui va suivre montre que notre société est confrontée à une complexification des rapports qu'elle entretient avec l'eau et les risques. Désormais, l'enjeu de la gestion des risques hydrologiques est d'appréhender en même temps de multiples objectifs : la maîtrise des aléas comme la restauration ou la protection des zones humides, la réduction des impacts liés aux inondations, la recherche d'espaces pour l'extension des espaces urbanisés et le développement des territoires… L'objectif est en effet de rechercher la meilleure adéquation possible entre une demande variée, celle des acteurs locaux, et une offre tout aussi diverse dans le temps et dans l'espace, celle de l'hydrosystème et des savoir-faire techniques. Elle signifie que les politiques d'aménagement du territoire et de développement économique ou d'occupation du sol prennent en compte les contraintes liées au risque. Or la diversité des situations impose une diversité de solutions. Cet objectif amène à définir une gestion des risques prenant appui aujourd'hui sur un ensemble de démarches opérationnelles qui conjugue à la fois :

- un souci de faire participer les acteurs locaux dans la mise en œuvre de projets par la négociation de contrats ou l'élaboration d'une planification concertée ;

- un souci de vigilance, plus ancré dans le rôle traditionnel de l'État jacobin, se traduisant par le développement de normes et de plans réglementaires imposés aux acteurs locaux.

L'extension du territoire du risque à l'échelle du bassin versant renouvelle donc en partie les modes d'action publique et les types d'intervention sur les rivières et les bassins versants. Elle préconise des approches transversales où une pluralité d'acteurs doit définir ensemble les stratégies et les actions en fonction des différents objectifs analysés simultanément. Pour autant, nous sommes en droit de nous demander si ces nouvelles créations territoriales à l'échelle des bassins versants constituent davantage des constructions prescrites par l'État que des territoires vécus par les acteurs locaux ? Par ailleurs, quel est le degré d'implication des acteurs locaux dans l'impulsion du projet, dans la concertation et dans la définition des priorités d'action ? Enfin, qu'en est-il réellement de l'organisation des modalités de coopération entre ces nouveaux territoires et ceux préexistants ? Pour analyser non seulement les actions locales engagées mais également les voies empruntées par les acteurs locaux pour absorber ces changements, il conviendra d'accorder un intérêt majeur aux systèmes locaux et à leur recomposition.

Ces multiples interrogations auxquelles nous essaierons de répondre n'interdisent pas pour autant d'autres analyses comme par exemple l'étude de la finalité de ces territoires ou l'analyse des conséquences non-intentionnelles de ces actions qui peuvent, à leur tour, produire des changements majeurs dans le territoire. La création de ces nouveaux territoires amène en effet à se pencher sur les interrelations entre l'aménagement du territoire et les différentes formes d'action menées pour assurer une gestion intégrée du risque.

L'articulation de l'aménagement du territoire et du risque comme expression de la recomposition territoriale

Cette seconde caractéristique constitue le reflet du renouvellement de l'approche territoriale du risque d'inondation. L'enjeu de la politique de gestion du risque est en effet la recherche d'une meilleure articulation entre l'aménagement du territoire et le risque. L'ambition est alors d'assurer une meilleure prise en compte du risque dans les documents d'urbanisme (plan d'Occupation du Sol, Plan Local d'Urbanisme, Schéma Directeur d'Aménagement et d'Urbanisme…). Au regard de l'ambition et du projet politique, l'heure est, là aussi, aux premières analyses. Celles-ci s'interrogent en particulier sur le degré et les modalités d'intégration entre ces documents et les outils spécifiques de gestion du risque. Dans la même logique, il est également intéressant d'apprécier quelle synergie se dégage entre les outils d'aménagement du territoire et ceux de planification élaborés à l'échelle des bassins versants.

De même est-il opportun de se pencher sur deux modes d'action qui font débat :

- l'expropriation des populations[10], conçue comme recours extrême dans le cas d'une menace grave des vies humaines. Cette procédure permet ainsi de protéger les populations par leur éloignement définitif de la zone exposée aux inondations. Elle est appliquée si le coût de protection et d'alerte est supérieur au coût de l'expropriation ;
- le rétablissement de la zone de mobilité du cours d'eau. Celui-ci facilite alors le déplacement du lit mineur au sein d'un espace qui lui est consacré (espace de liberté). La recréation ou le maintien de cet espace contribue à l'atténuation des débits en aval par effet de stockage temporaire des eaux de crue et participe au bon fonctionnement écologique des cours d'eau par la diversité des milieux qu'il engendre.

Ces deux modes, combinés aux autres formes d'actions, ont en effet pour finalité de restituer le territoire au risque. Une logique qui est loin d'être partagée par tous ! Elle constitue en effet une rupture majeure dans la manière de penser l'inondation et sa gestion. Le territoire du risque est alors à envisager comme un espace de conflits potentiels ou avérés, un espace de concurrence au sein duquel acteurs économiques, acteurs sociaux et acteurs politiques dotés d'intentionnalités parfois contradictoires rentrent en interactions fortes. Malgré tout, par les jeux de pouvoirs s'élaborent des stratégies territoriales pour la gestion préventive du risque d'inondation qu'encadre une logique institutionnelle porteuse de justifications sécuritaires, économiques ou encore environnementales. Émergent alors de nouvelles normes et de nouveaux territoires que nous allons tenter d'apprécier au regard des formes de recomposition territoriale, des processus d'appropriation sociale et des conséquences environnementales qu'ils engendrent.

L'analyse de la territorialisation du risque d'inondation, envisagée dans le cadre de cet ouvrage, s'inscrit ainsi dans le prolongement des réflexions engagées sur la territorialisation de l'environnement aux échelles notamment locales et régionales énonçant que les enjeux globaux impliquent une mise en pratique coordonnée aux échelles fines prenant en compte le principe objectif d'interdépendance et le principe normatif d'équité territoriale et sociale. En effet, la gestion du risque d'inondation est confrontée à l'émergence du souci de proximité, à l'origine pour partie d'un renouvellement de l'action publique

[10] La mise en œuvre de l'expropriation a été précisée par le décret n°95-1115 du 1er octobre 1995 (modifié par le décret n° 2000-1143 du 21 novembre 2000) et la circulaire n°96-53 du 10 juillet 1996. Le fonds de prévention des risques naturels majeurs, créé par la loi Barnier du 2 février 1995, finance ces procédures d'expropriation.

et d'une recomposition des territoires, ce que nous essaierons de décrire. Ce renouveau prendrait la forme d'une participation de la société civile et d'une intégration des représentations sociales et spatiales basée sur le principe de la subsidiarité active et plus globalement de la gouvernance. Elle engendre toutefois des résistances qui soulignent les incertitudes des politiques publiques et leur difficile appropriation par les élus et les populations concernées.

La volonté de prendre en compte les dimensions spatiale et temporelle du risque d'inondation dans le développement des territoires pose donc à la fois le problème de l'éclatement de la logique du développement et la question de la recomposition des territoires ; éclatement, car sont remis en cause certains processus de valorisation économique des espaces (agriculture productiviste, développement urbain...) et certaines procédures de prises de décision ; recomposition, car les principes qui prévalent dans ces nouvelles procédures et orientations font parfois appel à des représentants de la société civile et amènent à redéfinir les cadres institutionnels d'action. Les formes de cette recomposition soulignent l'intérêt de porter le processus d'intégration des phénomènes hydrologiques à la fois par une approche territoriale (mise en place d'organisations ancrées spatialement et appropriées par la diversité des acteurs) et une approche partenariale (réseaux d'acteurs, gouvernance, interlocuteurs capables d'orienter ou de piloter le développement).

Parce que le territoire, lieu d'expression des problèmes concrets, cristallise de nombreux enjeux parfois contradictoires, l'application aux échelles locales des différentes démarches pour une gestion intégrée du risque d'inondation et plus généralement de l'eau soulève un certain nombre de questions. Quel que soit le champ spatial d'intervention (l'exploitation agricole, la commune ou le groupement intercommunal), la recherche d'une meilleure articulation entre la gestion du risque d'inondation et le territoire amène à réfléchir :

- à l'adéquation entre les espaces à problème et les espaces préconisés pour trouver une solution à travers notamment des dispositifs organisationnels (nouveaux territoires de gestion, nouveaux processus de prise de décision) ;
- à l'appropriation par les acteurs locaux des démarches et des outils proposés ou prescrits ;
- aux moyens entrepris pour conforter ou créer une culture du risque afin de susciter le bon fonctionnement des nouveaux espaces de débat et de participation politique et d'engendrer une plus grande responsabilisation des acteurs locaux.

Se dessineraient ainsi les contours d'une gestion stratégique territorialisée du risque d'inondation qui intégrerait des dispositifs organisationnels, des processus décisionnels s'appuyant sur le concept de gouvernance et des représentations partagées pour une meilleure appropriation des actions conduites. Qu'en est-il réellement ?

Des éléments de réponse seront apportés à partir des recherches conduites dans le cadre du Programme CNRS Eau-Environnement-Sociétés. Ceux-ci sont fondés sur l'évaluation interdisciplinaire de mesures réglementaires menées plus particulièrement en région Nord-Pas-de-Calais, en Ile-de-France et en Languedoc-Roussillon. Des exemples extérieurs à ces terrains d'étude compléteront l'analyse. Arrachés à leur particularité, puissent-ils acquérir une valeur d'exemple ou de simple témoignage susceptible de questionner et d'éclairer, à leur manière, l'action publique en renouvellement.

Chapitre 2

L'ÉVALUATION DE LA POLITIQUE RÉGLEMENTAIRE

G. Hubert et N. Pottier

La cartographie réglementaire destinée à maîtriser l'occupation des sols dans les zones inondables constitue un instrument de la politique de prévention fortement valorisé durant ces dernières décennies. Elle institue un état du risque qui sert de référent principal aux différentes politiques de planification locales. Elle vise non pas à agir sur l'aléa mais à intervenir sur la vulnérabilité des espaces, en interférant sur les décisions d'occupation des sols et d'urbanisation dans les secteurs sensibles, en définissant des mesures de prévention et de sauvegarde. Elle joue également un rôle d'information en affichant officiellement ce qu'est le risque. Par voie de conséquence, elle poursuit un objectif de maintien des équilibres naturels, par la préservation des champs naturels d'expansion des crues. La politique réglementaire est de fait connectée à la gestion des hydrosystèmes et à l'aménagement du territoire. Mais son caractère coercitif et son territoire d'application (la commune ou un groupe de communes appartenant à un même bassin de risque) en font un outil très particulier. Placée entre les mains de l'État et de ses services, la cartographie réglementaire est un exemple de politique publique normative et standardisée, définie par le haut et appliquée sur un territoire qui est le lieu d'exercice de compétences décentralisées.

L'adhésion des acteurs destinataires des servitudes qu'impose la mise en œuvre d'une réglementation en zone inondable (servitudes prenant la forme d'interdictions, de prescriptions et de recommandations) apparaît comme l'une des conditions de réussite de la politique publique. Cette adhésion doit pouvoir s'opérer dès le processus d'élaboration du document qui conduit à l'établissement du zonage et de la réglementation des territoires soumis aux inondations. L'acceptation sociale de l'outil réglementaire doit également se traduire à travers l'application des dispositions prises dans le document approuvé et le respect des objectifs assignés à la cartographie réglementaire.

C'est en considérant cela que l'on s'intéresse à l'évaluation des impacts in situ des mesures de maîtrise de l'occupation des sols en zone inondable. Une telle analyse part des effets escomptés de la politique réglementaire afin de déterminer leur réalité sur le terrain, voire le décalage entre les objectifs attendus et les objectifs atteints, en tentant d'en expliquer les causes. Elle doit également chercher à mesurer les effets indirects générés par son application et qui concernent par exemple les changements d'affectation des espaces, les impacts sur la politique de développement local et le marché foncier, l'évolution des comportements sociaux face au risque, etc.

L'objectif de ce chapitre est de présenter une démarche d'évaluation qui a été mise au point à la fin des années 1990, utilisée à plusieurs reprises et affinée au fur et à mesure des retours d'expérience (POTTIER, 1996 ; POTTIER, 1998 ; POTTIER et HUBERT, 1998 ; POTTIER et al., 2003 ; POTTIER et al., 2004 ; HUBERT et DE VANSSAY, 2005). La méthodologie proposée ne doit pas cependant être considérée comme une recette. Le mode de présentation retenu a pour but de faciliter la mise en œuvre de l'évaluation. Il décrit en sorte un idéal typique à partir duquel il est possible de construire sa propre démarche. Les modalités opératoires finalement retenues par un utilisateur sont bien souvent un compromis entre des objectifs scientifiques (toujours ambitieux), les moyens disponibles (généralement jugés insuffisants) et les conditions de terrain rencontrées.

Avant de présenter la méthode en question, il est important de replacer l'évaluation des politiques publiques dans son contexte, puis d'évoquer rapidement les principales expériences qui ont été menées dans le domaine des risques d'inondation.

L'évaluation, un élément constitutif récent des politiques publiques

Le développement de l'évaluation des politiques publiques est à mettre en relation avec les questions du management et de la gouvernance des actions publiques. Selon les pays et les types de politiques, l'expérience en la matière est très hétérogène. Dans le champ de l'environnement et plus particulièrement des risques naturels, la pratique française est relativement modeste comparativement à celle des pays anglo-saxons.

Les enjeux de l'évaluation

L'évaluation des politiques publiques apparaît comme un moyen de restaurer un principe de responsabilité (au sens politique) et de revaloriser le rôle des acteurs élus (au plan national comme local), mais aussi comme un mécanisme permettant de rétablir un contrôle démocratique (en améliorant l'information des acteurs sociaux et en mettant à la disposition des citoyens des matériaux qui leur permettront d'intervenir sur des politiques précises et plus seulement sur des choix généraux et abstraits).

Les objectifs qui lui sont assignés sont variés. Ils visent tout d'abord l'amélioration des performances de l'action publique mais aussi la démocratisation de la décision publique. L'évaluation est également considérée comme un moyen de production de connaissances. Elle peut en effet permettre de clarifier les dispositions implicites des politiques publiques et de mieux connaître les contours et les enjeux de l'action publique, ainsi que les formes de mobilisation des acteurs qu'elle génère. Elle conduit aussi à renforcer le niveau d'information et les capacités d'expertise des acteurs impliqués. Le développement et l'organisation de connaissances descriptives des problèmes et des actions collectives sont des apports essentiels de l'évaluation[11]. Enfin, l'évaluation est vue comme un processus d'apprentissage pour les acteurs qui sont parties prenantes. Elle permet un élargissement du réseau d'acteurs traditionnellement mobilisés dans le cadre décisionnel et la prise en compte de points de vue diversifiés sur le problème étudié. Elle conduit à s'interroger sur les objectifs théoriques et réels de la politique envisagée, ainsi que sur les voies de transformation possible.

L'expérience dans le domaine des risques d'inondation

L'ampleur des conséquences des inondations sur la société justifie que l'on s'intéresse à l'évaluation des outils utilisés pour leur gestion. Force est cependant de constater que cette préoccupation est relativement récente en France, comparée aux démarches développées à l'étranger[12] (POTTIER, 1998).

Les précurseurs en matière d'évaluation des politiques de gestion des zones inondables sont américains. Après la seconde guerre mondiale, plusieurs

---

[11] Selon Corinne LARRUE (2000), la démarche d'évaluation est une manière de constituer une mémoire collective de l'action publique.

[12] La prévention des risques naturels n'échappe pas à ce qui a longtemps prévalu dans le domaine de l'environnement : une conduite à l'aveugle des politiques publiques. La succession d'inondations particulièrement graves (la catastrophe de Nîmes en octobre 1988, celle de Vaison-la-Romaine en septembre 1992, etc.) ont joué un rôle essentiel dans le développement d'une démarche d'évaluation sur la question des risques majeurs.

équipes universitaires engagent des travaux en continu dans ce domaine, avec le soutien du gouvernement. Citons deux géographes américains très connus en la matière, G. WHITE et R. BURBY, qui ont développé des protocoles d'évaluation faisant référence dans ce domaine. Ils ont également été parmi les premiers[13] à défendre l'idée selon laquelle les mesures de contrôle de l'occupation des sols étaient sans doute les plus efficaces pour gérer le risque d'inondation (WHITE, 1975 - BURBY, 1979).

Sur le continent européen, c'est vers la Grande-Bretagne qu'il faut se tourner pour trouver des investigations notables en la matière. Les pratiques de contrôle de l'occupation des sols en zones inondables y sont étudiées depuis les années 1970. Mais on semble s'intéresser davantage aux principes d'élaboration des documents de planification des sols qu'à leurs effets territoriaux (PENNING-ROWSELL, 1972).

Quant à la France, il faut attendre 1993 pour qu'un mécanisme d'évaluation de la politique de prévention des risques naturels soit enclenché par le gouvernement. Il a pour objet d'établir un diagnostic critique de la politique menée depuis 1982 et de faire des propositions concrètes pour l'améliorer (Commissariat Général du Plan, 1997).

On peut cependant espérer un essor de l'évaluation des politiques environnementales en général, tant pour suivre l'évolution des modes d'action publique que pour accompagner la diffusion du concept de développement durable.

L'évaluation des impacts de la cartographie réglementaire des risques d'inondation

Une analyse de la territorialisation de l'action publique

Nombre de chercheurs considèrent aujourd'hui que la mise en œuvre des actions publiques est facilitée lorsqu'elle est réalisée au plus près des réalités locales et de façon adaptée aux particularités des espaces considérés (RELIANT, 2004). La capacité d'adaptation de normes nationales aux spécificités locales est désignée par le terme de « territorialisation de l'action publique », composante désormais essentielle d'application, voire d'efficacité, des politiques nationales au niveau local. Les territoires soumis simultanément au risque et à une réglementation ad hoc, de part leurs spécificités et leur histoire, vont imposer une certaine adaptation de la

[13] Le premier étant le géographe F. MURPHY en 1958 dans « Regulating flood plain development », research paper n° 56, Department of Geography, University of Chicago, USA.

politique nationale de prévention aux contextes locaux, ne serait-ce que pour éviter les blocages et contenir les situations conflictuelles.

Notre démarche d'évaluation s'inscrit dans cette logique car elle étudie à sa manière l'adaptation de la norme au terrain. Elle caractérise les éléments contextuels (culturels, institutionnels, économiques, sociologiques, géographiques...) qui vont conférer un « style » particulier à la cartographie réglementaire mise en œuvre sur le terrain. Elle analyse la capacité des acteurs publics à intégrer dans leur action les éléments contextuels sans pour autant s'éloigner des objectifs prioritaires de la politique de prévention des risques naturels. On peut à ce titre considérer que l'appropriation locale de l'outil réglementaire qu'est le Plan de Prévention des Risques (PPR) est une traduction de la territorialisation dont il est question ici[14].

Un double objectif d'évaluation

L'évaluation vise un double objectif : d'une part, mesurer l'efficacité globale de la cartographie réglementaire sur le terrain et d'autre part, analyser l'appropriation du risque et de la réglementation par les acteurs locaux[15]. Le premier objectif renvoie à des aspects quantitatifs tandis que le second est davantage d'ordre qualitatif.

L'objectif d'évaluer l'efficacité globale d'une réglementation entrée en vigueur nécessite d'étudier les changements opérés à la fois dans l'espace et dans le temps. En repartant de l'approche classiquement retenue dans les évaluations dites scientifiques (DELEAU et al, 1986), trois niveaux sont simultanément considérés :

- Un niveau d'évaluation de la pertinence de l'outil réglementaire et de sa mise en œuvre (efficacité interne) pour lequel il s'agit de savoir si la cartographie réglementaire est le moyen adéquat pour atteindre les objectifs poursuivis et si la réglementation est concrètement mise en œuvre localement et avec quelle rigueur. On cherche ainsi à répondre

[14] Cette appropriation ne va pas de soi... Le PPR est en effet un outil aux mains de l'Etat qui s'applique sur un territoire placé sous la responsabilité des collectivités locales. Il impose des restrictions en matière d'occupation des sols dans des zones à risques qui sont aussi considérées comme des espaces de développement potentiel. La convoitise de ces territoires est renforcée par la nouvelle vague de décentralisation qui entraîne mécaniquement une augmentation des charges pour les collectivités territoriales, qui trouvent une bonne partie de leurs recettes fiscales dans des taxes dont le montant dépend de l'occupation des sols.

[15] Le terme d'appropriation prend ici un caractère syncrétique. Il renvoie en effet à des questions de représentations, de perceptions, d'attitudes et de comportements des acteurs locaux confrontés à une situation de risque.

aux questions suivantes : les pouvoirs locaux ont-ils la volonté et les moyens pour agir ? quels sont les obstacles et les intérêts en jeu ?[16]

Tableau 2.1 - Les niveaux, les critères et les indicateurs de l'évaluation

Niveau d'évaluation	Critères d'évaluation	Principaux indicateurs associés
Évaluation de la pertinence de l'outil réglementaire	Capacité des pouvoirs locaux (moyens pour agir)	Compétences locales, réseaux de relation, crédits accordés.
	Engagement des pouvoirs locaux (volonté d'agir)	Conscience du risque, opinion sur la politique réglementaire, motivations.
Évaluation de la performance de l'outil réglementaire	Arrêt ou limitation du développement en zone inondable	Autorisations d'occupation des sols (nombre et nature des permis de construire accordés ou refusés).
	Protection des biens existants et futurs.	Mesures individuelles de prévention mises en œuvre.
	Sauvegarde du patrimoine naturel des plaines d'inondation	Évolution des surfaces des espaces naturels dans le lit majeur des cours d'eau.
Évaluation des autres effets générés	Changements dans l'occupation et l'usage des sols.	Vocation donnée aux terres inondables à différentes périodes, transformations des paysages.
	Attitudes et pratiques des occupants de la zone inondable.	Perception du risque, niveau d'information, réactions en situation de crise, opinion vis-à-vis de la politique menée.
	Effets sur le développement, l'activité économique et les finances locales.	Impact sur le budget communal (taxe professionnelle, taxe d'habitation, taxe foncière). Évolution des valeurs foncières et immobilières. Coûts supplémentaires de construction. Déplacement d'activités hors de la zone inondable ou de la commune.
	Effets sur le marché foncier	Dynamique de transactions Prix des biens mis en vente
	Effets sur l'environnement	Évolution des écosystèmes riverains et des paysages

- Un niveau d'évaluation de performance (efficacité de résultats) où il s'agit de mesurer l'adéquation entre les objectifs visés par l'action réglementaire et les objectifs atteints ; en distinguant si tous ont été atteints et en soulignant dans quelle mesure ils l'ont été.

[16] C'est à ce niveau que l'on est amené à reconstruire a posteriori le processus d'élaboration du document (comment sont intervenus les services instructeurs ? comment ont été associés les élus locaux ? quelles études ont été réalisées ? comment a été vécue la phase d'élaboration du côté de l'administration et par la commune ?...).

- Un niveau d'évaluation des autres impacts générés, en considérant tous les changements observés qui ne répondent pas directement à ceux qui sont attendus. Les effets générés non prévus peuvent concerner en particulier les changements d'affectation et d'usage des sols, l'évolution des paysages fluviaux, les modifications du marché foncier, la transformation des comportements sociaux vis-à-vis du risque et de la politique réglementaire.

Chaque niveau d'évaluation est appréhendé à partir de critères auxquels sont associés des indicateurs de nature qualitative ou quantitative. Les indicateurs, mis au point pour mesurer les critères, sont appliqués à un périmètre précis qui correspond au zonage établi par la cartographie réglementaire (en fonction de l'importance de l'aléa).

Les informations recueillies sur les indicateurs identifiés permettent ainsi d'évaluer l'action du règlement et son efficacité par rapport aux critères retenus. Autant que possible les indicateurs seront représentés sous une forme chiffrée (une valeur finie ou un pourcentage), cartographique (par exemple pour l'évolution de l'occupation des sols) ou graphique (par exemple pour l'évolution du nombre de permis de construire dans le temps et l'espace). Le tableau ci-après synthétise les niveaux d'évaluation, les critères et les indicateurs utilisés.

Un protocole d'étude original

Pour répondre simultanément aux deux objectifs de l'évaluation, il est nécessaire de combiner différentes méthodes d'investigation. Il faut recourir à la fois aux techniques documentaires, aux observations de terrains et aux techniques dites vivantes (entretiens, enquêtes...). Ce protocole est représenté de manière simplifiée par la figure 2.1.

Nous préconisons de dérouler sur chaque site retenu le protocole d'étude dans son ensemble, afin de traiter les divers volets de l'évaluation, de croiser ensuite les résultats et de rendre tangibles les conclusions apportées. Cela suppose la constitution d'une équipe pluridisciplinaire capable de couvrir les multiples dimensions du sujet (sociale, politique, économique, géographique...) et maîtrisant les techniques d'étude mentionnées.

Comme on le voit, la démarche d'investigation repose largement sur un recueil direct d'information auprès des acteurs locaux pour cerner leur représentation des risques et de la réglementation[17]. L'expérience montre

[17] On regroupe sous la dénomination d'acteurs locaux à la fois des élus et des techniciens des collectivités, des agents de l'Etat en charge de la mise en œuvre de la cartographie réglementaire (services instructeurs), des ménages habitant dans les zones inondables, c'est-à-dire les groupes cibles de la politique de

l'intérêt de combiner les techniques dites « vivantes ». Ainsi, une enquête par questionnaire auprès d'un échantillon important de population permet de réaliser un traitement statistique des données recueillies pour en sorte « quantifier » des comportements. La réalisation d'entretiens semi-directifs auprès d'un nombre plus restreint d'individus, éventuellement accompagnée de tests psychosociologiques apporte des informations qualitatives très complémentaires. Nous reviendrons ultérieurement sur ces aspects.

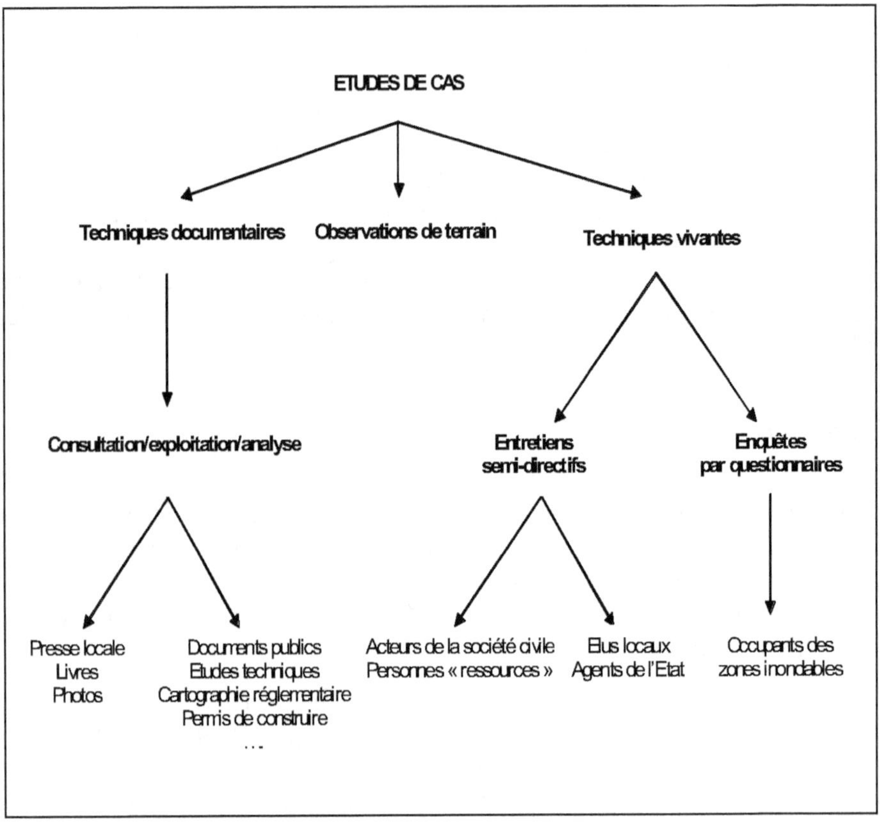

Figure 2.1 : Protocole d'étude

prévention, ainsi que des personnes appartenant à la société civile. On parlera d'acteurs de la société civile pour désigner des personnes qui sont impliquées dans des réseaux professionnels, sociaux, économiques, culturels,... et/ou qui appartiennent à des structures institutionnelles autres que celles mises en place par les autorités publiques (Etat, collectivités). On désignera par groupe cible les personnes physiques ou morales dont le comportement est la cible d'une intervention concrète des pouvoirs publics. Selon les promoteurs de l'action (en l'occurrence l'Etat), la modification du comportement des groupes cibles doit solutionner le problème à résoudre.

Les observations de terrain sont indispensables pour s'imprégner du site, appréhender sa géographie (sociale, physique...), son histoire, son environnement...

L'analyse documentaire est incontournable. Sur chaque site, les informations à rechercher sont très diverses. Elles concernent notamment la connaissance des phénomènes d'inondation, les chroniques et les caractéristiques d'évènements. Les documents (provisoires et définitifs) concernant la cartographie réglementaire doivent également être analysés, pour étudier le contenu et les caractéristiques de la procédure réglementaire : qualité, degré de précision des objectifs, variété des moyens offerts (recommandations, prescriptions, interdictions...), possibilités d'adaptation aux contextes locaux. La façon dont est traitée la question du risque et dont sont retranscrites les servitudes d'utilité publique imposées par le PPRi dans les plans locaux d'urbanisme fait également partie de cette analyse. Il en est de même du dépouillement des permis de construire ou encore des dossiers de mutations foncières (pour étudier les prix des transactions en zone inondable). Enfin, la consultation systématique de la presse locale permet de « caler » un certain nombre d'informations recueillies au moment des interviews, sur les évènements eux-mêmes, sur le niveau de préparation à l'inondation et la manière dont le risque a été appréhendé, etc.

Le choix des terrains

L'évaluation peut, bien entendu, être menée sur un seul site. Mais son intérêt est d'autant plus grand quand elle est réalisée parallèlement sur différents terrains, renvoyant à des situations géographiques, politiques et socio-économiques contrastées.

La sélection des études de cas est toujours une étape délicate. Il ne faut pas hésiter à solliciter l'aide du Ministère de l'écologie et du développement durable, en charge de la politique de prévention des risques naturels, ni celle des services extérieurs de l'État, à qui revient le soin d'appliquer cette politique et de mettre en œuvre la cartographie réglementaire. Ces acteurs publics connaissent bien le terrain et vont permettre de faire une première sélection des exemples à partir de quelques critères importants :

- l'existence d'une cartographie réglementaire approuvée depuis 5 ans ou plus[18] ;

[18] Les occupants des zones inondables ont un délai de 5 ans à partir de la date d'approbation du document pour réaliser les mesures de protection des bâtiments recommandées ou rendues obligatoires par le règlement. Pour observer un éventuel effet du PPR sur la mise en œuvre de telles dispositions, il est donc nécessaire de respecter ce délai avant d'engager l'évaluation.

- la présence d'une zone inondable comportant des constructions (habitations, commerces, artisans, industriels)[19] ;
- le vécu d'un ou plusieurs événements d'inondation durant la dernière décennie[20].

Lors du choix définitif des études de cas, il est utile d'informer les autorités locales préalablement au démarrage du travail de terrain. Si l'accord du maire ou du président de l'établissement public de coopération intercommunale n'est pas une obligation pour réaliser des investigations au niveau local, il constitue néanmoins un atout. Les responsables communaux ou intercommunaux peuvent jouer un rôle de « facilitateur », non seulement en ce qui concerne l'accès à l'information mais aussi pour la réalisation des enquêtes auprès des occupants de zones inondables ou encore pour la rencontre de personnes « ressource »[21].

Les dimensions spatiales et temporelles de l'évaluation

Le risque d'inondation s'inscrit dans un territoire et plusieurs échelles spatiales peuvent être considérées, depuis le bassin hydrographique jusqu'à la parcelle inondable. Mais compte tenu des objectifs poursuivis, l'unité spatiale retenue pour l'évaluation est en priorité la commune, maillon de base pour le contrôle de l'occupation des sols. Le périmètre placé sous le projecteur de l'évaluation est la zone inondable qui est soumise à la cartographie réglementaire. Mais rien n'empêche d'observer les changements opérés simultanément à l'intérieur et à l'extérieur du territoire réglementé (analyse synchronique).

La question du découpage de l'espace à analyser revêt une importance particulière au moment de l'enquête auprès des occupants de la zone inondable. Pour évaluer l'influence de l'inondation et de la réglementation sur les comportements des habitants, il faut pouvoir comparer des zones diversement affectées par le risque et des zones de même nature non influencées par ce phénomène naturel. On procède donc à une coupe transversale du territoire, en étudiant parallèlement différents secteurs, homogènes du point de vue de l'occupation des sols mais différents sur le plan de l'exposition au risque. Sur chaque secteur retenu, des ménages sont ensuite enquêtés.

---

[19] L'urbanisation du territoire inondable permet de constituer un échantillon de personnes à interroger suffisamment important pour réaliser une enquête auprès des occupants des zones à risques.

[20] Ce critère est facultatif mais son existence sur un site permettra éventuellement de mettre en regard les effets du risque lui-même et ceux du PPR.

[21] Il convient cependant de ne pas dépendre totalement des autorités locales dans le choix des personnes à rencontrer. Il y a un risque d'instrumentalisation de l'évaluateur...

En lien avec la dimension spatiale apparaît la notion de « zone témoin ». En effet, on cherche à isoler des zones à l'intérieur desquelles les indicateurs choisis vont a priori subir l'effet de la réglementation pour les comparer à des zones où ces mêmes indicateurs ne sont pas influencés par le document réglementaire. Ces zones dites « témoin » doivent avoir des caractéristiques urbanistiques et socio-économiques semblables ou très proches des zones inondables retenues par ailleurs. Elles peuvent être géographiquement contiguës ou éloignées du champ d'inondation. Si elles sont mitoyennes, elles peuvent recevoir les usages originellement destinés aux secteurs inondables (si ces derniers sont contraints par la réglementation). Lorsqu'elles sont éloignées, elles ne sont plus réellement représentatives.

Ces remarques soulignent la difficulté de définir réellement des zones témoins. L'influence des facteurs géographiques qui ont joué un rôle dans l'histoire du site vient renforcer cette difficulté. Elles mettent aussi en avant la difficulté d'isoler avec certitude la part des effets identifiés qui revient à l'entrée en vigueur de la réglementation de celle qui est due au risque lui-même. La frontière entre les impacts réciproques de ces deux variables est très perméable.

Par ailleurs, il ne faut pas oublier que l'évaluation s'inscrit dans une dynamique territoriale ; dans le sens où la situation économique, sociale, politique voire environnementale du territoire évolue indépendamment de l'existence d'une réglementation.

L'évaluation porte sur une période déterminée dans le temps (analyse diachronique). La dimension temporelle est présente dans l'évaluation lorsque l'on cherche à montrer l'influence de la réglementation et des évènements d'inondation sur l'environnement et les paysages, sur l'occupation des sols et le marché foncier, ou encore pour repérer d'éventuels changements d'attitudes (des actions individuelles ou collectives induites par la survenance d'une inondation par exemple).

La compréhension des facteurs contextuels

Les facteurs contextuels (d'ordre physique, humain, économique, politique...) sont capables d'influencer les représentations sociales du risque et de la réglementation, donc a fortiori d'interférer sur l'évaluation[22]. Aussi

[22] Ainsi, l'attitude des décideurs locaux vis-à-vis d'un zonage qui réduit les possibilités d'urbanisation dépend de l'existence ou non de terrains hors zones inondables susceptibles d'être construits, de la pression foncière qui s'exerce sur les secteurs sensibles, des orientations politiques données au développement local, etc. En outre le comportement que les acteurs locaux adoptent par rapport à l'action réglementaire engagée par l'Etat (qu'il s'agisse des responsables politiques, des acteurs de la société civile ou des occupants des zones inondables) est étroitement lié à la culture du risque, qui est en relation avec

est-il important de chercher à identifier et à analyser les principales variables en jeu. Au moins trois grandes familles peuvent être retenues : les variables géographiques, socio-économiques et institutionnelles[23].

Concernant les variables géographiques, il s'agit de comprendre la situation des sites étudiés par rapport aux aléas naturels locaux et d'appréhender les contraintes spatiales qui, historiquement, ont pesé sur le développement urbain. Les critères d'espaces, de géologie, d'hydrologie, de relief... doivent donc être étudiés. Dans bien des cas, le site n'est pas soumis au seul risque d'inondation. D'autres risques naturels (tels que les éboulements de falaises, les phénomènes d'érosion, les coulées de boues, les séismes...) mais aussi des risques technologiques sont parfois simultanément présents sur la commune[24]. On peut également noter que le risque d'inondation se présente quelquefois sous plusieurs formes. L'inondation par débordement de rivière peut être aggravée par des problèmes de ruissellement sur les surfaces imperméabilisées et de dysfonctionnement de réseaux d'assainissement. A l'inondation lente peut venir se greffer un phénomène torrentiel provenant d'affluents qui rejoignent une rivière de plaine... Le degré d'exposition à l'aléa fait également partie des facteurs à considérer. On doit enfin s'intéresser aux caractéristiques des inondations (en termes de fréquence, de durée et de hauteur d'eau) telles qu'elles sont statistiquement répertoriées. L'objectif est de mesurer la convergence ou la divergence entre les données « officielles » et la perception des événements dans la population et chez les responsables locaux.

S'agissant des variables socio-économiques, elles renvoient notamment aux situations de type rural ou urbain qui entraînent des relations différentes à l'environnement. Pour chaque terrain étudié, le développement économique et les enjeux présents en zone inondable sont à prendre en compte. Une des variables les plus significatives est évidemment la pression démographique sur le site et la population (en qualité comme en quantité). Doivent ainsi être considérés les éléments suivants : les catégories socioprofessionnelles, l'importance et la dynamique de la population active et/ou de la population retraitée, la composition de la population (d'anciens résidents ou de nouveaux arrivants) et éventuellement les fluctuations saisonnières (cas des secteurs touristiques).

---

les expériences vécues, le niveau d'information des individus et le degré d'exposition du territoire au risque.

23 L'acceptation du risque et la nécessité d'une réglementation stricte de l'occupation des sols peuvent en effet être influencées par la nature du risque et les difficultés de s'en protéger, mais aussi par des pressions démographiques et économiques pesant sur la commune.

24 Le caractère multirisque d'un site est considéré comme un facteur contextuel. De nombreux territoires sont soumis à divers risques naturels que l'on trouve intégrés dans le PPR. Il faut prendre en compte cet aspect lors du découpage du territoire en vue de procéder aux enquêtes de terrain et considérer le critère « inondabilité » comme prioritaire.

En regard des variables institutionnelles, on s'intéressera en particulier à l'organisation des structures en place. Il est par exemple intéressant de voir si la collectivité doit faire face seule au risque ou, par le biais de son adhésion à un établissement de coopération intercommunale, si elle peut mutualiser le risque. De même, il importe de savoir si la collectivité a mis en place une organisation interne particulière pour intervenir sur le risque et/ou a dégagé des moyens spécifiques. Dans le même registre, l'adhésion de la commune étudiée à une structure d'aménagement et gestion de rivière est une information à rechercher.

Les rencontres avec les décideurs locaux

La compréhension de la situation passe également par des entretiens (semi-directifs) auprès des décideurs locaux qu'il convient de rencontrer sur chaque site. Il s'agit des acteurs impliqués directement ou indirectement dans l'élaboration, l'application et le suivi des outils réglementaires et plus généralement de la politique de prévention des risques : les agents des services extérieurs de l'État (appelés également services instructeurs)[25], les élus et les techniciens locaux (maire, adjoint chargé de l'urbanisme ou de l'environnement, responsable du service de l'urbanisme...). Selon les terrains, le panel des entretiens peut être complété en interrogeant d'autres personnes clés (responsables de structures intercommunales à vocation d'aménagement et de gestion de rivières)[26].

Les rencontres ont pour objet d'identifier les types de représentation et le niveau d'appropriation qu'ont les acteurs institutionnels du risque d'inondation et de la politique menée à cet égard, d'apprécier les efforts locaux de mise en œuvre de la cartographie réglementaire, de mettre en évidence les difficultés rencontrées et les améliorations souhaitées. Ils contribuent également à estimer ou confirmer les impacts spécifiquement attribuables au règlement parmi l'ensemble des changements observés depuis son approbation. Une confrontation des discours aux documents officiels est souvent intéressante. Ces entretiens donnent une meilleure intelligence des territoires étudiés car ils permettent de replacer l'étude de cas dans un cadre politique. Ils remettent en perspective les facteurs contextuels locaux face à la

---

[25] Selon les départements, les services de l'Etat chargés d'instruire et de faire appliquer la cartographie réglementaire sont différents. Il peut s'agir du service de la navigation (dans le cas des cours d'eau domaniaux et de leurs dépendances), de la direction départementale de l'équipement (DDE), de la direction départementale de l'agriculture et des forêts (DDAF) ou encore du service de restauration des terrains en montagne (RTM).

[26] Si le bassin versant hydrographique fait l'objet d'une politique d'aménagement et de gestion, une rencontre avec des représentants de l'institution responsable s'impose. Les informations recueillies permettront de replacer la question du risque d'inondation dans un cadre plus global, de mettre en évidence les complémentarités et/ou les incohérences d'action.

politique nationale de prévention des risques. Au delà, ils apportent des éléments d'information sur la perception des risques par les pouvoirs publics, sur les actions à mener et bien entendu sur la pertinence de la réglementation de contrôle de l'occupation des sols en zone inondable. Ils mettent en exergue les relations entre les élus locaux et les services déconcentrés de l'État. Ils sont l'occasion de mieux comprendre les situations conflictuelles rencontrées parfois, mais aussi les processus de décision et les jeux d'acteurs qui s'expriment autour de la cartographie réglementaire.

Du côté des collectivités locales, il est important de pouvoir apprécier leur degré d'appropriation du risque et de la cartographie réglementaire, leur sensibilité aux risques ainsi que leur niveau d'engagement et leur capacité à faire face[27]. On interrogera donc les décideurs locaux sur les inondations vécues, sur le processus de décision relatif au PPR en vigueur, mais aussi sur leur implication dans la mise en œuvre d'une politique locale de gestion des risques (information, prévention, protection, alerte, secours…).

Quant aux rencontres avec les représentants de l'État (préfecture et service instructeur), elles ont un intérêt qui dépasse la seule connaissance de la politique départementale de prévention des risques et la présentation des moyens (techniques, humains, financiers) mobilisés pour cette tâche[28]. On cherchera en particulier à cerner la stratégie de réalisation de la cartographie réglementaire à l'échelle du département et de transformation des anciennes réglementations en PPR[29]. On s'intéressera aux marges de manœuvre laissées par l'État central aux services instructeurs, notamment pour négocier, créer des partenariats, favoriser la participation… Autrement dit, il s'agit d'apprécier l'aptitude du service instructeur à mettre en œuvre la cartographie (qualité et moyens de la structure), à analyser la situation et gérer les interactions avec les acteurs locaux.

La création des PPR en 1995 a fait évoluer les modes opératoires des services instructeurs. Aussi est-il intéressant d'estimer la portée de ces

---

[27] La sensibilité aux risques peut aussi être appréciée à travers les décisions prises en matière d'occupation des sols et d'urbanisme. En effet, l'existence d'un PPR n'est pas indispensable à l'intégration du risque dans le territoire. En outre, sa mise en œuvre ne dispense pas les responsables de l'élaboration des documents d'urbanisme et de la délivrance de permis de construire de recourir aux dispositions de droit commune du code de l'urbanisme pour réduire la vulnérabilité des biens exposés.

[28] Nombre d'aspects portent sur la pratique générale de l'administration, il est cependant important de concrétiser cela par des exemples concrets. Les études de cas choisies doivent rester dans la ligne de mire lors des entretiens pour avoir le point de vue de l'Etat sur les communes étudiées et le resituer dans une pratique plus générale.

[29] Depuis octobre 1995 (date de publication du décret relatif au PPR), les anciennes procédures (telles les PSS, les PER, les R111-3) valent PPR. Mais ces anciens documents peuvent ne pas répondre tout à fait aux objectifs et aux règles fixées par les PPR. Aussi est-il intéressant de voir comment s'est fait l'arbitrage entre une actualisation de ces documents ou l'élaboration d'un PPR sur les vestiges des anciennes procédures ou sur de nouveaux secteurs.

évolutions qui doivent avoir désormais imprégné la pratique des agents. Différents aspects du processus de construction du document sont à analyser.

Les critères qui président au choix du périmètre d'étude des risques et de l'enveloppe des PPR font partie des informations à rechercher. Les textes prévoient en effet que le territoire mis à l'étude soit en principe le bassin de risque, défini comme étant une entité homogène soumise à un même phénomène naturel. En étudiant l'inondation dans sa réalité physique, on renforce l'idée d'une gestion intercommunale du risque. Par voie de conséquence, on peut s'attendre à rencontrer sur le terrain davantage d'arrêtés intercommunaux de PPR ; sauf si les contraintes locales conduisent le préfet à individualiser les arrêtés, commune par commune. Le législateur propose également de délimiter non seulement les zones soumises aux risques mais aussi des secteurs non directement exposés mais susceptibles d'aggraver les risques (du fait de l'existence de constructions, d'ouvrages, d'aménagements ou d'usages divers du territoire). Il peut être prévu sur ces zones contributives des mesures d'interdiction ou des prescriptions spéciales. On entre ici dans une logique d'aménagement du territoire dont l'application concrète mérite notre attention.

Dès la prescription du PPR, le préfet peut désormais décider des mesures d'urgence afin de surseoir à des projets d'aménagement et de constructions, ou de leur imposer des prescriptions immédiates. Pour être l'objet de telles mesures, les projets en question doivent participer à une aggravation du risque ou en provoquer de nouveaux. Comment est utilisée cette disposition ?

Durant l'élaboration du PPR, les études doivent être conduites avec pragmatisme, sans complexité inutile et avec le souci d'aboutir à des propositions concrètes de mesures réglementaires. Il est demandé aux services instructeurs de donner la priorité aux études dites qualitatives (exploiter des informations disponibles et des données relatives aux évènements passés, s'appuyer sur le vécu des populations…) et de réserver les études détaillées (faisant appel à la modélisation) aux situations particulières et sur des espaces géographiques restreints. Ce choix, qui permet de réduire le coût et la durée de fabrication du PPR, constitue une véritable révolution dans la pratique des services instructeurs : une remise en question de la place de l'expertise technique dans la décision… Comment est vécue et respectée cette consigne ?

La concertation et le dialogue sont des activités mises en avant dans le processus de fabrication de la cartographie réglementaire. La participation active et régulière des partenaires locaux (en particulier les élus) dès les premières étapes est considérée comme l'une des clés de réussite du PPR. Quelles formes d'associations ont été favorisées ? Quels acteurs ont été associés aux débats ? Quel bilan peut-on tirer de cette expérience ?

Concernant le contenu des documents, au-delà des critères qui président au choix entre prescriptions ou recommandations, on s'intéressera à l'interprétation qui est donnée sur le terrain aux termes de prévention, protection et sauvegarde utilisés par les textes officiels et à la façon dont sont associées les mesures correspondantes en vue d'assurer la sécurité des personnes et à faciliter l'organisation des secours.

Les occupants des zones inondables face au risque cartographié

Pour aborder cet aspect central de l'évaluation, il est recommandé de réaliser une enquête directe par questionnaire auprès des occupants des zones inondables dont les résultats seront exploités d'un point de vue statistique (constitution d'une base de données et traitement des informations).

Elle porte donc sur un échantillon important d'individus appartenant à une même « famille » d'acteurs : des ménages, des responsables d'activités (industriels, artisans, commerçants, agriculteurs...) installés dans les secteurs inondables des communes étudiées[30]. Si la catégorie « ménage » peut être considérée comme une population relativement « homogène », tel n'est pas le cas pour la catégorie « responsables d'activités » qui recouvre des situations très variées. En outre dans le cas des activités, le nombre d'enquêtés est réduit (ce qui rend plus délicate l'exploitation statistique des données recueillies), sauf si le terrain présente un important site d'activité en zone inondable. Il vaut mieux préférer, dans le cas des activités, une série d'entretiens plutôt qu'une enquête.

Prenons comme exemple explicatif de la démarche d'enquête le cas des ménages. Mais auparavant quelques petits conseils pratiques peuvent être donnés.

L'enquête est un outil largement utilisé de nos jours et chacun est l'objet de multiples sollicitations en la matière. Qu'est-ce qui peut alors conduire un individu à participer à une enquête, qui plus est, porte sur un sujet qu'il voudrait bien oublier ? Il est important d'avoir en tête cette question pour apporter un soin particulier à cette opération délicate, tant en ce qui concerne le protocole d'enquête que pour le questionnaire lui-même (formuler des questions simples et retenir des modalités de réponse faciles à comprendre[31]).

---

[30] Le questionnaire doit être adapté à l'interlocuteur. Si les rubriques sont les mêmes, la formulation des questions est différente entre les ménages et les responsables d'activités par exemple.

[31] Pour les questions où les réponses se font sur une échelle de valeur, il est important de ne pas avoir trop de modalité (tout à fait d'accord, ..., pas du tout d'accord) pour ne pas obtenir trop de réponses neutres. Pour les questions où les réponses sont multiples, il faut éviter les listes trop longues et proposer des choix bien tranchés.

Une progression logique dans le questionnaire doit être recherchée et il faut éviter les redondances dans les questions. De plus, on associe des questions fermées, pour lesquelles l'enquêté ne peut répondre que par un choix limité (oui ou non, favorable ou défavorable...), et des questions ouvertes, où le sujet est libre de répondre comme il le désire et peut apporter des commentaires personnels[32]. Les observations recueillies ainsi sont généralement très riches et permettent d'apporter des précisions à des réponses fermées.

On ne peut que recommander de tester le questionnaire auprès d'un échantillon aléatoire de personnes avant de lancer l'enquête, afin notamment de vérifier la compréhension des questions.

Le périmètre d'enquête, représenté par les zones réglementées, est découpé en secteurs relativement homogènes du point de vue de l'occupation des sols et de l'aléa d'inondation. Au niveau de chacun des secteurs, on cherche à repérer l'ensemble des personnes concernées. Mais les difficultés rencontrées pour établir une liste exhaustive de ces personnes conduisent souvent à définir l'échantillonnage à partir d'une prospection directe sur le terrain.

Pour faciliter l'accueil de l'enquête, une information préalable des populations doit être réalisée (dans les bulletins municipaux par exemple)[33]. De même, le questionnaire est de préférence remis en main propre par un enquêteur (ou en cas d'absence répétée, déposé dans la boîte aux lettres), puis récupéré après quelques jours au domicile des enquêtés (ou rapporté en mairie par ces derniers)[34]. Cette modalité peut paraître lourde mais elle revêt plusieurs avantages. Elle permet d'éviter d'avoir uniquement les réponses des personnes a priori les plus disponibles (chômeurs, femmes au foyer et retraités...). De plus, même si elle gomme la spontanéité des réponses aux questions posées, cette démarche donne aux enquêtés le temps de la réflexion ; ils peuvent ainsi faire des allers-retours sur le questionnaire, voire modifier leurs réponses au fur et à mesure de leur progression dans les questions. Le cas échéant, les personnes enquêtées fournissent aussi des informations issues de leurs archives personnelles et recherchent certaines données sur les mesures d'autoprotection conduites sur les bâtiments (nature, coûts, date des travaux...).

---

[32] Le questionnaire est conçu de manière à retranscrire les informations recueillies en des termes susceptibles d'être quantifiés. Les questions fermées permettent d'effectuer des traitements statistiques sur les réponses, tandis que les questions ouvertes apportent des précisions.

[33] L'aide de la municipalité est un atout indéniable, c'est pourquoi son accord préalable sur l'enquête est à rechercher. Les personnes enquêtées pouvaient en outre obtenir des renseignements auprès des mairies, systématiquement associées à la démarche.

[34] Le questionnaire doit donc être rempli par l'enquêté sans la présence de l'enquêteur. Cette méthode n'empêche pas le fait d'être amené à faire remplir le questionnaire en direct (lors du rendez-vous pris pour récupérer ce dernier).

Plusieurs aspects sont à aborder dans le questionnaire. Outre des données de signalétiques, permettant de mieux connaître les enquêtés (âge, profession, taille et revenu du ménage)[35], les informations à recueillir concernent :

- L'expérience des inondations (les événements vécus, leurs caractéristiques physiques, les dommages subis) et la perception du risque.
- Le niveau et les sources d'information sur le risque local, sur les procédures de maîtrise de l'occupation des sols en zone inondable en général et sur la réglementation en vigueur sur le terrain[36].
- L'ancienneté d'installation en zone inondable et les raisons qui président à cette installation.
- Les modalités de prise en compte individuelle du risque au niveau de la construction (nature, coût et efficacité perçue des mesures, raisons et moments de leur mise en œuvre)[37].
- L'opinion sur l'action des pouvoirs publics en matière de gestion des risques et sur les politiques de prévention[38].

En regard de ce dernier point, rappelons que la loi « risques » du 30 juillet 2003 est venue renforcer l'information préventive des populations exposées ; aussi est-il intéressant de vérifier le respect des nouvelles obligations[39].

---

[35] La notion de chef de famille est aujourd'hui dépassée, aussi faut-il prévoir que chaque membre d'un couple apporte des informations à ce sujet.

[36] Il est important de pouvoir distinguer les connaissances que les individus interrogés ont sur la réglementation en général et sur celle qui est en vigueur sur la commune.

[37] Il faut être en mesure de différencier les actions de prévention (mitigation individuelle pour réduire sa vulnérabilité) et les actions de sauvegarde (mesures prises au moment de la survenance d'une inondation pour diminuer les dommages) . Le recueil de ces informations est utile pour les plans de secours et les plans de sauvegarde communaux (loi sur la sécurité civile), afin de décliner des mesures adaptées par secteur de risque.

[38] Il faut s'intéresser également à la connaissance de l'information préventive par les populations exposées (dossier d'information communal sur les risques majeurs, plan de sauvegarde communal).

[39] Trois dispositions importantes en la matière peuvent être soulignées. Dans les zones exposées au risque d'inondation, le maire avec l'assistance des services de l'Etat compétents procède à l'inventaire des repères de crue existant sur le territoire et établit des repères correspondant aux crues historiques, aux nouvelles crues exceptionnelles ou aux submersions marines. La commune ou le groupement de communes matérialise, entretient et protège ces repères. Dans les communes où un PPR a été prescrit ou est approuvé, le maire doit informer la population au moins une fois tous les deux ans sur les risques naturels (types et caractéristiques), les dispositions du PPR, les mesures de prévention et de sauvegarde possibles, les modalités d'alerte, l'organisation des secours, les mesures prises par la commune pour gérer le risque. Les acquéreurs et les locataires de biens immobiliers situés dans les zones couvertes par un PPR prescrit ou approuvé doivent être informés par le vendeur ou le bailleur des risques visés par le plan (un état des risques, fondé sur des informations mises à disposition par le préfet, est annexé à la promesse de vente ou d'achat et au contrat réalisant ou constatant la vente).

L'enquête a pour objet de caractériser l'attitude, le comportement et les pratiques des populations vivant ou travaillant dans les zones inondables. Elle permet en effet :

- d'estimer l'efficacité du document en termes de réduction de la vulnérabilité des biens exposés (mise en œuvre de mesures de protection aux bâtiments existants et construits après son instauration) ;
- d'évaluer l'influence du document sur l'information des usagers en matière de risque, sur le choix d'installation en zone inondable ou sur la prise de conscience du risque ;
- de connaître les facteurs déterminants de la conscience du risque, autres que le document réglementaire, dans la mise en place de mesures de protection individuelle.

Ce type d'enquête vise à la fois une caractérisation et une quantification de variables explicatives de différents comportements face au risque. Elle cherche à découvrir les facteurs qui influencent les réponses, leurs poids respectifs et leurs liens de dépendance ou d'indépendance. Toutes les informations aux questions fermées sont donc saisies dans une base de données afin d'être exploitées à l'aide d'outils statistiques[40].

Lorsque les faits impliquent des attitudes et des opinions d'individus sur tel ou tel point, les statistiques ne suffisent plus car elles n'expriment pas la complexité de la réalité. L'intérêt d'une analyse qualitative est alors évident car elle apporte des éléments explicatifs (plus précis ou complémentaires selon les cas) qui vont au-delà de simples impressions.

L'analyse des représentations sociales du risque[41]

L'analyse qualitative qui est préconisée ici constitue un complément intéressant à l'enquête auprès des populations installées en zone inondable et aux rencontres avec les décideurs locaux. Elle porte sur un échantillon réduit de personnes qui sont choisies de manière à réunir un panel des composantes de la société civile représentatif des terrains étudiés. Toutes les personnes doivent avoir en commun d'être directement concernées par les inondations (vivre ou travailler dans la zone inondable, être impliqué dans des actions

---

[40] L'exploitation des informations recueillies fait appel aux méthodes d'analyse de données. Les traitements de base sont les tris à plat et les tris croisés (élaboration de tableaux de contingence). Ils sont associés au test de chi-deux et au test de Fisher pour le croisement entre deux variables. Pour le croisement entre plus de deux variables, on a recours à des analyses factorielles, à des analyses de corrélation et à des modèles de régression.

[41] Ce volet d'analyse a été mis au point et utilisé par B. DE VANSSAY dans le cadre d'une évaluation de l'appropriation des risques et de la réglementation par les acteurs locaux (HUBERT, DE VANSSAY, 2005).

concernant les inondations…)[42]. On peut recommander de rencontrer sur chaque site, au moins une douzaine de personnes.

Si cette analyse est fondée sur des rencontres individuelles, elle dépasse la simple exploitation de comptes rendus d'entretiens. Aussi doit-elle être réalisée de préférence par ou avec l'aide de sociologues ou de psychosociologues, qui vont s'appuyer sur le concept de représentation mentale.

On appelle « représentation » le processus et le produit d'une activité mentale par laquelle l'individu ou le groupe reconstruit le réel auquel il est confronté et lui attribue un sens, en fonction de ce qu'il sait, et de ce qu'il croit, de son expérience ou de son vécu et de tout un système de valeur qui lui est propre (ce n'est pas à la réalité objective que réagit le sujet mais à une réalité reconstruite et interprétée). La démarche d'analyse retenue se fonde sur les travaux de ROUQUETTE (1998) et ABRIC (1994). Elle part d'un constat, qui fait aujourd'hui l'objet d'un large consensus dans le domaine des sciences sociales à savoir que les représentations sont souvent des guides pour l'action et qu'elles jouent un rôle plus important que les caractéristiques objectives d'une situation dans les comportements adoptés par les sujets ou les groupes (HUBERT et DE VANSSAY, 2005).

On fait l'hypothèse qu'il existe une représentation commune du risque inondation (aléa et vulnérabilité), qui s'est construite à partir d'événements successifs (vécus ou connus). La cartographie réglementaire donne un cadre géographique et légal à cette représentation, en définissant des zones associées à des prescriptions constructives. On cherche ainsi à spécifier les cas et les conditions qui viennent modifier ou renforcer la représentation initiale du risque et de la réglementation. On tente également de saisir le décalage qui s'opère entre la perception antérieure du risque (liée à l'expérience) et les caractéristiques nouvelles de la menace en fonction de la réglementation et des contextes locaux nouveaux (pression démographique, techniques nouvelles de prévention, etc.). L'étude des représentations peut être effectuée à partir de quatre techniques, utilisées classiquement en psychologie sociale :

- Les entretiens semi-directifs : ils sont réalisés à partir d'une majorité de questions ouvertes pour permettre à l'interviewé d'expliciter au mieux sa propre perception des problèmes. Les réponses font l'objet d'une

[42] On peut par exemple rencontrer des membres d'associations de riverains, des pompiers,…, mais aussi faire appel à des *personnes ressources*, c'est-à-dire ayant conservé une mémoire des inondations passées ou de l'histoire des procédures réglementaires.

analyse de contenu. Les thématiques abordées sont similaires à celles du questionnaire utilisé dans l'enquête quantitative[43].

- Le test des associations libres : il permet d'enregistrer les associations verbales spontanées au terme inducteur (dans notre cas l'inondation). Ces associations font apparaître les dimensions latentes qui structurent l'univers sémantique et permettent ainsi d'accéder aux noyaux figuratifs de la représentation.
- La représentation graphique de la zone inondable : elle consiste à demander à l'individu de dessiner la zone inondable sur un plan simplifié de la ville où figurent quelques points de repères (en particulier le cours d'eau). Elle permet de comprendre les relations que la personne entretient avec son environnement et d'évaluer sa connaissance de l'espace[44].
- Les grilles d'attribution de responsabilité : elles visent à comprendre où se situent les individus en termes d'appropriation des risques, de confiance vis-à-vis des institutions et plus globalement de citoyenneté. On présente aux personnes rencontrées une série d'affirmations sur lesquelles les interviewés doivent donner leur accord ou leur désaccord. Ce test permet de faire émerger les conditions nécessaires à la responsabilisation des occupants des zones inondables dans l'adoption de mesures de prévention.

L'analyse de la dynamique urbaine en zone inondable

Ce volet d'analyse regroupe deux aspects : l'évolution des constructions en zone inondable et le fonctionnement du marché foncier.

Concernant le premier aspect, notre attention se focalise sur les permis de construire, en examinant les demandes et les autorisations formulées sur

---

[43] L'entretien permet un contact direct avec l'interviewé dont le désir d'expression augmente au fur et à mesure qu'il se perçoit comme étant écouté en tant qu'expert d'une situation qu'il fait découvrir à son interlocuteur. On est d'ailleurs surpris du sentiment de frustration de certains individus qui n'ont jamais eu l'occasion de parler de leur expérience de l'inondation à une personne extérieure (considérée comme un professionnel du sujet).

[44] Ce test est fondé sur deux théories. La première est celle des cartes mentales de LYNCH (1976) qui fait l'hypothèse qu'en milieu urbain chacun développe mentalement une carte de sa ville pour faciliter son orientation dans l'espace et évaluer plus aisément les trajets ou les distances à parcourir. Ce chercheur constate que nous construisons l'espace urbain par rapport à des chemins, des unités, des nœuds et des points de référence. La psychologie environnementale y ajoute la notion de perception affective, c'est-à-dire de référence à des lieux qui constituent des ancrages symboliques. La seconde théorie a été développée par MOLES (1977). Elle porte sur la représentation individuelle de son environnement. Elle montre que nous avons tendance à nous représenter l'espace à partir des lieux ou nous habitons (notre maison étant perçue comme le centre à partir duquel s'ordonne l'environnement proche puis plus éloigné, en une succession de cercles concentriques).

l'ensemble du territoire communal étudié et plus particulièrement dans les zones réglementées du Plan de prévention du risque d'inondation. Le dépouillement des permis de construire est réalisé sur une période de 10 à 15 ans (selon les cas) afin de comparer la dynamique qui préexistait avant l'instauration du document réglementaire et celle qui s'exprime depuis son approbation. Cela constitue un moyen de vérifier si la cartographie réglementaire joue un rôle à cet égard et si l'on assiste à un report des demandes de construction dans des secteurs non soumis au risque. Au niveau des secteurs réglementés, nous sommes amenés à comparer les demandes de permis de construire aux autorisations accordées (en précisant leur nature : nouvelles constructions, agrandissements de bâtiments existants...) et aux refus (en spécifiant les motifs invoqués).

En ce qui concerne le second aspect, l'objectif est de tenter d'expliquer le comportement du marché dans les zones à risques et de repérer des variables explicatives. La multitude des paramètres à prendre en compte pour évaluer la valeur des terrains et des constructions, puis pour caractériser parmi cet ensemble ce qui est lié à la présence d'un risque potentiel et d'une réglementation le concernant, rend la tâche très délicate (HUBERT et al, 2003). Aussi faut-il viser une analyse exploratoire en combinant une approche quantitative (repérage des données utiles, recueil et traitement des informations) et une approche qualitative (enquête auprès des agents immobiliers et des notaires).

Il existe différentes sources d'information potentiellement utilisables pour étudier ce volet et diverses bases de données, gérées par les services fiscaux ou les chambres professionnelles (notaires, agents immobiliers...). Mais ces données sont soit payantes soit inaccessibles au public[45]. Certaines informations sont disponibles auprès des collectivités et plus facilement accessibles.

C'est le cas des Déclarations d'Intention d'Aliéner (DIA), consultables auprès des communes ayant instauré un droit de préemption urbain. Dans les secteurs où s'exerce ce droit, tout vendeur de bien doit informer la commune de son intention et remplir un formulaire où figurent en principe les informations suivantes : la situation du bien (adresse et référence cadastrale), la surface de la parcelle, la surface habitable, le prix de vente demandé et la date de déclaration. Dans la mesure où ces formulaires sont complètement renseignés puis correctement archivés par les services communaux, une analyse de ces données sur plusieurs années, en comparant des biens de même type localisés d'une part, dans des secteurs inondables réglementés et d'autre

[45] On pense notamment aux extraits d'actes de mutation. Transmis par le notaire à différents services rattachés à la Direction Générale des Impôts à l'occasion de la mise en vente d'un bien, ces documents contiennent des informations concernant le prix de la transaction, la date, la nature du bien échangé, le lieu, la surface,...

part, dans des zones non inondables (ayant les mêmes caractéristiques urbaines) permet de mettre en évidence l'influence éventuelle du facteur « risque réglementé » sur le prix des biens. Malheureusement, la qualité et la quantité des DIA disponibles ne permettent pas toujours d'apporter des éléments de réponse pertinents[46].

Les données dont disposent les notaires s'avèrent plus fiables car elles concernent des transactions réalisées et non projetées[47]. Elles comportent en outre des informations sur la qualité des biens vendus et leur environnement (cadre de vie, proximité de commerces et d'équipement, voisinage, nuisances...). Ces informations sont rassemblées dans une base de données qui est renseignée et mise à jour par les notaires eux-mêmes. Elle est gérée par la profession et réservée à son usage. Sauf accord particulier, ces données ne sont pas mises à la disposition du public.

Dans ce contexte général où les informations les plus fiables sont aussi les plus difficiles à obtenir, nous pouvons être amenés à privilégier l'approche qualitative basée sur des entretiens auprès des professionnels de l'immobilier.

Une analyse de l'évolution des paysages, de l'occupation des sols et de l'environnement

Analyser la transformation dans le temps des paysages riverains des cours d'eau et de l'environnement en comparant la situation à différentes époques permet de repérer les principales modifications qui interviennent et de les mettre en relation avec les facteurs contextuels (la politique communale), naturels (la survenance d'inondations) et bien entendu avec l'entrée en vigueur de la réglementation. Par rapport à la question centrale de cette recherche, il s'agit de montrer si les changements observés s'expliquent par la mise en place de la cartographie réglementaire ou s'ils résultent d'autres facteurs.

Les documents iconographiques utilisés pour ce faire sont multiples : cartes topographiques, cartes IGN, photos aériennes, cartes des atlas des zones inondables... Ils sont analysés sous un angle historique et comparatif. Les changements observés dans l'espace et dans le temps (conquête urbaine et industrielle, évolution des pratiques agricoles, restriction du champ d'expansion des crues) sont ensuite retranscrits sous forme de cartes

---

46 Par ailleurs, l'analyse des DIA sur plusieurs années pose le problème de la réactualisation des prix dans le temps. Pour éviter ce biais, on peut procéder à des calculs de moyennes annuelles des DIA ou réactualiser les prix annuels à l'aide de l'indice des prix de l'immobilier.

47 Les prix qui figurent au niveau des DIA correspondent à des estimations avant que la transaction ne soit effective.

synthétiques mettant en évidence la situation avant l'approbation du PPRi et depuis sa mise en place.

Vers un observatoire territorial orienté « inondation »

L'approche évaluative adoptée ici fait appel à une démarche inductive de type « bottom-up », dans le sens où nous repartons d'opérations concrètes (des documents réglementaires approuvés). Elle donne une photographie à un moment donné de différents impacts induits par la présence d'un risque naturel et d'une réglementation s'y rapportant. C'est en comparant les exemples étudiés que l'on peut aboutir à une réflexion plus générale sur l'efficacité de la politique réglementaire.

La mise en place d'un observatoire des dynamiques territoriales constitue une étape supplémentaire. Il s'agit ainsi de pérenniser l'évaluation et de l'inscrire dans une autre dimension par un changement d'échelle spatiale et temporelle mais aussi un élargissement des objectifs visés, tout en conservant certains volets de l'analyse précédente (comme par exemple les enquêtes ménages, le suivi des permis de construire…). L'observatoire est en effet à la fois un espace de production, de mutualisation, d'usage et plus généralement de gestion de données mais aussi un outil d'aide à la décision, de veille et de suivi[48].

Certains aspects, mis en avant précédemment, nécessitent du temps pour être étudiés. C'est par exemple le cas de l'évolution des milieux naturels et des paysages sous l'influence de l'inondation et des contraintes d'occupation des sols. Il en est de même pour les dynamiques urbaines (occupation des sols, mutations foncières et transactions) et les évolutions sociodémographiques en zones inondables (déménagement, renouvellement des populations, non-remplacement des départs, transformation sociale des quartiers…). Leur observation passe par la mobilisation de nouveaux outils d'investigation et l'accès à des données spécifiques.

Concernant les outils d'analyse, on peut penser aux photographies aériennes mais aussi aux outils satellitaires pour saisir l'organisation physique des territoires et leurs évolutions. Lorsque les dimensions abordées sont géographiques et/ou peuvent être géoréférencées, le recours à un Système d'Information Géographique est intéressant.

[48] Si l'engagement de la démarche d'observation coïncide avec la mise en place du PPR, il sera intéressant de procéder à un suivi en temps réel du processus de décision conduisant à l'approbation du règlement (analyse concomitante) puis d'appliquer la méthodologie d'évaluation dans une logique de suivi du cycle de vie de la cartographie réglementaire.

Les bases de données utiles sont en particulier celles de l'INSEE (données démographiques, profils des populations, caractéristiques des ménages), des notaires (nature et prix des transactions immobilières) ou encore de la Direction Générale des Impôts (revenus fiscaux des ménages). Les échelles territoriales de représentation des données et leur accès constituent cependant une contrainte. Prenons quelques exemples pour illustrer notre propos.

Tableau 2.2 - Principales procédures de planification directement ou indirectement concernées par le risque d'inondation

	Échelle communale	Échelle intercommunale	Bassin de risque	Bassin versant	Territoire des Agences de l'Eau
Planification urbaine	PLU	SCOT			
Prévention des risques	PPR	PPR	PPR		
Prévision, prévention, protection			PAPI	PAPI	
Gestion des hydrosystèmes				SAGE	SDAGE

PAPI : Programme d'action de prévention des inondations
PLU : Plan local d'urbanisme
PPR : Plan de prévention des risques
SAGE : Schéma d'aménagement et de gestion des eaux
SCOT : Schéma de Cohérence Territoriale
SDAGE : Schéma directeur d'aménagement et de gestion des eaux

Les données de revenus fiscaux des ménages, mises à disposition par la DGI, sont fournies à l'échelle de la commune et du département. Des informations sur les constructions (types et taille des logements, date d'achèvement) peuvent être obtenues auprès de l'INSEE par secteur correspondant à un regroupement d'environ 2000 personnes (IRIS 2000). Certaines données sur les populations (catégorie sociale, activité, lieu de naissance, lieu de résidence en 1990) sont apportées à la même échelle mais après un tri effectué par l'INSEE (1/4 des données). Aussi ne faut-il pas exclure, en complément de l'exploitation de bases de données, le recueil direct de données dans des zones cibles[49].

L'observatoire est aussi l'occasion d'organiser un retour d'expérience des inondations, d'étudier la gestion de la crise et de la post-crise pour en tirer des enseignements pour l'avenir (test grandeur nature de l'usage des plans de secours, de la qualité des mesures de sauvegarde, de la validité des stratégies de protection individuelle et collective).

Il offre aussi l'opportunité d'inscrire la prévention des risques dans une logique plus globale de gestion des inondations, des territoires et des hydrosystèmes. À cet effet, il doit s'intéresser aux différentes procédures dédiées à la gestion des inondations ou possédant un volet « risque » afin d'analyser l'articulation de leurs objectifs respectifs, la cohérence de leurs actions et l'emboîtement de leurs territoires d'intervention (en repartant de l'échelon local pour arriver au bassin versant ou au sous bassin versant). Le tableau qui suit récapitule les principales procédures en question.

Comme on peut le voir, un observatoire dédié au risque d'inondation peut aborder de multiples facettes de gestion de ce phénomène naturel. Sa mise en œuvre suppose des moyens (techniques, humains, financiers), mais aussi un accompagnement politique et une traduction institutionnelle locale. En effet, l'intérêt scientifique d'un tel outil n'est pas ici l'essentiel. Il doit être là pour améliorer la gestion des risques, évaluer les impacts des actions passées et éclairer les choix futurs. En d'autres termes, il s'inscrit dans une démarche de développement durable.

L'instauration d'un observatoire change le statut de l'évaluation et conduit de fait à hybrider l'évaluation scientifique (qui est objectivée et construite sur l'autonomie de l'évaluateur) et l'évaluation pluraliste (dans laquelle le chercheur est directement impliqué et fait partie du système).

[49] Le Centre Quetelet, créé en décembre 2001 et rattaché au CNRS, est autorisé à diffuser gratuitement de nombreuses données de l'INSEE pour des usages de recherche. Pour plus d'information voir le site : http://www.centre.quetelet.cnrs.fr

Chapitre 3

UNITÉ ET DIVERSITÉ DES SITES D'ÉTUDE

F. Vinet, R. Laganier

Parce que le territoire, lieu d'expression des problèmes concrets, cristallise de nombreux enjeux parfois contradictoires, l'application aux échelles locales des différentes démarches pour une gestion préventive du risque d'inondation soulève un certain nombre de questions. Quel que soit le champ spatial d'intervention (l'exploitation agricole, la commune ou le groupement intercommunal), la recherche d'une meilleure articulation entre le risque d'inondation et le territoire amène à réfléchir :

- à l'adéquation entre les espaces à problème et les espaces préconisés pour trouver une solution (GODARD O., 1980) ;
- à l'appropriation des démarches et des outils proposés ou prescrits par les acteurs locaux ;
- aux moyens entrepris pour conforter ou créer une culture du risque afin de susciter le bon fonctionnement des nouveaux espaces de débats et de participation politique et d'engendrer une plus grande responsabilisation des acteurs locaux.

Des éléments de réponse peuvent être apportés à partir des recherches fondées sur l'évaluation de certaines démarches préventives réglementaires menées sur les bassins de la Lys, de l'Aude, de l'Orge et de la Semoy (figure 3.1).

L'objectif dominant, qui sous-tend l'ensemble des outils et des espaces évalués, est de concilier à la fois la nécessité de réduire la vulnérabilité des populations et des systèmes productifs aux risques d'inondation et la volonté de maintenir le développement économique des territoires sur lesquels s'appliquent ces outils. Or les enjeux économiques, sociaux ou environnementaux, comme leurs dynamiques temporelles, doivent être considérés avec vigilance lorsqu'il s'agit de mener une évaluation des effets locaux des politiques publiques. L'efficacité des outils mis en œuvre est en effet dépendante du contexte dans lequel s'inscrivent les politiques publiques. Ainsi, les comportements des acteurs locaux (élus, habitants des zones inondables, exploitants agricoles) sont étroitement liés à une culture du risque qui dépend du niveau d'information, du degré d'exposition du territoire au risque, et du vécu de chacun. Par ailleurs, l'attitude des pouvoirs publics peut varier selon l'existence ou non de terrains constructibles hors zones inondables, de la pression foncière qui peut s'exercer sur les terrains soumis à un risque, du degré de dangerosité potentielle ou réelle des espaces soumis à l'inondation ou encore des choix politiques définis en matière de développement local. Autant d'éléments qu'il est nécessaire d'apprécier pour mener à bien une évaluation, à l'échelle locale.

Les aléas : différents types d'inondations (typologie génético-descriptive)

Diversité des bassins versants

Le terme d'aléa, même s'il semble tout aussi impropre que son équivalent anglo-saxon « hazard », désigne la composante naturelle du risque. La connaissance de l'aléa inondation s'est franchement améliorée depuis une vingtaine d'années notamment grâce à l'utilisation de modèles hydrauliques performants. Pourtant la connaissance parfaite de l'aléa n'est jamais acquise. Les types de crues sont innombrables car chacune d'elles produit un scénario qui lui est propre. Par ailleurs, le coût de la modélisation et le manque de données pour alimenter les modèles obligent à recourir à d'autres méthodes moins coûteuses quoique plus approximatives comme l'approche hydrogéomorphologique.

Les terrains de recherche choisis illustrent cette diversité des types d'inondation. La figure 3.1 situe les différents terrains d'étude.

Le bassin de la Semoy/Semois s'étend du sud de la Belgique au Nord-est de la France (figure 3.1). Long de 210 km, le cours d'eau est l'un des plus longs affluents de la Meuse. Dénommé « Semois » en Belgique, il prend sa source à Arlon en Wallonie. Il traverse la Gaume puis l'Ardenne pour devenir la « Semoy » en France où il parcourt ses 20 derniers kilomètres avant de se jeter dans la Meuse à Monthermé. Il draine un petit bassin versant de 1329 km^2 dont seulement 85 km^2 (soit 7%) se situent en France. Les crues ont lieu en hiver. Elles sont d'origine pluviométrique mais peuvent être aggravées par des phénomènes de débâcle. On est dans une ambiance climatique de transition entre climat dit océanique et climat continental de latitude moyenne.

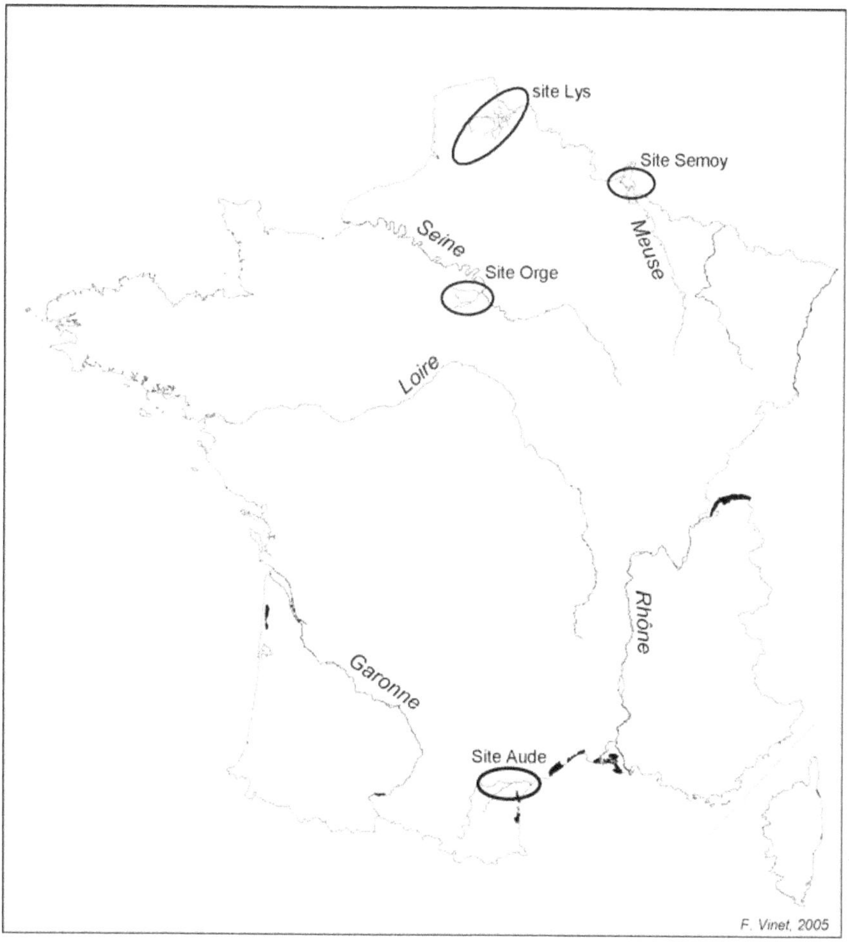

Figure 3.1 : Situation des terrains étudiés

Plus clairement situés dans le domaine océanique, l'Orge et la Lys sont également de petits bassins versants d'une superficie de l'ordre de 1000 à 2000 km^2. Le premier cours d'eau se jette dans la Seine à l'amont de Paris. Le second baigne une partie des départements du Pas-de-Calais et du Nord pour terminer son cours en Belgique. Leurs crues de fin d'hiver sont relativement lentes. Les débits sont assez faibles. Cependant, les scénarios des crues sont plus complexes qu'ils n'y paraissent car interviennent les conditions géologiques (rôle des nappes) et topographiques (influence du niveau de la

Seine sur l'Orge aval) tout comme l'artificialisation de l'écoulement des eaux (canalisation, imperméabilisation des sols) qui accélèrent la concentration et le transfert des eaux.

Tableau 3.1 : Fiche d'identité des bassins versants des sites d'étude

Bassin versant	**Orge**	**Lys**	**Semoy**	**Aude**
Superficie (en km²)	950	1700	1329	5000
Niveau de base	Confluence Seine	Confluence Escaut	Confluence Meuse	Mer Méditerranée
Module brut au niveau de base	3,95 $m^3.s^{-1}$	9,4 $m^3.s^{-1}$	30,5 $m^3.s^{-1}$	44 $m^3.s^{-1}$
Q_{max}	41,2 $m^3.s^{-1}$	85 $m^3.s^{-1}$	500 $m^3.s^{-1}$	3500 à 4500 $m^3.s^{-1}$
Qs_{max} (1000 km²)[1]	1 $m^3.s^{-1}.km^2$	0,05 $m^3.s^{-1}.km^2$	0,4 $m^3.s^{-1}.km^2$	3 à 4 $m^3.s^{-1}.km^2$
Crue de référence	Mars 1978	Déc. 1988	Déc. 1993	Nov. 1999

[1] débit spécifique maximal mesuré ou estimé dans le bassin versant (pour un BV ou sous BV d'environ 1000 km²)

Enfin, l'Aude présente un contexte hydrologique totalement différent car soumis aux crues torrentielles d'automne typiques du climat méditerranéen. Les terrains d'enquête ont concerné un affluent de rive gauche de l'Aude, l'Argent Double, soumis à des crues très violentes et la partie inférieure du bassin de l'Aude, vaste zone plane de 400 km² près de Narbonne appelée les basses plaines de l'Aude.

Avant d'envisager le thème plus spécifique de la gestion du risque inondation, voyons quelles sont les caractéristiques de l'aléa dans les différents bassins versants susnommés. Une des hypothèses de départ est de tester l'efficacité de méthodes de recherche dans des terrains aux caractéristiques climatologiques et hydrologiques différentes. Nous postulons en effet que pour partie, la perception de l'aléa, les objectifs en matière de prévention, les mesures envisageables pour réduire le risque et leur efficacité dépendent plus largement du type de crue que ne le laisse supposer l'énoncé mathématique des paramètres hydrauliques de vitesse, hauteur d'eau et temps de submersion. La recherche s'est assez peu penchée sur l'efficacité comparée des mesures de prévention dans des contextes hydrologiques différents.

Des crues à l'inondation : diversité des scénarios hydrologiques

La crue est un phénomène purement hydrologique qui se caractérise par l'augmentation plus ou moins rapide du débit d'un cours d'eau. Elle se quantifie en termes de hauteur, de vitesse, de débit, de vitesse de montée de l'eau, de temps de submersion mais aussi par extension de charge sédimentaire, d'embâcle… Les deux paramètres discriminants de la crue sont les volumes d'eau précipités et la durée des précipitations ce que l'on peut exprimer globalement sous les termes de cumul et surtout d'intensité pluviométrique.

La France du Nord est soumise à des crues lentes liées au climat océanique. Ces crues ont été abondamment décrites par les hydrologues, géographes et climatologues (BRAVARD J.P. dir., 2000). Elles résultent d'un processus cumulatif et d'une combinaison de facteurs secondaires. Les crues auxquelles sont soumises l'Orge, la Lys et avec quelques nuances la Semoy résultent d'un cumul pluviométrique de 50 à 100 mm en quelques jours intervenant après plusieurs mois de pluviométrie soutenue ayant contribué à la saturation des nappes et des formations superficielles. Ce qui frappe, c'est la lenteur du phénomène. La montée des eaux est de l'ordre de quelques dizaines de cm à l'heure au maximum[50]. La chronologie des crues de l'hiver 1977/1978 sur le bassin de l'Orge (figure 3.2) illustre parfaitement ce phénomène cumulatif préparant l'assaut pluviométrique final. En effet, en 1978, les inondations au cours de l'hiver allèrent crescendo sur l'Orge et après deux alertes en janvier et en février, des précipitations de 63 mm en 6 jours à la station de Brétigny sur Orge (mais plus de 100 mm sur l'amont du bassin versant) provoquèrent l'inondation de 450 ha dans la vallée de l'Orge et des affluents. La crue de mars 1978 est la dernière inondation notable en date et sert d'aléa de référence au plan d'exposition au risque inondation.

---

[50] Sans parler du cas des orages d'été que nous évoquerons plus bas.

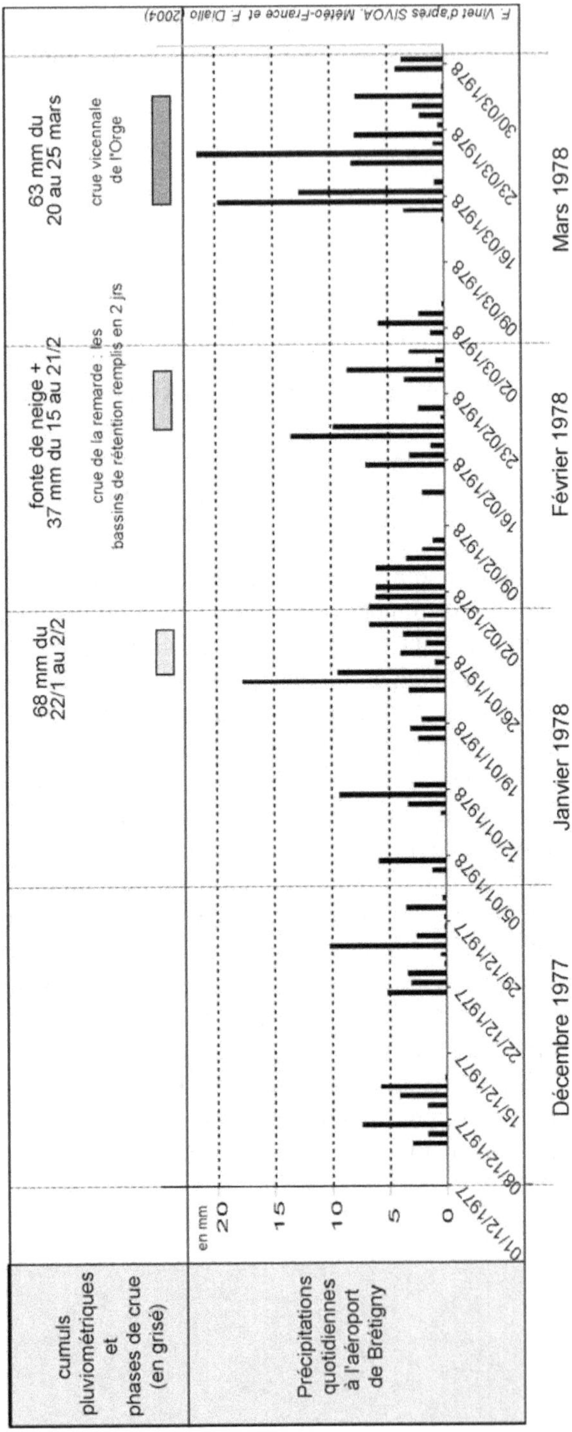

Figure 3.2 : Pluviométrie et crues de l'Orge lors de l'hiver 1977-1978

Plus que les débits, relativement modestes[51], la hauteur d'eau et la durée de submersion sont les caractéristiques essentielles retenues pour définir l'aléa. D'ailleurs, l'atlas des zones inondables du Nord-Pas-de-Calais estime l'aléa inondation suivant les critères de durée et de hauteur d'eau (tableau 3.2), la vitesse n'intervenant que secondairement.

Tableau 3.2 : Détermination de l'aléa en fonction de la hauteur de submersion, de la vitesse d'écoulement et de la durée de submersion

Durée\Hauteur	< 0.5 m	De 0.5 à 1 m	De 1 à 1.5 m	>1.5 m
< 48 h	Faible	Faible si Vs<1.5 m/s Moyen si Vs>1.5 m/s	Moyen	Fort
De 2 à 8 jours	Faible	Moyen	Moyen si Vs>0.5 m/s Fort si Vs>0.5 m/s	Fort si Vs<1.5 m/s Très fort si Vs>1.25 m/s
De 8 à 15 jours	Faible si Vs<1.5 m/s Moyen si Vs>1.5 m/s	Moyen	Fort	Très Fort
> 15 jours	Moyen	Moyen si Vs>0.5 m/s Fort si Vs>0.5 m/s	Fort si Vs<1.5 m/s Très fort si Vs>1.25 m/s	Très fort

Source : Atlas des zones inondables Nord-Pas-de-Calais DIREN Nord-Pas-de-Calais

Les bassins versants du pourtour méditerranéen, de dimensions restreintes (5000 km^2 maximum pour l'Aude) hormis les grands fleuves allochtones comme le Rhône, sont soumis à des crues torrentielles liées à des précipitations qui atteignent localement 600 mm en 24 heures (R. LAGANIER et L. DAVY, in J.P. BRAVARD, 2000).

L'intensité des pluies peut dépasser 100 mm.h^{-1} sur une heure et 200 mm.h^{-1} sur quelques minutes. La propagation des ondes de crue est rapide et, selon les cours d'eau et le lieu des fortes précipitations, l'onde de crue arrive dans les basses plaines 10 à 24 heures après le maximum pluviométrique sur le bassin versant. Nous ne reviendrons pas sur une description détaillée de ce type d'inondation dont les médias rapportent périodiquement les méfaits et dont la bibliographie abonde d'exemples notamment sur l'Aude et ses affluents (F. VINET, 2003 ; FORT M et al., 2000 ; GAUME E. et al., 2004).

---

[51] Les débits spécifiques instantanés des plus fortes crues connues sont de l'ordre de 40 à 50 l..s^{-1}.km^2 sur la Lys à Armentières (bassin versant de 1691 km^2).

Moins connu, le cas des inondations dans les basses plaines du Languedoc est assez complexe. Les basses plaines sont les réceptacles naturels des bassins versants qui descendent des montagnes bordières (Pyrénées, Cévennes) vers la Méditerranée. Elles se sont constituées depuis la stabilisation du trait de côte vers 6000 B.P. par l'accumulation des alluvions déposées par les cours d'eau tels que l'Aude, l'Hérault ou le Vidourle lors des crues. L'inondation fait donc partie du fonctionnement normal de l'hydrosystème. L'Homme a d'ailleurs tenté par le passé de favoriser cet alluvionnement afin de conquérir des terres agricoles aux dépens des étangs.

Tableau 3.3 : Discrétisation de l'aléa en Languedoc-Roussillon

Vitesse Hauteur	Crue lente (stockage)	Crue semi-rapide (écoulement)	Crue torrentielle (grand écoulement)
H < 0.50 m	Aléa Modéré	Aléa Modéré	Aléa Modéré à Fort
0.50m <H<1m	Modéré	Fort	Fort
H > 1 m	Fort	Fort	Fort

Source : Guide d'élaboration des plans de prévention des risques inondations en Languedoc-Roussillon. DIREN-LR juin 200. 16 p.

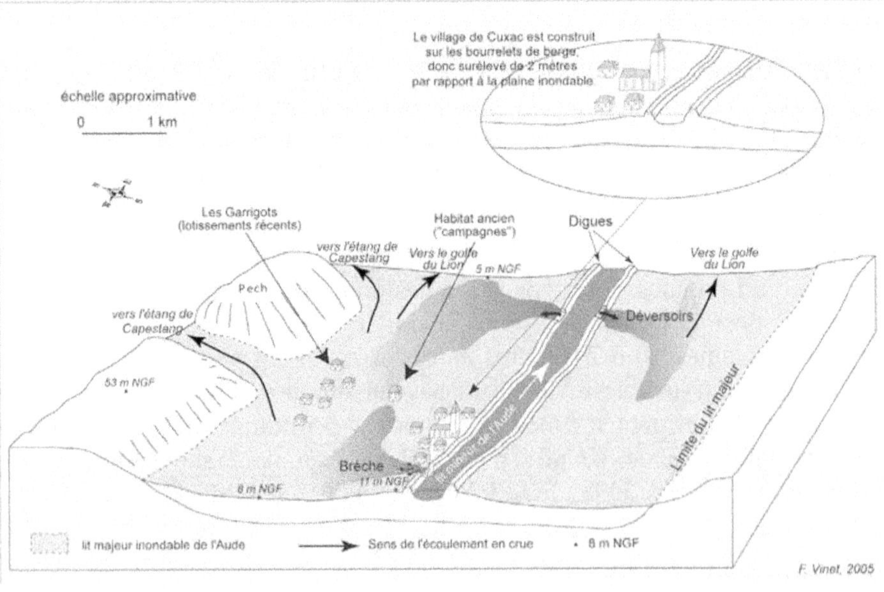

Figure 3.3 : La disposition en toit de la basse vallée de l'Aude

Dans la plaine, l'hydrographie, et par là même le fonctionnement hydraulique, sont rendus relativement complexes par la faiblesse des altitudes, les défluviations successives et l'accumulation des interventions anthropiques. L'homme a cherché à stabiliser le cours des fleuves côtiers. L'Aude, comme d'autres de ses alter egos languedociens ou roussillonnais (Vidourle, Agly, Têt...) est endiguée sur ses deux rives dans son parcours inférieur à l'aval de Moussoulens qui constitue l'entrée dans les basses plaines. Cet endiguement du lit mineur se double d'une disposition « en toit » (figure 3.4) : le lit mineur est situé à quelques mètres d'altitude au-dessus des points les plus bas du lit majeur qui s'étend parfois sur dix kilomètres de largeur. Les basses plaines de l'Aude sont donc un vaste champ naturel d'expansion de crue pouvant stocker plusieurs dizaines de millions de m^3 d'eau de l'Aude lorsqu'elle franchit ses digues protectrices ce qui arrive en moyenne tous les deux ans.

Dans les basses plaines de l'Aude, la différence entre crue et inondation prend tout son sens. Si les crues sont évaluées dans le continuum des courbes de tarage, deux débits seuils vont déclencher l'inondation des basses plaines. Le premier seuil est atteint lorsque l'Aude écoule 550 à 600 $m^3.s^{-1}$. Le lit mineur endigué ne peut plus contenir un tel débit et l'eau excédentaire se répand dans le lit majeur par les déversoirs prévus à cet effet. Lorsque l'afflux dépasse les 2200 $m^3.s^{-1}$ à l'amont des basses plaines, le débordement est généralisé et les digues cèdent en plusieurs endroits. Ce scénario catastrophe s'est produit en 1999 comme deux fois auparavant au siècle dernier. La figure 3.5 permet de comparer la crue de 1996 et celle de novembre 1999. La première fut relativement lente.

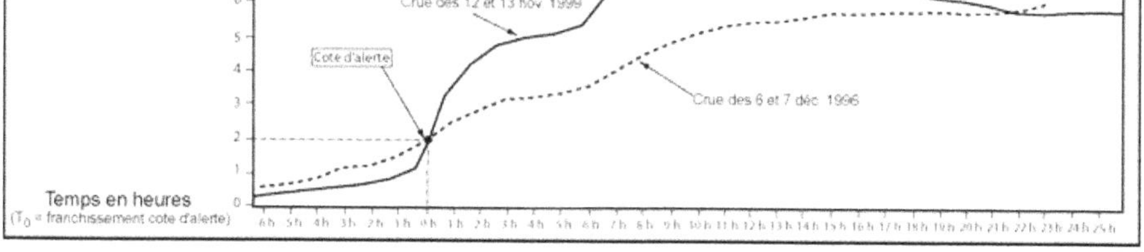

Figure 3.5 : Hydrogrammes comparés des crues de décembre 1996 et novembre 1999 dans les basses plaines de l'Aude

En 1996, l'Aude n'atteint son débit de pointe que vingt-deux heures après le franchissement de la cote d'alerte à Moussoullens, station de mesure qui marque l'entrée des basses plaines. Lors des crues de novembre 1999, le temps de montée fut seulement de huit heures trente. Le 13 novembre 1999, le débit de l'Aude aurait atteint plus de 4000 $m^3.s^{-1}$ pour un bassin versant de 5000 km² soit le double du débit de la Seine à Paris en 1910 pour un bassin versant dix fois moins vaste. Les crues torrentielles dans les hauts bassins et les ruptures de digues dans les plaines engendrent de nombreuses victimes (23 dans le département de l'Aude en 1999 dont cinq sur la commune de Cuxac-d'Aude). Les inondations du premier type sont en général contrôlées et ne présentent pas de danger majeur. En revanche, les crues rapides et massives (type 1999) constituent un risque majeur et concentrent l'attention des autorités car elles mettent en jeu des vies humaines. L'intervention anthropique a, nous le verrons, transformé l'hydrosystème et aggravé les conséquences de ces crues catastrophiques.

En dehors des crues « traditionnelles » des régions étudiées, un type de risque se fait de plus en plus présent avec l'urbanisation. Les inondations pluviales urbaines ou périurbaines constituent une préoccupation majeure et émergente y compris en France du nord peu accoutumée aux crues rapides.

La tradition des crues lentes de la France océanique n'exclut pas des précipitations intenses dues à des orages de printemps ou d'été. Ces crues assez localisées sont liées à des précipitations de 50 à 150 mm en quelques heures. Elles ont lieu de mai à septembre et peuvent toucher toutes les régions françaises. Le bassin parisien, le nord et l'est sont exposés. Ces crues sont violentes. Elles sont aggravées par l'urbanisation où les réseaux d'évacuation des eaux pluviales sont sous dimensionnés (ils sont calibrés en général pour une pluie de récurrence décennale mais il est démontré que les valeurs de référence sont souvent sous-estimées et que les réseaux d'évacuation ne sont pas toujours aptes à recevoir les eaux envoyées par les nouvelles surfaces imperméabilisées (ROUSSEL I., 1990a et 1990b). Les inondations éclairs de ce type ne sont pas récentes. DIALLO F. (2004) note que les orages du 15 août 1972 ont marqué l'apparition du ruissellement urbain dans la vallée de l'Orge. Citons également les orages d'août 2002 dans la vallée de la Clarence (affluent de la Lys) et les inondations du 23 juillet 1988 quand on releva près de 50 mm en quelques heures à Brétigny-sur-Orge. Ces orages difficilement prédictibles, ont pu causer des victimes récemment comme à Barenton près de Rouen en 2001. Parfois les écoulements ne s'inscrivent pas dans un réseau hydrographique bien connu et épousent un réseau artificiel de rues fossés ou vallons secs ignorés de la population car invisible dans le paysage et rarement mis à contribution par l'écoulement de surface. D'ailleurs, l'État lorsqu'il s'agit de cartographier l'aléa ou le risque s'en remet aux collectivités territoriales faute d'une connaissance précise ou se borne à interdire l'urbanisation dans une zone forfaitaire de quelques dizaines de mètres (20 m) de part et d'autre du talweg. Dans la nuit du 6 au 7 juillet 2001, un violent orage s'abattit sur la région parisienne. On releva jusqu'à 147 mm à Saint-Germain-lès-Arpajon, sur le haut bassin de l'Orge en l'espace de 11 heures seulement (DIALLO F. p. 31). Il s'agit là d'un événement particulièrement exceptionnel puisque le record de précipitation relevé durant le XXe siècle est de 113 mm, dans un laps de temps équivalent, à Paris. DIALLO F. (2004) a montré par la cartographie des appels aux sapeurs pompiers que les sinistres sont relativement indépendants du réseau hydrographique principal mais concernent de petits talwegs et des inondations locales sur les communes de Savigny...

Ces crues urbaines affectent bien sûr les régions méditerranéennes en particulier le littoral. Même si les cumuls pluviométriques n'atteignent pas ceux des contreforts cévenols (rarement plus de 300 mm en 24 heures), ce type d'inondation a pris une dimension inquiétante ces dernières années du fait de l'urbanisation. En témoignent les évènements qui ont brutalement touché la ville de Nîmes le 3 octobre 1988 et les 8 et 11 septembre 2005. De nombreux lotissements récents sont également affectés dans les communes touristiques ou périurbaines du littoral (Lunel, Mauguio près de Montpellier, communes de la Salanque dans les Pyrénées-Orientales). Il s'agit d'un risque émergent aggravé par les faibles pentes, des réseaux d'évacuation des eaux pluviales déficients et l'emprise urbaine toujours croissante. La demande de protection de la population se heurte au manque d'information. Les séries pluviométriques sont incomplètes ou trop récentes et les données limnométriques inexistantes sur des cours d'eau parfois difficilement identifiables dans le territoire. Par ailleurs, l'alerte et les possibilités d'évacuation sont limitées compte tenu des temps de concentration réduits.

Entre contrôle et dérive : l'ambiguïté des interventions anthropiques sur l'hydrosystème

Il est difficile de trouver en Europe occidentale quelque cours d'eau non influencé par l'homme à des degrés divers. Le degré d'artificialisation de l'écoulement est de plus en plus fort. Il se lit tout d'abord sur les bassins versants. À l'amont des bassins en régions cultivées, les changements de structure agraire et de modes de culture (drainage...) ont des effets sur l'écoulement, généralement dans le sens d'une diminution des temps de concentration (COSANDEY, 2003). Dans les régions méditerranéennes, les problématiques sont quelque peu différentes. L'étreinte anthropique se desserre sur les bassins amont avec l'abandon des zones rurales sauf dans quelques vignobles de qualité (Corbières), les versants sont couverts d'une végétation dense sorte de matorral de pins et chênes verts qui forme un tapis protecteur pour les versants et ralentit la concentration de l'écoulement.

L'artificialisation des cours d'eau est extrême dans les secteurs urbanisés comme l'Orge aval où le cours d'eau est chenalisé et couvert dans la traversée de Juvisy depuis 1954 (conquête d'espace pour l'automobile...). De même, jusqu'à la fin du XIXe siècle, l'Orge possédait de nombreux dédoublements de son cours d'eau pour accueillir les moulins. Aujourd'hui, son tracé est nettement simplifié puisque seul un de ses biefs subsiste (la boële Saint Michel), les autres ayant été remblayés. Ceci pose le problème de l'évacuation des eaux pluviales dans des réseaux qui n'ont pas accompagné la croissance urbaine sans parler des problèmes de qualité de l'eau, les réseaux eaux pluviales et eaux usées même séparatifs étant souvent en charge et non étanches en cas de gros orage. Ce fut le cas lors des orages de l'été 2001.

La canalisation des cours d'eau tout comme la rectification du lit dès le XVIIIe siècle a également fortement redessiné le réseau hydrographique de la Lys. Celui-ci se retrouve désormais en interconnexion avec les flux d'eau en provenance d'autres bassins versants (la Scarpe). La canalisation s'est doublée, dans le nord de la France, plus qu'ailleurs, d'un drainage significatif des terres humides connexes. Le mauvais entretien des drains contribue aujourd'hui à maintenir en eau ces anciennes terres humides désormais pour partie urbanisée ou fortement valorisées sur le plan agricole.

Cette artificialisation de l'écoulement est également le lot des zones rurales du Bas-Languedoc qui ont subi aux cours des siècles des travaux de toutes sortes (défluviations, endiguement, déversoirs, seuils, béals) censés contrôler les débordements des flux impétueux. Ces basses plaines sont le support d'un entrelacs de canaux aux us parfois antagonistes. Dans les basses plaines de l'Aude, des canaux furent construits pour drainer les terres mais ils côtoient les béals destinés à apporter de l'eau notamment pour lutter contre le phylloxéra à la fin du XIXe siècle. Cette tradition de l'inondation des vignes est d'ailleurs toujours en vigueur sur certaines parcelles de Salles d'Aude ou de Fleury (11).

Outre l'urbanisation des zones inondables sur laquelle nous reviendrons, les ouvrages formant obstacle à l'écoulement se sont multipliés dans les lits fluviaux : remblais de voie ferrée, ponts à tirant d'air insuffisant... Dans les basses plaines de l'Aude, la voie ferrée d'intérêt local Bize-Narbonne traverse le lit majeur de l'Aude (à l'aval de Sallèles) sur un remblai de huit mètres de hauteur perpendiculaire à la ligne d'écoulement principale en cas de crue. Lors des grandes crues évoquées plus haut ce remblai fait obstacle à l'écoulement des eaux de l'Aude eaux qui s'accumulent à l'arrière et finissent par provoquer la rupture du remblai et le déferlement des eaux vers l'aval.

La tendance actuelle est à la compensation des erreurs passées. Dans la vallée de l'Orge, le SIVOA a entrepris depuis de nombreuses années la construction de bassins de rétention ou la réhabilitation de zones d'expansion des crues. Ces bassins ont retenu plus de 1 700 000 m^3 d'eau lors des orages de juillet 2001. Dans le bassin de l'Aude, un champ d'expansion de crue vient d'être aménagé sur le cours inférieur de la Clamoux, sous affluent de l'Aude.

L'homme a investi progressivement l'hydrosystème. Il intervient directement ou indirectement dans les scénarios hydrauliques des crues en modifiant les conditions d'écoulement dans le lit et l'état de surface du bassin versant.

Scénarios spatio-temporels

L'exposé des types de crues a montré les effets de seuils d'intensité dans l'origine pluviométrique des inondations. Les scénarios hydrologiques se complexifient lorsque l'on envisage en détail les causes indirectes ou les facteurs aggravants à l'origine des crues.

La géologie des bassins versants intervient sur la Lys, l'Orge ou des affluents de l'Aude par rétention d'une partie de la lame d'eau précipitée dans les réservoirs karstiques et les formations superficielles. E. Gaume (GAUME E. et al., 2000) a calculé qu'en novembre 1999 150 à 200 mm furent soustraits à l'écoulement de crue grâce à la recharge des aquifères dans certains bassins affluents de l'Aude et de l'Agly (11). La période ayant précédé les crues des 12 et 13 novembre avait été peu pluvieuse et donc favorable à la vidange des karsts. Précédées d'une période pluvieuse, les crues auraient pu être en certains points plus graves qu'elles ne le furent réellement compte tenu de ce stockage en sous-sol. Le rôle tampon des formations géologiques perméables est bien connu dans le bassin parisien. Il a atteint son summum d'efficacité si l'on peut dire lors des crues de la Somme en 2001 avec dans ce cas la conséquence de prolonger l'inondation pendant des mois, la vidange des nappes étant retardée par les faibles pentes.

Dans l'est de la France (bassin de la Semoy) et dans une moindre mesure en région parisienne (Orge), la température est une donnée à intégrer dans les scénarios hydrauliques. En effet le gel du sol et la présence d'une couche de neige peuvent augmenter la lame d'eau écoulée. Le dégel rapide accompagné de fortes précipitations peut engendrer des crues de débâcles qui, si elles n'atteignent pas l'ampleur de celle d'Europe continentale, ne sont pas à exclure. En revanche, le gel peut agir comme un facteur minorant du risque. C'est ce qui s'est passé dans les Vosges les samedi et dimanche 29 et 30 décembre 2001. Un redoux (5°) accompagné de 30 à 40 mm de pluies a provoqué une augmentation du niveau des cours d'eau du bassin de la Meuse. Un enfant est mort à Bussang dans une maison ensevelie sous des coulées de terre de neige et de boue. À Eloi (90, nord de Belfort), la rupture d'un bassin de rétention inonda en partie un village. La crue de la Meuse arriva à Sedan dans la nuit du 3 au 4 janvier 2002. Elle était prévue à 6 m 70. En fait, la Meuse ne dépassa pas sa cote d'alerte et resta vers 4 m 60. Seules quelques caves furent inondées alors que des équipements avaient été prévus (passerelles à plus d'1 m de hauteur dans les rues). En fait, dans l'intervalle, le froid avait repris. Les températures de -10 à -15 ° C la nuit avaient figé des millions de m^3 de glace dans la plaine d'inondation. La préfecture expliquait l'erreur d'appréciation en disant que les aménagements post 1995 avaient fonctionné (mais ils n'avaient pas été pris en compte dans la prévision !) Dans ce cas, l'engel nocturne a ralenti l'inondation. Le gel n'était pas prévu dans le modèle de prévision.

Ainsi les scénarios à l'origine des crues sont plus complexes qu'il n'y paraît. En réalité, l'inondation résulte de combinaisons de facteurs parfois difficilement modélisables dans le détail. La crue extraordinaire est le fruit d'un scénario complexe jamais semblable au précédent. Même si les prévisions se fondent sur des scénarios-types connus, il faut intégrer la possibilité d'un facteur aggravant, d'un grain de sable inattendu qui peut amplifier l'aléa et faire d'une crue banale une crise difficile à gérer.

Par ailleurs, la question se pose aussi de l'intégration des tendances de long terme dans la prévision et la gestion des risques. Ces tendances sont liées aux modifications du milieu naturel (réchauffement du climat...) ou à des interventions anthropiques. Les secondes sont à coup sûr plus facilement prévisibles que les premières si l'on veut s'en donner la peine. Dans l'appréhension de l'aléa et la prédétermination des scénarios hydrologiques, il faut envisager les possibilités de modification de l'aléa. Elles sont de deux ordres. Tout d'abord, il s'agit d'estimer l'évolution des conditions de l'écoulement sur le long terme (évolution des bassins versants et des cours d'eau). Ensuite, il faut tenir compte des débats autour du réchauffement climatique. Il serait trop long d'aborder ce débat ici mais c'est une question qu'il ne s'agit pas d'évacuer même si des études récentes sur l'évolution de la pluviométrie à l'échelle locale incitent à la prudence quant à l'inéluctabilité de l'augmentation des précipitations intenses. Nous verrons que dans les représentations des populations et même des scientifiques ces questions deviennent, média obligent, assez prégnantes. Il faut donc en tenir compte. Modification des états de surface et évolution de l'aléa pluviométrique peuvent induire une inflexion de l'aléa inondation. Ainsi, jusqu'en 1986, les inondations dans la Semoy française étaient le plus souvent la conséquence immédiate de débâcles glaciaires liées aux redoux soudains après des hivers rigoureux. Mais depuis, la douceur des hivers aidant, les pluies (parfois très abondantes en quelques heures) sont la principale et la seule origine des crues[52]. L'impact de ces crues en termes d'inondations a évolué en liaison avec l'aménagement du territoire et les modifications de l'occupation des sols. Aujourd'hui, l'amplification du phénomène d'inondation en aval de la vallée de la Semois jusqu'en France n'est plus seulement un phénomène perçu par les riverains[53] mais aussi reconnu par tous les acteurs publics locaux. Comme le stipulait en 2002 le Ministre de l'Agriculture belge dans un

[52] Bérody M., 2004, *op. cit.* p.25.

[53] Bérody M., 2004, *op. cit.*, p. 95.

communiqué de presse : « les causes des inondations traduisent effectivement un transfert plus rapide des masses d'eau vers la rivière, une imperméabilisation croissante des terrains et des pertes de possibilité de stockage sur les versants et les fonds de vallée », ceci en liaison avec la construction de routes, de parkings, l'urbanisation, l'assèchement des zones humides et la rectification du tracé du cours d'eau.

Le temps et les crues : les grandes crues historiques

Les scénarios évoqués plus haut s'inscrivent dans un continuum historique qui permet de contextualiser les crues récentes, de fonder une politique de prévention sur le long terme en relativisant le discours ambiant sur l'inévitable augmentation de la fréquence et de la gravité des crues. Envisager dans l'avenir une politique durable de prévention des risques déliée des incertitudes de l'aléa physique ou des contingences politico-économiques du court terme exige un solide ancrage dans l'histoire hydrologique mais aussi dans la mémoire collective c'est-à-dire la représentation que se fait la société actuelle des excès hydrologiques passés.

Les pouvoirs publics instruisant les documents réglementaires de maîtrise de l'occupation du sol ont d'ailleurs bien saisi tout l'intérêt d'entreprendre des recherches sur les crues anciennes à partir d'archives ou en revalorisant les repères de crue (voir la loi du 30 juillet 2003). Ces recherches historiques (CŒUR D. in FAVIER R. & GRANET-ABISSET A.M., 2002) permettent d'alimenter la conscience du risque mais aussi de fonder de façon plus sûre la connaissance de l'aléa (période de retour, hauteur d'eau atteinte en période de crue…). Des associations comme l'AFPCN[54] œuvrent pour la valorisation des mémoires locales du risque et le rapprochement entre experts, pouvoirs publics et populations des zones à risques.

Les sites étudiés ont leur histoire souvent assez singulière. L'Orge par exemple se distingue de la Seine. En effet, la crue de 1910, référence sur la Seine à Paris n'apparaît pas comme un amer mnésique dans le bassin de l'Orge. En revanche, la crue de 1955 fut ressentie sur le bassin de l'Orge comme dans celui de la Seine. Pourtant, l'événement de référence pour le PER de l'Orge aval est la crue de mars 1978 (voir plus haut) alors que sa période de retour n'est que vicennale. Ainsi l'Orge n'a pas connu de crue marquante depuis des décennies ce qui influence la représentation du risque et entraîne des difficultés pour la « mise aux normes » du PER qui lors de sa transformation en PPR devrait intégrer un événement potentiel de période de retour centennale comme aléa de référence.

---

[54] AFPCN : Association Française pour la Prévention des Catastrophes Naturelles

Dans l'Aude et la Semoy, des crues d'occurrence cinquantennale à centennale sont venues récemment réactiver la conscience du risque et la connaissance de l'aléa. Sur le premier bassin, les crues catastrophiques des 12 et 13 novembre 1999 évoquées plus hauts ont une période de retour qui a été estimée à plus d'un siècle. Elle a eu l'effet d'un électrochoc préventif dans le département de l'Aude où elles ont laissé 23 victimes. La chronique des crues de l'Aude depuis plus d'un siècle et demi laisse penser que les débits atteints en 1999 n'avaient jamais été mesurés. Cependant, rien n'exclut des crues plus abondantes antérieures au début des mesures. Par ailleurs, des hauteurs d'eau semblables et des surfaces inondées de grande ampleur ont été relevées en octobre 1891, mars 1930 et octobre 1940.

De même, le bassin de la Semoy a été touché par des inondations répétitives dans les années 1990-2000 tant en France qu'en Belgique. Dans la partie française, les crues de 1993 (crue de référence) et 1995, reconduites en 2003 ont engendré des inondations dommageables et profondément marqué les esprits des riverains En Belgique, en août 2002, ce sont près de 80 communes de Wallonie qui ont subi l'effet des inondations dues à de fortes intempéries. Pas de victimes déplorées mais l'ensemble des dégâts a été estimé à plus de 50 millions d'euros.

Or, une des questions posées par nos enquêtes multisites est de montrer les ressorts de la sensibilisation au risque et notamment le rôle de la catastrophe et en creux celui que peut apporter une sensibilisation par l'éducation. Il est évident que l'occurrence d'une catastrophe a un effet mobilisateur certain et favorise a priori la mise en place et l'efficacité des politiques publiques de prévention mais nous le verrons, cet effet des catastrophes n'est pas univoque et peut parfois favoriser une demande sécuritaire satisfaite dans l'urgence et à l'efficience douteuse.

De l'inondation au risque : le contexte socio-démographique

L'exposé de l'aléa inondation n'épuise pas, loin s'en faut, la question du risque. Depuis quelques années, les recherches se tournent (encore trop lentement) vers la prise en considération des vulnérabilités et des enjeux socio-économiques dans l'évaluation et la réduction des risques naturels. Les terrains choisis sont globalement des espaces à forts enjeux et soumis à des dynamiques territoriales porteuses de risques.

Redistributions démographiques

L'ensemble des sites étudiés est en effet sous influence : influence d'une agglomération de poids majeur (Paris, métropole lilloise), influence d'un littoral touristique aux enjeux économiques importants. Le bassin versant de la Lys est ainsi très peuplé, en particulier dans sa plaine (550 000 habitants soit une densité d'environ 300 hab/km^2). Plus de 50 villes dépassent le seuil de 2000 habitants. L'attraction des campagnes de la plaine de la Lys, favorisée par la proximité de grands axes routiers, suscite un renouveau démographique « rural » à partir des années 1980 par rapport au déclin des décennies précédentes. Si ce phénomène de rurbanisation est caractéristique de la majorité des villes de la plaine, la plupart des villes du plateau artésien tout comme celles de l'ancien bassin minier sont affectées par un déclin démographique (glissement des populations agricoles du Plateau -Fruges, Fléchin, Estrée Blanche- vers la plaine de la Lys et les différentes agglomérations ; mouvement des populations de la zone minière vers la partie orientale de l'ex bassin minier). De son côté, l'Orge aval dépasse les 900 000 habitants. La croissance y est particulièrement significative dans années 1950-1960 favorisant ainsi une urbanisation galopante dans le lit majeur (ex. d'Athis Mons).

Dans l'Aude, les évolutions démographiques ont été très contrastées (figure 3.7). Les massifs collinaires des corbières et de la Montagne Noire ont subi un déclin démographique déjà entamé au XIXe siècle, qui s'est poursuivi jusque dans les années 1980. Les hauts bassins des affluents de l'Aude sont peu peuplés. Les densités rurales sont de l'ordre de 10 à 20 habitants au kilomètre carré. Le déclin démographique semble aujourd'hui jugulé. Ces faibles densités ne signifient pas que les enjeux face au risque inondations soient faibles. Au contraire, du fait du relief accidenté, tous les réseaux sont concentrés dans les vallées : routes, AEP, gaz, électricité. Lors des débordements torrentiels des cours d'eau amont, les dégâts peuvent être très graves. La commune de Durban-Corbières (650 habitants) totalisa pour 15 millions d'Euros de dommages après les inondations des 12 et 13 novembre 1999.

En négatif des zones rurales peu peuplées, les périphéries d'agglomération et le littoral suivant ainsi les tendances démographiques nationales ont connu une croissance démographique parfois impressionnante. Entre 1975 et 1999, les communes de Cuxac-d'Aude et Coursan, deux communes dont tout le bâti récent est en zone inondable, ont respectivement vu leur population augmenter de 72 et 57 %. L'augmentation démographique des années 1970-1990 fut surtout le fait d'une demande locale liée à la proximité des villes moyennes de Narbonne et Béziers.

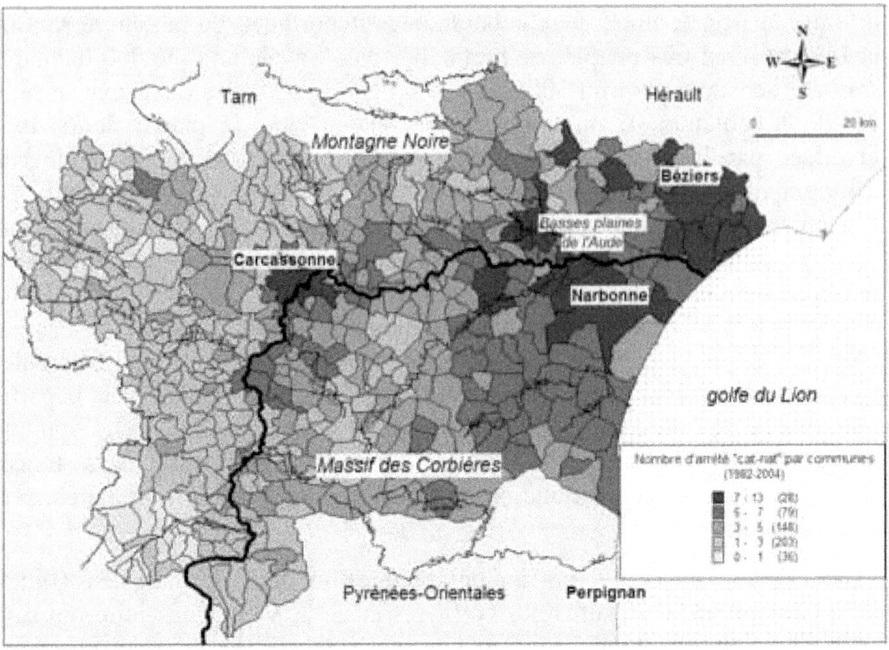

Cartographie : F. Vinet Source : Base corinte MEDD

Figure 3.6 : Les arrêtés « cat-nat » inondations dans le bassin de l'Aude

Ainsi l'augmentation de la population s'est effectuée ces dernières années dans des zones à risque comme les basses plaines. À cet égard la carte du nombre d'arrêté interministériel de catastrophe naturelle (loi du 13 juillet 1982) est assez saisissante (figure 3.6) et montre une décroissance depuis la Méditerranée vers l'ouest sauf autour de Carcassonne où les enjeux sont forts.

La question du foncier

En raison de ces récentes évolutions démographiques, les sites de la Lys, de l'Orge et de l'Aude sont soumis, dans la partie aval des bassins, à une forte pression foncière.

Outre les phénomènes de redistribution qui affectent également d'autres régions (périurbanisation voire rurbanisation), des spécificités régionales contribuent également à ce mécanisme. Ainsi, l'intensification de l'agriculture, le développement des maraîchers et de l'industrie agroalimentaire à proximité de Lille et du marché d'intérêt national de Lomme sur la Lys ou encore le rôle du marché foncier viticole et de l'héliotropisme (arrivée population retraitée du nord de la France et du nord de l'Europe) dans l'Aude renforcent la forte attractivité de la basse Lys et du

Midi méditerranéen. La région Languedoc-Roussillon accueille ainsi entre 20 et 25 000 nouveaux habitants par an. La proximité des voies de communication et l'amélioration des dessertes (liaison aérienne Londres-Carcassonne), l'effet littoral et l'héliotropisme expliquent, malgré un contexte économique morose (crise chronique de la viticulture, taux de chômage élevé), la forte pression foncière dans la plupart des zones littorales et de l'arrière-pays Languedocien et Roussillonnais. En Languedoc, les crises viticoles sont d'ailleurs un facteur de disponibilité foncière. Les viticulteurs abandonnant des terres cherchent à valoriser leurs terrains en faisant pression sur les équipes municipales. Ces dynamiques foncières sont des freins énormes aux politiques de maîtrises d'occupation du sol. Songeons que neuf ans après sa prescription (1996), six ans après les inondations de 1999 et deux ans après son application par anticipation, le PPR des basses plaines de l'Aude n'est toujours pas approuvé.

La prévention des risques : inégalité des situations locales

La structuration très inégale de la gestion de l'eau

Les terrains d'études se distinguent par des états d'avancement technique et institutionnel de la gestion des risques hydrologiques très différents.

Ainsi, la Lys et l'Orge se caractérisent par une coopération intercommunale active. Sur le bassin de la Lys, la démarche d'élaboration du SAGE est engagée. La commission locale de l'eau (CLE) est constituée depuis 1996 (renouvelée en 2002). Les actions, pour ne retenir que celles ayant trait au risque inondation, sont nombreuses et ont pris un nouvel essor avec l'adoption depuis 2003 d'un plan Bachelot. 7 millions d'Euros sont en effet portés par le SYMSAGEL, syndicat mixte créé par arrêté préfectoral le 22 décembre 2000. Ce syndicat regroupe, dans le cadre d'une structure intercommunale et interdépartementale, l'ensemble des communes du bassin ; il a pour mission d'assurer la maîtrise d'ouvrage des études et des actions de communication nécessaire à l'élaboration du SAGE de la Lys. Cette structure vient se rajouter aux autres mailles territoriales de coopération intercommunale en relation avec les problématiques du développement local (Communauté de Communes du Béthunois, Communauté d'agglomération Lens-Liévin, Communauté de Communes Artois-Lys) ou de la gestion de l'alimentation en eau potable et de l'assainissement. Par ailleurs, sur la partie aval du bassin, quelques associations syndicales de propriétaires riverains interviennent sur les cours d'eau. Enfin, parce que la Lys est un cours d'eau transfrontalier, les 51 communes riveraines de la Lys en France et en Belgique se sont associées à travers la Charte du Pays de la Lys pour valoriser la rivière autour des questions de développement local et d'environnement. Cet échange se traduit notamment par l'organisation d'un forum annuel (rencontre sur les thèmes suivants : histoire, culture, loisir, tourisme et environnement). Les outils, sur le plan institutionnel, sont en place. Mais l'enchevêtrement complexe de structures diverses, engagées plus ou moins directement dans la gestion du risque d'inondation, ne risque-t-elle pas de neutraliser l'action publique ? Qui plus est, la présence de frontières (départementale et internationale) constitue une caractéristique que les acteurs de la scène du risque de la Lys sont obligés de prendre en compte dans la définition de leur stratégie. Enfin, la gestion des inondations est noyée dans un ensemble de problématique surtout centrée sur la préservation de la ressource.

Sur l'Orge, l'intercommunalité pour la gestion intégrée de l'eau à l'échelle du bassin versant est également fixée. La mise en place du SAGE concerne six établissements publics[55] dont le syndicat intercommunal de la Vallée de l'Orge Aval (SIVOA), sur lequel s'est concentrée notre étude, et le Parc Naturel Régional de la Haute Vallée de Chevreuse. Le périmètre du SAGE a été arrêté le 6 août 1997 et la Commission Locale de l'Eau le 5 janvier 1998. Celui-ci est à cheval sur deux départements (l'Essonne et les Yvelines). Tout comme pour la Lys, le SAGE est actuellement en voie d'élaboration.

L'Aude connaît une réactivation d'une réflexion par bassin de la gestion de l'eau et des risques associés suite aux inondations de novembre 1999 sous l'égide du SMMAR (syndicat mixte des milieux aquatiques et des rivières) et du conseil général de l'Aude en particulier. Le gros point noir reste les basses plaines de l'Aude où le processus de gestion du risque est en panne même si, à l'image des exemples précédents, une procédure d'élaboration de SAGE a été lancée à la fin de l'année 1996. Il faudra attendre le 9 janvier 2002 pour que l'arrêté préfectoral établissant la CLE soit pris. Depuis le printemps de la même année, l'état des lieux préalable pour la définition du SAGE est lancé. En toile de fond apparaît toutefois une crise de l'intercommunalité environnementale en raison notamment du projet de parc naturel régional de la Narbonnaise qui coupe l'herbe sous le pied de toute intercommunalité fondée sur l'eau en général. Qui plus est, l'intercommunalité à vocation socio-économique progresse tant bien que mal. Elle se heurte en effet à des traits culturels locaux qui en limitent la portée (cf. chapitre 4).

[55] Au syndicat intercommunal de la vallée de l'Orge aval (SIVOA) s'ajoutent les syndicats suivants mis en place sur l'Orge amont et les affluents de l'Orge : SI pour l'Aménagement Hydraulique de la Vallée de l'Yvette (SIAHVY) ; SI de la Vallée Supérieure de l'Orge (SIVSO) ; SI de la Rémarde Aval (SIRA) ; SI de la Haute Vallée de la Rémarde ; SI d'hydraulique et d'Assainissement de la Région de Limours

Les rythmes de mise en place de structures intercommunales pour la gestion du risque à l'échelle des bassins versants apparaissent donc très différents d'un site à l'autre.

Historique de la prévention réglementaire et « tradition » locale de la prévention

La prévention réglementaire est à l'image de la construction d'institutions pour la gestion des risques. La mobilisation des acteurs territoriaux dans la mise en place des outils réglementaires est variable d'un site à l'autre ; le poids des traditions locales joue en faveur ou à l'encontre de la régulation de l'occupation du sol par la norme.

Instrument essentiel de l'action de l'État, le PPR, issu de la loi 95-101 du 2 février 1995 sur le renforcement de la protection de l'environnement, est désormais l'unique procédure à caractère réglementaire destinée à la prise en compte durable des risques dans l'aménagement du territoire. Mis en œuvre par les services de l'État, il est appliqué à l'échelle locale d'un « bassin de risques » correspondant le plus souvent à une ou plusieurs communes de la vallée inondable. Il comprend une cartographie réglementaire du risque qui délimite les zones du territoire exposées aux risques naturels et un règlement qui y prévoit les mesures de prévention, de protection et de sauvegarde à mettre en œuvre par les propriétaires et les collectivités locales ou les établissements publics. Il réglemente à la fois l'existant et les projets d'aménagement futur et vaut servitude d'utilité publique, c'est-à-dire qu'il doit être pris en compte dans les documents d'urbanisme locaux. Dernier instrument en date, il remplace les formes de réglementation préexistantes (Plan de Surface Submersible, article R 111-3 du code de l'urbanisme…).

Dans l'Aude, la réglementation est ancienne. La mise en place des PSS se fait dès la fin de la seconde guerre mondiale en 1948 sur l'Argent double (6 communes), en 1949 sur l'Aude moyenne et basses plaines (53 communes) auxquelles s'ajoutèrent sur 17 communes des bassins du Fresquel, de l'Orbiel et de la Cesse. Ces PSS répondent aux inquiétudes suscitées par les crues de mars 1930 dans la vallée du Tarn et celle d'octobre 1940 dans les Pyrénées Orientales. Ces événements particulièrement meurtriers dans les départements voisins ont touché l'Aude sans y faire de victimes mais le fleuve a charrié des débits supérieurs à 3000 $m^3.s^{-1}$ à l'entrée des basses plaines (période de retour supérieure à 50 ans).

La prévention réglementaire est toutefois en panne du début des années 1960 à la fin des années 1990. La zonation PSS devait se matérialiser dans les POS (à partir de 1968) par un classement ND des « zones de grand écoulement ». Ce qui fut fait dans la plupart des communes mais allégrement transgressé comme nous le verrons pour le cas de la commune de Cuxac. En dehors des PSS qu'ils n'eurent que peu d'effet sur le plan de la maîtrise de l'occupation du sol, les communes et l'État n'eurent pas recours aux différents outils (R 111-3, PER à partir de 1984) de maîtrise d'occupation du sol pour stopper la marée pavillonnaire qui investit les lits majeurs (entre autres) à partir de la fin des années 1970. En effet, sur les 494 communes retenues dans l'Aude et l'ouest de l'Hérault, 3 PER (Villeneuve-les-Béziers, Béziers et Couffoulens) et 3 procédures R 111-3 ont été mis en place entre 1984 et 1995.

En 1994, dans la perspective de la mise en place des PPR, l'enquête préconisée par la circulaire du 24 janvier 1994 et menée par le bureau d'étude BCEOM dénombre 255 communes exposées à un risque majeur sur les 494 de la zone d'étude. Trente communes se voient prescrire un PPR en 1996 et 1997. Parmi elles, les principales communes exposées au risque inondation dans l'Aude : Cuxac d'Aude, Coursan, Carcassonne. Pourtant, fin 1999, aucun de ces plans n'avait été approuvé dans l'Aude alors que l'aléa était connu du fait de l'antériorité de PSS sur la plupart des communes concernées. Il y avait donc un manque manifeste de volonté politique d'imposer des documents réglementant l'occupation du sol de la part des communes et surtout de la préfecture. Dans l'Aude, les PPR n'ont pas été mis en place après octobre 1995 date de l'entrée en vigueur des PPR (décret du 5 oct. 1995) mais à partir de 2000 après l'électrochoc des inondations de 1999.

Les inondations catastrophiques de 1999 ont complètement changé la donne. Devant les dommages subis (plus de 600 millions d'Euros), le nombre de victimes (35 sur quatre départements dont 23 dans le seul département audois), le préfet de l'Aude a engagé une politique volontaire de mise en place des PPR. D'ailleurs à l'échelle de la région Languedoc-Roussillon, on retrouve cette prégnance de l'événement catastrophique qui déclenche la mise en œuvre d'une politique de prévention à l'échelle départementale (Aude 1999) mais souvent locale (autour de Nîmes après les inondations d'octobre 1988) ou dans les Pyrénées Orientales où des PER avaient été mis en place dans 12 communes de la haute vallée du Tech en 1993). Dès le 10 janvier 2000, des PPR furent prescrits sur 102 communes. L'Aude se caractérise par une politique d'application par anticipation (APA) étant donné la bonne connaissance de l'aléa sur les « grands » cours d'eau (Aude et principaux affluents). Sur les 102 communes concernées par une prescription de PPR en 2000, 77 sont dotées cinq ans après d'un PPR approuvé ou en APA. L'accélération a été nette et à ce titre les inondations de 1999 ont eu un effet salutaire.

Tableau 3.4 : État des procédures de prévention réglementaire en mars 2005 dans l'Aude

État et nombre des procédures par commune	Nombre de communes
Total communes zone d'étude	494
Communes à risque fort	255
R 111-3	2
PER	4
PPR approuvé	67
PPR APA	54
PPR prescrit	36
Total commune soumise à réglementation approuvée ou APA	127
% communes à risque fort couvertes par un doc[t] de prévention	49 %
% communes couvertes par un doc[t] de prévention	26 %

Source : base Corinte mars 2005

La première carte réglementaire élaborée en région Nord-Pas-de-Calais (PER) date de 1991 ! 22 communes, toutes localisées dans la vallée de la Sambre, se dotent alors d'un PER. Le zonage et le règlement associé seront approuvés par ces communes entre 1991 et 1997. Désormais, 46 communes de la Région ont approuvé un tel instrument réglementaire. 11 d'entre elles correspondent à des communes de la Lys aval. Le retard est considérable qu'en on sait que la Région est l'une des plus importantes de France en termes de déclaration de « catastrophe naturelle ». Ce manquement, lié au blocage des acteurs économique et politique et à la faible implication de l'État sur la question des inondations (la problématique de la pollution des eaux paraissant plus cruciale), va devenir particulièrement criant au moment des inondations des hivers 1993 et 1995 qui affectèrent les deux tiers des communes de la Région Nord-Pas-de-Calais (entre 1982 et 2002, 1022 communes de la Région déclarées en situation de catastrophe naturelle). Pour rattraper ce retard, un fort interventionnisme de l'État, sous l'impulsion du préfet et des services déconcentrés, va se traduire par une programmation de PPRi, sur la plupart des cours. 805 PPRi sont désormais à l'étude.

Sur le bassin de l'Orge, l'ensemble des outils réglementaires approuvés s'inscrivent dans la zone aval du bassin. Le PSS existant, qui découlait d'une conception hydraulicienne et définissait les zones navigables, est remplacé le 13 décembre 1993 par le PERi. Ce changement, qui s'opère dans une période de renforcement des normes de protection, se traduit par une révision à la hausse de l'aléa. Ce document est instauré par le décret du 3 mai 1984 (faisant suite à la loi d'indemnisation des victimes de catastrophes naturelles de 1982) et prescrit localement le 29 juin 1990. Il concerne 14 communes de la vallée de l'Orge dont les 4 de notre terrain d'étude. Par ailleurs, 28 communes de l'Orge supérieure et des affluents (Yvette, Rémarde et Limour) sont aujourd'hui concernées par un début de procédure PPR.

Tableau 3.5 : Récapitulatif de l'état de la prévention réglementaire dans les sites étudiés

Sites	PSS	PER approuvé	PPR prescrit	PPR apa	PPR approuvé
Aude 1 (Basses plaines)	1949		1996	2003	
Aude 2 (Argent-Double)	1948		2000		
Lys			2000		2002
Orge		1993	1995		
Semoy (France)			2001		2005

Enfin, sur la Semoy, la prescription de la démarche préventive par la réglementation est très tardive. Le PPRi Semoy réglemente l'occupation des sols dans les zones inondables des cinq communes qui couvrent le territoire du sous-bassin. Bien que contraignant en matière d'urbanisation et souvent contesté pour cela par les élus soucieux de préserver leur développement économique[56], le PPRi Semoy a été prescrit en 2001 à la demande des élus locaux des cinq communes du bassin. Cette volonté de bénéficier d'une réglementation permettant une prise en compte du risque dans l'aménagement reflète une préoccupation grandissante et générale en France des autorités locales en réponse à l'accroissement continu de la vulnérabilité et à la demande sécuritaire pressante des populations[57]. Elle témoigne d'une prise de

[56] Pottier N. et al. Les plans de prévention des risques naturels à l'épreuve du temps: prouesses et déboires d'une procédure réglementaire, *Annales des Ponts et Chaussées n° 105,* 2003, p.42. Pottier N. et al. Evaluation de la politique publique de prévention des risques naturels. In *Risques naturels et aménagement en Europe,* Garry G., Veyret Y., Meschinet de Richemond N. (dir), Paris, A. Colin, 2004, p. 55.

[57] Pottier N. et al. L'évaluation des vulnérabilités territoriales pour l'aide à la gestion des inondations par les collectivités locales, in *Contraintes environnementales et gouvernance des territoires*, Scarwell H.J., Franchomme M. (coord.), éditions de l'Aube, 2004, p.44.

conscience, tardive mais réelle, du problème des inondations et des enjeux à considérer pour l'avenir de la vallée. Sur la Semoy, le PPR a été considéré comme l'outil adéquat pour réglementer les zones urbanisées et spécialement pour réaliser la politique de reconquête des fonds de vallée que les élus souhaitaient mener. L'aggravation des dommages dus aux inondations était en effet liée à un mauvais entretien des terrains privés, friches ou plantations de sapins, en bordure de rivière, formant des embâcles lors des crues. Les prescriptions du PPR pourront imposer des défrichements dans un délai de cinq ans des terrains boisés dont la présence a pour effet de réduire les capacités d'écoulement de la crue décennale. Elles garantiront également l'arrêt des plantations de résineux dans le lit majeur de la rivière.

La prévention réglementaire dans le dispositif régional ou national de prévention et de gestion transversale des risques

Si l'entrée privilégiée de cet ouvrage est l'évaluation des démarches réglementaires conduites dans le cadre de la gestion des risques, il n'en demeure pas moins vrai que ces actions s'articulent avec d'autres modes de prévention (SCARWELL et LAGANIER, 2004). Certains visent à l'intégration du risque par le biais d'un large éventail de mesures structurelles allant de l'endiguement aux mesures compensatoires. D'autres insistent sur le développement de démarches informatives avant, pendant ou après la crise (services d'annonce de crue, retours d'expériences).

Des approches transversales sont par ailleurs conduites à travers l'instauration de contrats de rivière instaurés dès 1981. Ils relèvent d'une logique de négociation et d'association des acteurs locaux dans la gestion de l'eau et des risques associés (État, Agence de l'eau et collectivités locales notamment). Leurs objectifs sont multiples et variables d'un cours d'eau à l'autre : restauration et renaturation du lit et des berges, mise en valeur des milieux aquatiques et des paysages, protection des lieux habités contre les inondations[58]. Ils prennent appui sur des structures intercommunales en charge de la mise en œuvre du contrat. La procédure d'instruction du dossier élaboré par ces porteurs de projets est longue. Généralement, plus de deux ans s'écoulent entre l'émergence du projet et son approbation par le comité national d'agrément[59]. Le dossier préalable, établi selon un cahier des charges défini par l'administration, comprend un diagnostic général à l'échelle du

---

[58] A l'origine, ils avaient été conçus comme un instrument de réalisation des cartes départementales d'objectifs de qualité afin d'inciter financièrement les acteurs-pollueurs à mettre en place des équipements d'assainissement

[59] Le comité national d'agrément est composé des différents ministères qui interviennent dans le domaine de l'eau, des collectivités et de certains usagers (associations de pêche, de protection de la nature et représentants des sports aquatiques).

bassin, les objectifs retenus en fonction des problèmes à résoudre et les travaux envisagés (nature, coûts estimatifs et échéancier). Depuis la mise en place de la démarche planificatrice des SAGE (loi du 3 janvier 1992), l'existence d'un SAGE ou sa mise à l'étude constitue une condition préalable nécessaire à l'élaboration d'un contrat de rivière ; ils apparaissent alors comme des instruments opérationnels de mise en œuvre des SAGE. Après accord du comité national d'agrément, le préfet crée un comité de rivière, présidé par un élu et chargé de suivre le dossier. Sa composition, non défini dans les textes, est variable d'un contrat à l'autre, dans la mesure où elle dépend des enjeux et objectifs visés par le contrat. Elle est toutefois très classique puisque s'y retrouvent des représentants des collectivités territoriales, diverses catégories d'usagers, les administrations et les établissements publics (notamment l'Agence de l'eau). Le dossier final, après avis de différentes instances (la DIREN, l'Agence de l'eau, la délégation régionale du Conseil supérieur de la pêche…), est validé par le comité de rivière. Parmi les exemples traités, la Semoy a fait l'objet d'un contrat de rivière.

D'autres formes de démarches transversales peuvent être également engagées à travers les actions conduites par les établissements publics territoriaux de bassin (EPTB). Ces derniers, inscrits le plus souvent à l'échelle d'un bassin versant, permettent d'engager des actions de coordination pour la gestion des eaux et des risques associés en dépassant les barrières administratives. Ils recherchent ou affirment la solidarité entre l'amont et l'aval des bassins et interviennent également dans le cadre de partenariats avec l'État et les Agences de l'Eau. L'Établissement Public d'Aménagement de la Meuse et de ses Affluents (EPAMA) en date de 1995 et l'Association Interdépartementale des Basses Plaines de l'Aude (AIBPA) créée 1945 à la suite des graves inondations de 1930 et 1940 relèvent de ce statut.

Par ailleurs, des programmes d'action de prévention des inondations (P.A.P.I.) sont élaborés depuis 2003 (plan « Bachelot »). Ces plans visent à l'émergence de programmes d'actions ayant vocation, d'une part, à organiser le traitement des bassins versants de manière globale dans une perspective de développement durable et, d'autre part, à favoriser, par des actions d'information, l'émergence d'une véritable conscience du risque dans la population. Ces plans doivent être « intégrés » et aller au-delà de simples programmes de travaux de lutte contre les inondations. Ils doivent combiner à la fois des engagements sur différents thèmes allant de l'information préventive des populations à la restauration des champs d'expansion de crue, en passant par la participation des associations de riverains et la mise en place d'opérations visant à limiter la vulnérabilité et à atténuer la concentration rapide des écoulements. La Lys et la Meuse (dont son affluent la Semoy) sont intégrées à ce dispositif.

Au terme de ce tour d'horizon des différents sites d'étude se dégagent un certain nombre de points à partir desquels va se construire notre analyse. Il apparaît d'abord des nuances entre le classement des enjeux de la prévention : sauver les vies humaines dans les bassins présentant un caractère torrentiel, limiter les dommages pour l'ensemble des sites, assurer dans certains cas une restauration des hydrosystèmes fluviaux. De plus, les outils mis en œuvre pour conduire une démarche de prévention du risque ne sont pas nécessairement de même nature. En revanche, tous les territoires étudiés ont élaboré, de façon plus ou moins tardive, des instruments réglementaires. Enfin la conjugaison d'outils variés (réglementation, aménagements structurels, outils de contractualisation) est initiée sur l'ensemble des sites, avec des degrés divers de complémentarité et dans un maillage territorial et institutionnel de plus en plus complexe. À l'issue de ces constats préalables, deux questionnements peuvent être mis en exergue : celui des conditions de l'efficacité de la prévention en particulier sous l'angle de la mobilisation des acteurs du territoire dans l'élaboration et l'application des outils de prévention ; celui des implications territoriales engendrées par les différentes actions publiques conduites dans les territoires.

DEUXIÈME PARTIE

L'APPROPRIATION D'UNE CONTRAINTE ENVIRONNEMENTALE : L'INONDATION

La gestion du risque d'inondation est en pleine mutation. Désormais, la construction du nouveau projet politique de prévention du risque focalise davantage sur la gestion de la vulnérabilité que sur la conquête utopique d'une sécurité absolue par lutte contre l'aléa. En réponse à ce projet, des stratégies innovantes de régulation sont définies, conjuguant réglementation, contractualisation et usage d'aménagements structurels « doux », i.e. plus conformes aux dynamiques de la nature. La réussite du projet suppose l'adhésion des acteurs territoriaux et l'appropriation des nouvelles formes de résistance individuelle et collective au risque. Dès lors, l'objectif consisterait à sortir d'une logique de décision étatique par l'écriture réglementaire de données objectives et de la gestion techniciste du risque qui se traduit par une *« mise à distance »* des acteurs territoriaux. Le processus s'appuierait ainsi sur la responsabilisation des acteurs territoriaux et l'appropriation du problème et des outils à mettre en œuvre par la *« mise en dispute ».* Cette appropriation reposerait en particulier sur une véritable démarche de concertation à laquelle seraient associés les acteurs concernés par le risque, y compris la population locale. La création d'un espace de dialogue chercherait ainsi à favoriser les échanges entre acteurs sur leurs expériences et leurs savoirs en matière d'inondation et à aboutir à un compromis négocié sur les actions à mener. Par ailleurs, le projet consisterait à promouvoir une démarche d'autoprotection à l'échelle individuelle, en réponse d'une part à une incapacité de l'État à gérer le risque de façon totalement centralisée et d'autre part en raison des investissements excessifs engagés à l'occasion de travaux d'aménagement et de protection. L'engagement du citoyen-acteur et le développement d'une culture de résistance se retrouveraient donc en théorie au cœur du projet.

Se pose alors la question des représentations du risque et de sa gestion et de l'émergence d'une culture du risque en adéquation avec le profond changement opéré au niveau de la politique préventive. En quoi les représentations que se font les groupes sociaux et les individus des enjeux liés à la gestion du risque interfèrent-elles à la prise de décision ? De plus, face à l'affichage d'une volonté d'engager des actions acceptées par les acteurs territoriaux, les formes et le degré de mobilisation de ces acteurs dans les processus de décision peuvent être également interrogées. Ainsi, l'élaboration des démarches réglementaires préconisées pour la gestion des espaces inondables font-elles l'objet de négociations transparentes, de transactions cachées ou relève-t-elle encore du registre traditionnel de réglementation imposée ? Autrement dit, ces approches posent la question de la capacité d'apprentissage des acteurs publics et privés, c'est-à-dire leur aptitude à s'approprier ces nouvelles démarches dans la perspective d'une prévention du risque d'inondation et d'une responsabilité de chacun. Dans la même optique, devant la menace des inondations, quelles sont les formes d'auto-organisation déployées aux échelles individuelles et les motivations associées pour limiter les impacts ? Les réponses apportées par les différentes études de cas vont tenter d'alimenter le débat sur les pratiques et, s'il en est, les nouvelles figures effectives de cette politique préventive ancrée, d'un point de vue théorique, sur une inscription sociale et territoriale du risque.

Chapitre 4

LA REPRÉSENTATION DU RISQUE D'INONDATION ET DE SA PRÉVENTION

F. Vinet et S. Defossez

La France vit tardivement l'accès à la démocratie cognitive. Longtemps, elle a vécu sur le pacte tacite d'un État garantissant la sécurité des citoyens en échange d'une certaine passivité de ces derniers. Dans un tel système, les acteurs de la gestion du risque (État, experts, politiques et citoyens) restaient chacun dans leur « bulle », sans confrontation des savoirs, des pouvoirs, des représentations et des intérêts. Le discours de l'État « ne vous inquiétez pas, on s'occupe de tout » s'est fracassé sur l'écueil des catastrophes des vingt dernières années[60]. Lorsque le système de partage des responsabilités explose après les catastrophes de l'Aude (1999) et du Gard (2002) entrecoupées d'inondations répétitives dans le nord de la France (Somme, Bretagne...), la recomposition du jeu d'acteurs implique une confrontation des représentations mentales, l'élaboration d'une conscience collective du risque, la définition et l'appropriation des objectifs de prévention. Il est clair que la prise en compte des représentations mentales est un préalable à toute bonne gestion des risques. Combien d'erreurs ont été commises par les experts, les personnels des administrations, les élus... pour avoir ignoré les prégnances culturelles et la perception des risques chez les populations exposées. Dans cette perspective, il paraît nécessaire d'analyser les différents modes de représentation des risques et de leur gestion afin de mieux saisir quels peuvent être les points de blocages dans la mise en place des politiques de prévention et les points de friction entre les acteurs. Cette étude s'est nourrie des enquêtes effectuées dans la vallée de l'Orge, la vallée de la Semoy et les basses plaines de l'Aude[61] ainsi que d'entretiens auprès des agents des

[60] Sur ce point, la gestion de la catastrophe de Tchernobyl par les experts et responsables politiques français a accentué la défiance entre ces derniers et le grand public.

[61] L'enquête dans l'Aude a porté sur la commune de Cuxac d'Aude (188 répondants). Dans la vallée de l'Orge, les communes enquêtées étaient Athis-Mons, Juvisy-sur-Orge, Savigny-sur-Orge et Viry-Châtillon

services de l'État ou des élus. Un des objectifs de ces travaux de terrain fut de confronter les connaissances aux représentations des différents groupes d'acteurs. Comment les populations, les experts (au sens large du terme comme producteur d'information) et les élus perçoivent-ils l'aléa inondation ? La représentation des risques est-elle conforme à la connaissance que l'on peut en avoir ? Quelles implications ces représentations ont-elles sur la scène du risque ? Quel est le degré d'appropriation du risque par les populations exposées ? La mise en perspective d'enquêtes effectuées dans des conditions d'aléa différentes vise à mettre en lumière les spécificités locales de la représentation des risques mais aussi les points communs au niveau national. Les représentations des aléas et des modes de prévention sont-elles ubiquistes ou bien fortement liées aux conditions locales notamment les modalités de l'aléa ? La question en termes de prévention est de déterminer le rôle des événements catastrophiques dans la conscience du risque et de les confronter à la réalité de l'aléa. Quel est l'état de la mémoire des risques dans les populations des zones à risque ? Quelle est sa rémanence ? La mémoire des catastrophes est-elle une condition *sine qua non* de la conscience du risque ou bien celle-ci peut-elle se satisfaire d'une connaissance acquise de l'aléa ? Que faire pour substituer au prétendu déficit de mémoire une conscience du risque qui permettrait d'ancrer une politique de prévention des risques ?

Connaissance, perception et mémoire de l'aléa : l'expert et le citoyen

La démocratie cognitive et l'accès à l'information tout comme la responsabilisation des populations exigent que l'échange d'information entre le public et les experts tienne compte des représentations mentales de chacun sous peine de malentendus stérilisant ou ralentissant la réduction du risque. Nous entendons le mot « expert » au sens large comme producteur d'information scientifique sur le risque. Il s'agit des scientifiques, des bureaux d'étude qui appliquent leurs méthodes et des experts de l'État (ingénieurs des ponts et chaussées, hydrauliciens des administrations...) qui localement doivent adapter au terrain les méthodes de détermination de l'aléa. Ces experts, producteurs d'information, travaillent selon des méthodes spécifiques dont l'intérêt et les limites ne sont pas toujours compris du public.

(95 répondants). Dans la vallée de la Semoy, 140 répondants dans les communes de Thilay, Naux, Navaux, Nohan, Tournavaux, Haulmé, Hautes-Rivières et Monthermé.

Les incertitudes sur la connaissance de l'aléa : l'expert face à la construction du savoir

La confrontation de la connaissance de l'aléa à ses représentations sociales exige quelques précautions d'usage. La connaissance de l'aléa est un construit scientifique qui s'alimente d'un corpus de sources et de méthodes pour élaborer l'image la plus précise possible de l'aléa à un moment donné. Les experts de l'aléa, notamment les services instructeurs des plans de prévention des risques (PPR) et les bureaux d'études qui travaillent pour eux, sont tributaires de sources, méthodes, consignes et de contraintes multiples. Dans le sud de la France, la cartographie des zones inondables s'est faite grâce à l'approche hydrogéomorphologique. Le recours à cette méthode, officialisé par un guide ministériel (MASSON M. et al., 1996), a permis de cartographier l'aléa à un coût relativement modique et sur plusieurs centaines de kilomètres de cours d'eau. Cependant, la méthode recommande la détermination d'un lit majeur (lit majeur épisodique), d'un lit moyen (lit majeur périodique) et d'un lit mineur. Il faut bien reconnaître que la détermination d'un lit moyen est la plupart du temps sur les cours d'eau méditerranéens assez illusoire. Les entretiens avec les ingénieurs des services de l'État instruisant des PPR montrent que, pour ces derniers, l'intérêt de la méthode réside dans la détermination de l'enveloppe maximale inondable. Les efforts d'investigation pourraient se concentrer sur ce point et non sur la détermination de lits moyens ou lit mineurs aux contours très hypothétiques.

L'aléa de référence est un construit, fruit de la combinaison de plusieurs méthodes ou sources. En général, la référence est la plus forte crue connue en termes de hauteur d'eau en un point donné. Sur un même PPR, l'aléa de référence peut résulter de la combinaison de plusieurs crues historiques. Par exemple, dans les basses plaines de l'Aude, la carte de l'aléa résulte d'une combinaison des enveloppes de crues maximales qui selon les endroits de la plaine datent de 1930 ou 1999.

Dans certains cas, une crue historique est connue par seulement un ou deux repères de crue mais ces deux repères de crue sont placés nettement plus haut que les repères de crue plus récents, plus nombreux et plus fiables. L'expert doit donc choisir entre un aléa bien argumenté mais peut-être sous-évalué et un aléa de référence « confortable » en termes de niveau de protection mais scientifiquement mal étayé. Dans la commune de Sallèles d'Aude, la contestation du PPR sur la rivière la Cesse a consisté pour la population (sans doute téléguidée par l'équipe municipale) à critiquer le choix de la crue du 12 septembre 1875 comme aléa de référence. Cette crue n'est effectivement connue que par deux repères de crue et leur validation ou infirmation demanderait certes une expertise historique plus poussée.

Le recours à des méthodes plus « scientifiques » ne résout pas les problèmes d'imprécisions auxquels sont confrontés les services de l'État dans la zonation de l'aléa. Sur les bassins où l'on ne dispose pas d'instrumentation limnologique ni de données historiques il faut estimer la crue centennale à partir des précipitations de même période de retour. Or, sur ces bassins versants, on dispose rarement de séries pluviométriques suffisamment précises et longues pour en extrapoler avec précision la période de retour des débits.

D'autres imprécisions tiennent au choix des modèles hydrauliques et à leur paramétrage sans parler des problèmes de tracé engendrés par les changements d'échelle notamment lors du passage au zonage réglementaire qui se fait en général à échelle plus fine que la détermination de l'aléa. Ainsi, la construction de l'aléa comporte des biais, des imprécisions, des limites dont nous n'avons donné ci-dessus qu'un survol rapide. Les services instructeurs des plans de prévention des risques (PPR) sont évidemment tout à fait conscients de ces limites. Cependant, ils ne peuvent en faire état sans prêter le flan à la critique. Une faiblesse d'argumentation sur la délimitation d'une zone inondable et sa définition de l'aléa est exploitée par les populations ou les élus locaux pour contester le document comme nous le verrons plus loin.

Il est symptomatique de constater que l'aléa est en passe de tomber dans le domaine de la discussion voire de la négociation publique. Les contestations de PPR devant le tribunal administratif ne sont pas rares et concernent souvent le tracé de l'aléa. Le débit de pointe de la crue du Rhône de décembre 2003 a fait l'objet d'un appel à contribution écrite pour une « conférence de consensus ». Finalement, la vérité scientifique - c'est un truisme - est le fruit d'un compromis, d'un équilibre et de positions arbitraires au moins à la marge. Plus on lui demande d'argumenter, plus la science dévoile ses doutes, incertitudes et imprécisions. Cette incertitude se confronte à la demande des populations d'une argumentation forte des PPR. D'où une schizophrénie quasi insoluble pour les « faiseurs du risque » et encore plus les « diseurs du risque ». G. DECROP (2002) envisage des « figurations de l'aléa de référence choisies dans un équilibre subtil entre la peur des dommages éventuels et le coût de protection supportable pour la collectivité ». Comment faire partager aux élus et aux citoyens les incertitudes et imprécisions nimbant la construction d'une « vérité » scientifique sans saborder l'autorité de cette vérité ?

Les pouvoirs publics se sont engagés à diffuser l'information et les lois successives de 1987 à 2003 encouragent cette diffusion de l'information sur l'aléa. Cependant cet effort doit s'accompagner de précautions et d'une « pédagogie de l'incertitude » apte à faire partager aux citoyens les limites scientifiques de nos connaissances sur les inondations. Le nécessaire partage de l'incertitude participe de la réduction du « knowledge gap » (THEYS J., 2002, p. 169) et ouvre les voies d'une démocratie cognitive (MORIN E., 2004).

Connaissance et représentation de l'aléa : représentations mentales vs connaissance de l'aléa

Face à la diffusion de plus en plus grande de l'information hydrologique et hydrographique notamment par le biais des atlas des zones inondables, la mémoire « populaire » se heurte à la mémoire « scientifique ». L'aléa construit par les experts ne concorde pas forcément avec la représentation que se font les populations des zones inondables et de l'histoire hydrologique locale. C'est d'ailleurs l'un des points cruciaux de la crédibilité des associations qui pour figurer dans le débat doivent accéder à l'information et traiter cette information. Les associations de sinistrés ou de riverains ont un grand besoin d'expertise au fur et à mesure que l'information hydrologique au sens large du terme se diffuse et se complexifie. La confrontation entre la connaissance de l'aléa (et ses limites) et sa représentation collective est une étape essentielle de l'élaboration d'une conscience du risque et d'une appropriation des objectifs de prévention par les divers acteurs en particulier la population des zones à risque.

La représentation collective d'un aléa se fonde en grande partie sur le souvenir des inondations passées. Or, la mémoire n'est pas un stock d'événements, une comptabilité des crues passées. Elle est davantage qu'une simple conservation d'information (NOVEMBER et al, 1998), une somme d'information inerte. La mémoire c'est un processus, une capacité de mobilisation de l'information pour donner sens au présent. La mémoire ce n'est pas avoir appris mais savoir se souvenir. Ainsi se pose le problème de la validité scientifique de la mémoire de l'aléa et de la confrontation de ces souvenirs avec la réalité.

Dans la Meuse, sur la Semoy, la mémoire des crues est assez bonne et relativement conforme à la hiérarchie hydrologique au moins pour les crues récentes. En revanche, les crues de 1993 si elles sont bien placées dans la mémoire occultent les crues précédentes. Les crues de 1920 et 1926, qui ont été les plus graves du siècle dernier dans certains secteurs, n'apparaissent pas dans la mémoire. En revanche, les crues de 2003 sont citées par 25 répondants comme étant les plus importantes alors qu'elles n'arrivent qu'au sixième rang des crues du XXe siècle connues. Il convient toutefois de nuancer ces résultats. 2003 a pu être citée par des habitants qui n'habitaient pas dans la zone inondable en 1993. De plus, la hiérarchie des crues n'est pas la même suivant les lieux. Il faudrait confronter les dires des interrogés aux données hydrométriques du lieu d'habitation ce qui n'est pas toujours possible.

Tableau 4.1 : Connaissance experte et mémoire des crues sur le bassin de la Semoy

La connaissance des experts		**La mémoire de la population**
Crues marquantes sources diverses citées par Bérody M.)	Hauteur à l'échelle d'Haulmé (en m)	Quand s'est produite l'inondation la plus importante? (par rang du nombre de citations)*
1993 (déc)	3,25	1993 (51)
1993 (janv)	3,14	2003 (25)
1926	3,1	1995 (17)
1920	3,07	1993 (déc)(15)
1995 (janv)	3,04	2001 (8)
2003	3,04	1994 (1)
1991	2,92	
1984	2,91	
2001	2,9	

**(140 répondants) source Bérody M. (2004)*

En revanche, dans la vallée de l'Orge, la mémoire est plus défaillante. Les crues de 1978, qui servent de base à la cartographie de l'aléa dans le plan d'exposition aux risques (PER), ne sont guère connues de la population. Elles ne sont jamais citées par les 95 personnes interrogées. Les réponses sont d'ailleurs très dispersées et aucune date ne se détache réellement. 1955, la crue la plus ancienne évoquée, est citée 5 fois, les crues de 1982 sept fois - c'est le maximum - et 2000 et 2001, trois fois chacune.

Sur l'Aude, 99 % des répondants considèrent 1999 comme l'inondation la plus importante, ce qui correspond à la réalité scientifique. Un dépouillement a été fait sur les inondations subies par les habitants. Les inondations catastrophiques de 1930 et 1940, au scénario similaire à 1999 sont citées moins d'une dizaine de fois pour 188 interrogés. Peu de personnes sont encore en vie pour les évoquer. Se pose la question de la rémanence des faits de mémoire collective. Sans tirer de conclusion générale sur des cas qui sont tous spécifiques, on notera que le souvenir de la crue de 1978 (dans le bassin de l'Orge), de période de retour vicennale, n'a pas persisté plus de vingt ans. Il est vrai que seulement un peu plus d'un tiers des personnes interrogées en 2004 vivait dans le secteur inondé en 1978. Dans la Semoy, le souvenir des crues de la décennie précédente est encore vif. Dans les basses plaines de l'Aude, il sera intéressant de mesurer la rémanence des crues catastrophiques de 1999 actuellement très prégnante. Ces inondations gomment les événements passés - certes lointains (1940 et 1930) - et empêchent la mise en perspective de la crue récente. On observe le même phénomène d'occultation de la mémoire dans le bassin de la Semoy où les inondations de 1993, les plus graves depuis l'hiver 1925/1926 (BERODY M., 2004) ont effacé les crues antérieures, comme si la mémoire ne commençait qu'en 1993, comme si l'événement catastrophique au lieu de raviver la mémoire la réinitialisait.

L'occurrence d'un événement exceptionnel récent a pour effet certes de raviver la conscience du risque mais aussi d'occulter les catastrophes passées et d'ériger une inondation majeure récente en événement singulier, unique dans l'histoire. Il est souvent d'emblée qualifié de « centennal », la population reprenant à son compte le dénominatif véhiculé par l'administration, la presse et surtout les maires voulant se disculper rapidement de toute responsabilité. Centennal rime alors avec exceptionnel. Or l'exceptionnel est imprévisible (!) ; il dépasse donc les capacités de réaction qu'on est en droit d'attendre de la part des autorités. La confusion reste importante quant à la signification de la crue centennale. Le sens commun tend à laisser penser qu'une crue centennale se produit tous les 100 ans ou presque. En 1999, dans l'Aude, la crue a été qualifiée de centennale ce qui signifie alors, pour de nombreux interrogés, que le prochain événement d'ampleur similaire se produira vers...2099. Les personnes âgées « ne seront plus là pour le voir », quant aux plus jeunes, ils considèrent qu'ils « ont le temps de prévoir et qu'on aura peut-être fait des efforts d'ici là ». Bien que l'événement catastrophique soit de plus en plus souvent convoqué à la barre pour argumenter l'aléa, la présentation des cartes suggère une progressivité de l'aléa, progressivité linéaire qui prend toute sa dimension avec une déclinaison de l'aléa selon des périodes de retour centennale, décennale, cinquantennale même si certains, y compris les ingénieurs hydrauliciens, reconnaissent la validité tout artificielle de ce type de classement.

Or, la mémoire des populations et l'histoire fonctionnent par événement. La crue centennale telle qu'elle est conçue par les hydrologues et qui a évidemment une valeur scientifique et une utilité technique notamment en génie civil pour calibrer les ouvrages (ponts, barrages...) ne correspond pas aux représentations mentales de la population. Ainsi, à la question, « selon vous, la région peut être touchée par de grandes inondations tous les combien ? », les écarts de réponse sont très larges passant de « 100 ans » à « à tout moment » selon que la personne s'exprime en termes de probabilité ou de période de retour. Calculer une période de retour « perçue » de « grandes inondations » refléterait bien faussement la réalité. Pourtant, un bon nombre de réponses situent cette période autour de dix ans et ce dans les trois sites enquêtés (Tableau 4.2) ce qui évidemment interroge sur ce que l'on entend par « grande inondation ». Sur ce point, la clé nous est donnée quelques questions plus loin parce que les interrogés estiment être une « inondation grave ». Pour l'habitant, l'inondation grave, c'est l'eau qui pénètre dans la partie habitée du domicile. D'ailleurs, dans la Semoy ou dans l'Aude, les habitants connaissent avec précision le nombre de fois auxquelles ils ont été soumis à une inondation.

Tableau 4.2 : Perception des interrogés sur la récurrence d'une grave inondation.

Récurrence d'inondation grave.	**AUDE**	**ORGE**	**SEMOY**
Rarement	9	**14**	8
Souvent	8	-	**25**
Très souvent	16	6	**27**
< 10 ans	**23**	4	**22**
10 ans	**29**	**15**	15
20 ans	7	7	1
30 ans	7	2	-
40 ans	4	-	-
50 ans	17	2	1
60 ans	4	-	-
80 ans	1	-	-
100 ans et plus	6	4	4
Total	131	54	103

À partir du moment où l'habitation est sinistrée, la hiérarchisation de l'aléa paraît difficile. Toute inondation qui a pénétré l'habitation et causé des dégâts est grave. Toutefois, dans l'Aude, les réponses paraissent plus hiérarchisées. Le nombre de réponses autour de cinquante ans est de 25 ce qui laisse transparaître une hiérarchisation des événements conforme à la réalité de l'aléa alternant des crues « banales » et « catastrophiques ».

Quoi qu'il en soit, dans tous les sites, le nombre de réponses « 100 ans ou plus » pour qualifier la période de retour de « graves inondations » est très faible ce qui laisse supposer que cette durée ne fait pas sens en termes de représentation mentale collective[62]. La crue centennale n'est pas une image sociale partagée et psycho-sociologiquement efficace. Si elle peut être utile en interne, il semble vain voire contre-productif de l'invoquer comme référence en matière de sensibilisation des populations. Il y a donc une dissonance majeure entre l'aléa tel qu'il est conçu par les experts et le phénomène inondation tel qu'il est représenté par les populations. Les experts travaillent sur une mémoire écrite et reconstituée par les données historiques. La mémoire efficace des habitants fonctionne sur le vécu des inondations et parfois la transmission orale. Les échelles de temps ne sont pas les mêmes. Ceci doit inciter les pouvoirs publics non pas à remiser le calcul décimal des périodes de retour mais à le réserver aux usages techniques quitte à utiliser des transcriptions plus concrètes de l'aléa pour l'information du grand public

Les habitants des zones à risque interrogés se sentent globalement concernés par le risque inondation (tableau 4.3)

Tableau 4.3 : Conscience et expérience du risque d'inondation.

	AUDE	ORGE	SEMOY
Dans votre secteur, considérez-vous le risque comme important?*	82%	60%	93%
Avez-vous déjà été inondé?**	79%	40%	90%
Vous sentez-vous concerné par le risque inondation ?***	91,5	67,50%	91,50%

**assez et très important, **oui, ***assez et très concerné.*

Évidemment, la conscience du risque est liée au fait d'avoir été inondé. Cependant, lorsque l'on tente de relier l'implication (vous sentez-vous concerné…) à d'autres facteurs, les relations statistiques se font plus ténues (tableaux 4.4 à 4.6). L'hypothèse que les personnes âgées ont une meilleure conscience du risque a souvent été avancée. En effet, leur vécu révèle a priori plus d'inondations que les jeunes. Pour les trois sites étudiés, cette supposition est remise en cause. Dans l'Aude, il apparaît nettement que l'âge n'a aucune incidence sur la prise en compte du risque, en effet les plus de 65 ans interrogés sont globalement moins conscients du risque.

62 Finalement, une seule réponse (dans l'Orge) est proche de la vérité statistique : « 10 à 100 ans »

Tableau 4.4 : Sentiment d'implication (vous sentez-vous concerné…) au risque selon la tranche d'âge.

	AUDE	ORGE	SEMOY
	assez/très concerné	assez/très concerné	assez/très concerné
moins 25 ans	100%	33,3%	-
25-34 ans	**93,8%**	60%	**94,7%**
35-44 ans	**100%**	58,3%	85,7%
45-54 ans	86,4%	**83,3%**	**100%**
55-64 ans	85%	**74,1%**	**95%**
65 ans et plus	56%	66,7%	84,4%

N.B. : Les moins de 25 ans sont peu représentatifs car cette catégorie totalise 4 personnes.

Tableau 4.5 : Sentiment d'implication au risque selon la date d'installation.

AUDE		ORGE		SEMOY	
Date installation	% oui	Date installation	% oui	Date installation	% oui
		1955-66	60	1955-66	77,8
1960-70	75	1966-78	75	1966-76	88,9
1970-80	80	1978-82	50	1976-86	**95,2**
1980-90	**94,9**	1982-93	**72,7**	1986-92	**100**
1990-2000	**94,2**	1993-99	**66,7**	1992-99	91,7
2000-2004	**96**	1999-2004	63,6	1999-2004	91,7

Tableau 4.6 : Si vous avez déjà été inondé, comment considérez-vous le risque dans votre secteur ?

	AUDE		ORGE		SEMOY	
	Assez ou très important	Peu important	Assez ou très important	Peu important	Assez ou très important	Peu important
Déjà inondé	84,5	10,1	86,8	13,2	93,7	5,6
Jamais inondé	72,5	20	42,1	36,8	85,7	14,6

Rappel : tous les interrogés habitent en zone « inondable »

Par rapport aux différents entretiens oraux, il ressort que ces personnes âgées prennent du recul notamment avec la récurrence des crues. L'influence sur la conscience du risque tient plus de la date d'installation dans la commune.

Cependant, dans l'Aude, le pourcentage de personnes qui se sentent concernées par le risque inondation atteint son maximum pour la sous population des habitants qui se sont installés depuis 2000, ce qui laisse à penser que l'inondation de 1999 a été perçue comme une véritable mise en garde même pour les personnes ne l'ayant pas vécue et que le relais d'information par les acteurs locaux a été efficace.

Dans l'Orge, les personnes âgées ne représentent pas non plus les plus concernés, cela est d'autant plus étonnant que sur les 40% des personnes inondées dans ce secteur seules cinq personnes ont moins de 55 ans. Ceci confirmerait aussi que la conscience du risque a pu se développer grâce à l'information au risque, très développée sur le territoire (SIVOA). L'implantation du SIVOA depuis de longues années lui a laissé le temps d'étoffer son travail d'information et d'éducation, ainsi sans vécu la population connaît le danger encouru et s'est protégée. Il en est de même dans la Semoy où les résultats par classe d'âge sont relativement proches les uns des autres ; là encore les personnes de plus de 65 ans n'apparaissent pas comme les plus préoccupés. Ainsi, l'âge n'a pas vraiment d'incidence sur la prise de conscience du risque. Les réponses obtenues remettent en cause l'hypothèse qu'il faut « avoir vécu l'inondation » pour avoir conscience du risque. C'est peut-être une condition nécessaire mais non suffisante.

Tableau 4.7 : Les types de crues cités par les habitants du bassin versant aval de l'Orge

Types de crues	Nombre de citations
Crues de l'Orge	58
Crues d'affluents	7
Ruissellements	16
Débordement du réseau des eaux pluviales	46
Débordement des eaux usées	38
Remontée de nappe	6
Autre	24
Non-réponse	6

En revanche, dans l'Aude, la dimension dramatique des inondations de 1999 (35 victimes) et dans le bassin de la Semoy dans une moindre mesure les inondations de 1993 expliqueraient que la conscience du risque en tant que peur de la catastrophe transcende l'expérience individuelle et gagne les personnes non inondées. À Cuxac-d'Aude, 29 répondants non inondés sur 40 (72,5%) et 12 sur 14 (85,7%) dans la Semoy pensent que le risque est très ou assez important contre 24 sur 57 (42,1%) dans l'Orge.

Si la mémoire « vécue » des crues est certainement plus efficace qu'une mémoire « construite » comme le montre la prégnance des catastrophes récentes, il n'est pas exclu de pouvoir constituer ou reconstituer une connaissance du risque. Dans des secteurs de la vallée de l'Orge, alors que le souvenir des événements passés est assez lacunaire, la connaissance de l'aléa est en revanche assez bonne. Les habitants interrogés connaissent les types de crues présents dans la vallée (Tableau 4.7). Récitent-ils une leçon bien apprise ?

Tableau 4.8 : Perception de l'évolution de l'aléa.

Perception de la fréquence des crues			
	AUDE	**ORGE**	**SEMOY**
Plus fréquentes	43%	21%	65,70%
Moins fréquentes	5%	32%	4,3%
Ne sait pas et non réponse	32%	33,7%	9,3%
Perception de la dangerosité des crues			
Plus destructrices	40,4%	4%	18,6%
Moins destructrices	3,2%	12,6%	2,1%

Cette bonne connaissance de l'aléa se retrouve dans la perception de l'évolution « qualitative » de l'aléa. 21 % des répondants dans la basse vallée de l'Orge pensent en effet que les inondations sont de plus en plus courtes alors que seulement 4,2 % les estiment plus longues qu'auparavant. La représentation mentale collective est en accord avec la montée en puissance des crues d'été effectivement plus courtes et plus intenses. Toutefois, si la connaissance de l'aléa est aussi bonne que dans les autres sites, l'implication est plus faible car seulement 67,5 % des répondants se sentent concernés par le risque inondation dans l'Orge contre plus de 90 % dans l'Aude et sur le bassin de la Semoy. Il faut donc distinguer connaissance de l'aléa et conscience du danger. Peut-il y avoir une conscience du risque sans mémoire vécue, sans expérience de la catastrophe ? L'exemple de l'Orge tendrait à montrer que la connaissance acquise de l'aléa ne suffit pas à conscientiser les populations.

De même dans les basses plaines de l'Aude, les scénarios hydrauliques sont relativement bien appréhendés. Les habitants des Garrigots et des Olivettes, très exposés au nord de la commune de Cuxac-d'Aude, répondent à 60 % qu'effectivement lors des inondations le courant est rapide ou plutôt rapide contrairement à ceux du bourg qui ne sont que 20% à estimer le courant rapide ou assez rapide. Cette différenciation spatiale de la perception est relativement conforme à la connaissance scientifique de l'aléa.

Il est difficile ensuite de juger de la transmission de la connaissance de l'aléa. Elle n'est pas systématique entre les personnes anciennement installées et les nouveaux arrivants surtout s'ils sont « étrangers » c'est-à-dire venant d'hors de la commune. SCHOENEICH (2000) a montré en quoi la population locale faisait de la rétention d'information pour « tester » les nouveaux arrivants. Les enquêtes ne traitent pas directement de la transmission de la mémoire des risques mais ce sujet mériterait d'être développé.

L'événement catastrophique, prise de conscience ou crispation ?

L'événement catastrophique est le tuteur de la conscience du risque, le terreau de toute mémoire. Il donne sa dimension au risque en posant les bornes du possible. On constate généralement un sursaut de la demande sécuritaire et un accroissement des discours de prévention dans l'immédiate après-catastrophe. Il n'est toutefois pas évident que le temps de la post-catastrophe soit propice à l'implantation d'une bonne gestion du risque car il voit aussi se réveiller des tensions, s'aviver des représentations enfouies. Il donne la primauté à la demande de protection et inscrit la prévention dans l'agenda de l'urgence loin d'une prise en compte sereine du risque dans le temps long.

De nombreux auteurs ont mis en garde contre la construction d'une mémoire « objective » des catastrophes naturelles. Il est bien évident que la mémoire est sélective. P. Schoeneich (2000) distingue l'intensité subjective de l'intensité objective d'un phénomène en montrant à partir de l'étude historique des avalanches comment certains événements sont surinvestis par la mémoire écrite alors que d'autres, d'intensité parfois supérieure, sont pratiquement passés sous silence dans les sources. Cette relativité tient à des facteurs tels que la succession temporelle des phénomènes. Le même P. Schoeneich (2000) note que la première d'une série d'avalanches dommageables est surreprésentée dans les sources et la mémoire collective alors que les suivantes même d'intensité similaire sont à peine mentionnées. Mais on peut reprendre l'argument à l'inverse dans un autre contexte : une seconde catastrophe va être amplifiée car elle a réveillé la vigilance… c'est le cas dans le sud de la France où la survigilance météorologique et l'amplification médiatique ont depuis les graves inondations de l'Aude (1999) et du Gard (2002) multiplié les alertes automnales jusqu'à les décrédibiliser.

Dans la Semoy, les inondations de 1993 sont ancrées dans les mémoires du fait de leur ampleur et de leur récurrence, des inondations majeures ont touché cette région en janvier et en décembre de la même année. Dans les représentations, 1993 est considérée comme la référence de crue de grande ampleur et dans les inondations citées par les personnes interrogées cette date correspond à la plus ancienne. Or, d'autres inondations avaient précédé celle-ci causant des dommages sur le bâti. Ce fut le cas en 1991, mais la multiplication récente des évènements a occulté les précédentes inondations (BERODY, 2004). Depuis cette année 1993, il semble que la population a su s'adapter et répondre à la crise efficacement (en 1995 puis en 2003).

Outre les critères liés à l'aléa lui-même, les dommages provoqués par l'inondation détermine son ressenti par les populations et les responsables politiques. Évidemment la présence de victimes semble être un facteur déterminant pour l'efficacité d'une catastrophe. La nature de l'aléa a bien sûr son importance, dans le sud de la France où se produisent des inondations « rapides », la priorité est donnée à la sauvegarde des vies humaines tandis que la montée des eaux lentes dans le nord laisse une chance à la sauvegarde des biens.

Enfin, le contexte social, économique et politique dans lequel intervient la crue ou tout autre événement naturel détermine en grande partie la perception et les réactions des acteurs locaux. À ce titre, la crue de l'Aude dans ses basses plaines en 1977 fut exemplaire. Ses caractéristiques hydrologiques furent des plus banales. Le 19 mai, l'Aude a atteint un débit légèrement supérieur à 1000 $m^3.s^{-1}$ à l'entrée des basses plaines, débit dont la période de retour est de deux ou trois ans. L'eau s'est répandue dans les plaines par les déversoirs, noyant les cultures en particulier les céréales. Le mécontentement des agriculteurs fut pourtant grand car cette crue intervint au printemps alors que les champs étaient emblavés contrairement aux crues classiquement automnales et hivernales qui n'endommagent pas les récoltes. Par ailleurs, la viticulture était à cette époque en crise et les agriculteurs cherchaient des cultures de substitution. Cette crue venait contrecarrer ces velléités de diversification agraire. Conséquemment, au début des années 1980, l'AIPBA[63] fut appelée à porter un projet de maîtrise des inondations dans les basses plaines, projet qui ne fut d'ailleurs jamais totalement mené à bout.

On a vu que le taux de renouvellement des populations est élevé. L'Aude, tout comme l'Orge ou la Semoy accueillent de nombreux nouveaux arrivants et ce renouvellement des populations ravive la question de la conscience du risque. Ces nouveaux arrivants viennent de communes alentours mais aussi

[63] Association interdépartementale des basses plaines de l'Aude

d'autres départements, régions voire pays. Aussi, ne sont-ils pas au fait des dangers potentiels. Le premier réflexe d'un nouvel habitant n'est malheureusement pas d'aller à la mairie ou à la DDE pour savoir si la maison qu'il va acquérir est soumise à quelque risque. Les représentations construites ne sont pas toujours réalistes. De nombreux hollandais s'installent dans le département de l'Aude, et ceux-ci disent avoir conscience du risque car ils sont « habitués aux inondations et sauront y faire face » mais l'aléa en Languedoc-Roussillon est de tout autre nature qu'aux Pays-Bas.

À cet égard, la valorisation des témoignages collectés après les inondations semble un vœu pieu rarement suivi d'effet. Les enquêtes dans les différents sites ont fait émerger de nombreuses informations qualitatives concernant les inondations. Dans la Semoy ou dans l'Aude, des témoins ont constitué des revues de presse, des compilations de photos et n'hésitent pas à transmettre ces documents, à « en parler » pour cultiver la mémoire du risque. Le SMAAR, émanation du conseil général de l'Aude, a pour projet un centre de la mémoire des inondations sorte de conservatoire où seraient conservés des documents et des témoignages sur les inondations historiques. Ce projet peine à voir le jour au fur et à mesure que s'éloignent les crues catastrophiques de 1999 qui avaient donné lieu à cette initiative. La fédération des associations de sinistrés de l'Aude avait fait des demandes en ce sens et l'on ressent le besoin chez les sinistrés de laisser une trace. Certains ont mis par écrit sur le moment ou après coup le récit de la crise et la post-crise. Ces témoignages sont précieux non seulement pour exorciser un vécu difficile mais aussi en tant que corpus scientifique utile pour reconstituer la crue a posteriori (GAUME E. & al., 2004). S'en tiendra-t-on toujours à la mémoire statistique, officielle, celle des hydrogrammes, elle-même faillible ?

La période post-catastrophe est souvent le théâtre d'un sursaut sécuritaire qui se manifeste de différentes manières mais qui implique la plupart du temps tous les acteurs du risque. Après un évènement, on assiste à la conscientisation de tous les acteurs même ceux qui n'ont pas de rôle direct dans la prévention du risque comme les Régions.

À l'échelle locale, c'est l'occurrence d'un événement catastrophe qui forge la conscience du risque. Elle se traduit par une prise de conscience et une réaction multiforme de la population. D'autres mesures sont prises par les particuliers ou les entreprises sinistrés. À Cuxac-d'Aude, l'analyse des permis de construire a révélé qu'une quarantaine de demandes de permis de construire ont été déposées pour l'adaptation de l'habitat au risque inondation (surélévation ou création d'étages refuges) alors qu'elles étaient quasiment absentes les années précédentes. Mais ce sursaut sécuritaire concerne uniquement la commune la plus touchée, dans les communes voisines épargnées, et pourtant inondables, aucune mesure particulière n'a été prise. La création d'associations de sinistrés se pérennisant en association de riverains est un bon baromètre de la conscientisation citoyenne. De ces associations émanent des demandes de protection souvent structurelles (digues, bassin de rétention, curage de rivière…). La recherche de responsabilité dans la gestion de la crise ou défaut de prévention se traduit par des plaintes déposées au tribunal administratif par des citoyens à l'encontre des maires et par des maires à l'encontre de l'État. Après les inondations des 8 et 9 septembre 2002, on a dénombré une quarantaine de plaintes de ce genre dont aucune n'a abouti à une condamnation à notre connaissance.

La pression citoyenne est donc forte sur les élus et services de l'État qui tentent d'y répondre. L'analyse diachronique de l'évolution de la prévention montre que les regains d'intérêts pulsatifs pour cette dernière sont fortement liés aux événements catastrophiques. N. Pottier (1998, p. 142) a montré comment l'édification et l'adaptation de l'arsenal réglementaire en France et en Europe contre les inondations et contre les risques étaient étroitement liées à l'occurrence d'événements majeurs. D. Cœur (2000) rappelle que les grandes inondations de 1856 ont hâté la mise en place des stations hydrométriques sur les grands fleuves. Récemment, la loi « risques » du 30 juillet 2003 a fait suite à l'accident d'AZF en septembre 2001 et aux inondations du Gard de septembre 2002. La même constatation s'impose pour les risques environnementaux en général où les règlements prennent même le nom desdites catastrophes (directive Seveso). Comme si la prévention des risques ne pouvait se construire que sur l'émotion des catastrophes et non s'insérer dans une planification sur le long terme. Sans nous attarder, citons le cas de l'Aude où les inondations de novembre 1999 ont déclenché des prescriptions massives de PPR (il en existait un seul avant cette date dans tout le département) et réactivé les syndicats de bassin versant sous la houlette du conseil général (VINET F., 2004).

La matérialisation du risque et notamment son inscription dans le territoire se font par la transformation du risque en contrainte. Le risque est absence ; le risque est un potentiel, une épée de Damoclès. Le risque n'est finalement ressenti qu'épisodiquement dans ses manifestations catastrophiques. Sa traduction dans le territoire fait appel à la notion de contrainte, indissociable de la notion de conscience du risque. Ce qui donne corps au risque, ce qui le traduit dans l'espace, c'est la contrainte. La contrainte est ce qui donne sa permanence au risque en le traduisant, en l'inscrivant dans le territoire et en infléchissant ses évolutions. La contrainte est multiforme. Elle peut être psychosociologique, sorte d'autocensure, de refus de transgresser certaines règles de prévention comme la construction en zone inondable. Elle peut être aussi réglementaire (PPR, PLU…). La contrainte psychosociologique opère lorsqu'elle est suffisamment prégnante pour imposer de fait une limitation de l'exposition au risque. Elle peut s'exercer à tous les niveaux de décision : État, élus, citoyens. Dans les basses plaines du Vidourle ou de l'Aude, récemment inondées, la contrainte psychologique de la catastrophe a entraîné aussi sûrement qu'un PPR mal appliqué une limitation de l'urbanisation en zone inondable. Dans la commune de Cuxac-d'Aude, le décès de cinq personnes noyées le 13 novembre 1999 dans les quartiers récemment construits au nord de la commune a créé un tel choc dans la population que les constructions nouvelles ont presque cessé depuis cette date dans la commune même en l'absence de PPR qui n'a été appliqué par anticipation qu'en juin 2003. Dans d'autres communes, cette contrainte psychologique pèse sur les maires sous la forme du porter à connaissance notifié par le préfet. Même en l'absence de droit du sol opposable, l'événement catastrophique tient lieu de contrainte. Mais pour combien de temps ?

Mais la catastrophe a des effets pervers, la pédagogie préventive de la catastrophe est souvent compensée par l'exhumation de représentations anciennes bien ancrées qui se matérialisent par des prises de positions définitives et contestables en matière de prévention comme le recours hâtif aux protections structurelles. Elle ravive des oppositions entre l'amont et l'aval, entre les communes de rive droite et de rive gauche dans les secteurs endigués, la rive plus inondée réclamant un rééquilibrage du risque. Les crispations et animosités sont telles qu'elles fixent des enjeux politiques locaux. En Languedoc-Roussillon, le sujet épineux des inondations et de leur prévention a fait vaciller des équipes municipales.

Ainsi, la catastrophe crée un climat paradoxal mêlant sensibilisation au risque mais crispation et cristallisation de conflits. Elle met en exergue les discours et les comportements contradictoires des acteurs.

Représentations et discours

Le refus du risque, la dénégation de la catastrophe en tant que futur possible est un frein à l'instauration de politiques de prévention efficaces et durables. Les nombreuses enquêtes effectuées sur la perception des risques naturels semblent attester d'une méconnaissance des risques auxquels les populations sont exposées. Pire cette méconnaissance serait en partie consciente comme refus de se représenter une future catastrophe (GUILHOU X. & LAGADEC P., 2002). Les retours d'expérience sur les grandes catastrophes naturelles ou technologiques ont montré que l'absence de réaction des autorités ou de la population était en grande partie liée à l'absence d'une pré-conscience, d'une pré-vision de la catastrophe. Fût-ce pour l'explosion de l'usine AZF en 2001 ou la canicule d'août 2003, les responsables politiques, l'administration, pas plus que la population n'étaient préparés à des crises de ce type (GODARD O et al, 2002). La conscientisation, c'est mettre la catastrophe dans le champ du possible. Comprendre ce qui fait obstacle à cette prise de conscience est donc l'une des premières tâches des acteurs de la prévention.

Le déni du risque est devenu un discours quelque peu convenu. Par effet miroir il est renvoyé aux populations par les experts ou les représentants de l'État. Il est de coutume de dire en effet dans ces milieux que les sociétés locales ont perdu la mémoire du risque, que leur conscience du risque est insuffisante et que, pire, elles pratiqueraient la politique de l'autruche en sous-estimant ou niant l'existence du risque. En réalité, on comprend que ce discours justifie l'interventionnisme de l'État et des autorités, perpétue l'assistance et peut freiner la prise en main de la prévention par la population et les autorités locales en maintenant un discours élitiste finalement déresponsabilisant. Au-delà du refus d'affronter le risque se lit le refus d'assumer les contraintes liées à sa prévention (alerte, restriction de l'occupation du sol…). Ce refus comporte une dimension politique. Selon Godard O. et al. (2002, p. 71) l*orsqu'il se manifeste, le refus du risque n'exprime pas tant une quête irrationnelle de la sécurité absolue qu'une perte de confiance envers ceux qui ont mandat d'assurer la prévention des risques et la sécurité publique.* Il peut prendre la forme d'un déni d'intervention des politiques et/ou des représentants de l'État dans la gestion locale du risque qui reste « nos affaires ». Mais derrière la contestation de la légitimité des experts, de l'État ou d'autres intervenants extérieurs sur la gestion du risque dans une société locale se cache un jeu entre les différents acteurs, jeu émaillé de dissonances, d'incompréhensions. La scène locale du risque est sous-tendue de nombreuses dissonances qui se lisent à plusieurs niveaux. Des dissonances entre le perçu et le voulu, lorsque la réalité n'est pas conforme aux représentations que l'on en a (c'est le concept de dissonance cognitive couramment employé en psychologie sociale) mais aussi entre le discours et l'intime conviction -entre le su et le dit-, dissonances discursives pourrait-on dire, et enfin des dissonances comportementales entre le dit et le fait, entre le discours et les actes.… et ce à l'intérieur de chaque sphère d'acteurs (service de l'État) ou entre différents acteurs (population et élus, élus et services de l'État…)

Le concept de dissonance cognitive est utilisé depuis longtemps en psychologie sociale pour désigner un état de tension entre le perçu comme non voulu (FESTINGER, 1962). De cet état de tension va résulter une évolution de l'acteur qui va chercher à adapter son voulu au perçu. Une personne est confrontée à une dissonance cognitive lorsqu'un comportement ou une situation vécue est en contradiction avec ses connaissances ou ses convictions. Pour le risque, la dissonance la plus classique met en conflit le refus du risque et l'acceptation de vivre en zone à risque (SCARWELL H., LECLERCQ E., 2004). Les enquêtes menées dans les bassins versants de l'Aude, l'Orge et la Semoy confirment cette contradiction. En effet, 15 à 30 % des personnes affirment que connaissant le risque elles ne se réinstalleraient pas en zone inondable. Ce chiffre est en contradiction avec le faible nombre de personnes acceptant d'être expropriées moyennant compensation financière. Le risque est toléré plus qu'accepté. Mais la dissonance peut être inversée. Dans un « désir de catastrophe » (JEUDY H.P., 1990), cette dernière devient une ordalie identitaire, une sortie de rite initiatique conférant la « qualité » d'inondé, de sinistré. La majorité des interrogés acceptent l'inondation tant que l'eau n'envahit pas l'intérieur des habitations. L'invasion du terrain voire de quelques centimètres dans les maisons est « tolérée ». Cependant, ces personnes se considèrent aussi comme inondés et répondent au questionnaire en tant que tels (nous, on a fait 1999 !!!). Leur représentation du risque tient au « presque » vécu, leurs voisins ou amis ont été touchés par la catastrophe cela aurait pu être leur habitation, et même s'ils n'ont pas eu un mètre d'eau dans leur maison eux aussi ont subi l'eau : le potager a été détruit… À Coursan (Aude), quelques habitations ont été faiblement touchées (quelques centimètres) ; le traumatisme fut par conséquent nettement moins marqué qu'à Cuxac. Leur représentation n'est pas liée au vécu de la catastrophe mais au vécu post-catastrophe (par les médias ou les amis ou se sont rendus sur place…). À l'instar des sinistrés, ces « subsinistrés » ou « parasinistrés » s'approprient le risque. On retrouve là l'expression du sentiment d'appartenance au lieu par la revendication de l'inondabilité. De plus, les « sub-inondés » ont conscience que si le contexte d'inondation avait été différent (rupture des digues de l'Aude entre d'autres endroits) cela aurait pu « être pour eux ». Ceci renvoie à la notion de scénario hydrologique et atteste d'une assez bonne connaissance de ces scénarios (cf. chapitre I.3 présentation des sites).

On retrouve dans la vallée de la Loire cette ambiguïté. Les riverains acceptent ce que S. Rode (2001) appelle les « catastrophes modérées » car elles sont une référence identitaire, un mode de relation au lieu.

Tableau 4.9 : Pensez-vous que des inondations de grande ampleur peuvent survenir plusieurs fois au même endroit en quelques années d'intervalles ?

	AUDE	ORGE	SEMOY
Oui	75,5%	73,7%	90,7%
Non	9,6%	7,4%	1,4%
Ne sait pas	14,5%	18,9%	7,1%

De même, sur la perception des inondations majeures et de leur période de retour, le hiatus est net entre le su et le souhaité. À la question : « Pensez-vous que des inondations de grande ampleur peuvent survenir plusieurs fois aux mêmes endroits en quelques années d'intervalles ? » les habitants des zones inondables interrogés répondent massivement oui (Tableau 4.9). On sait qu'une inondation majeure peut se produire à tout moment mais le déni est grand au lendemain des catastrophes de refuser cette probabilité funeste : « on n'a jamais vu ça ! C'est exceptionnel ! Plus jamais ça ! … » Ironie du sort, ce sont les habitants de Cuxac-d'Aude pourtant soumis à une inondation meurtrière cinq ans auparavant qui semblent les plus sceptiques.

Les cas de déni du risque sont nombreux. A. Peltier (2005) constate dans les vallées pyrénéennes que les exploitants de campings dénient la réalité du risque. Alors que de graves inondations torrentielles ont touché les vallées espagnoles du versant sud pyrénéen[64], une telle catastrophe ne pourrait se produire sur le versant français, les conditions étant différentes. Le pire est possible mais en d'autres temps et d'autres lieux. La population et ses porte-parole que sont entre autres les associations de riverains ou de sinistrés forment des ensembles aux discours et aux intérêts parfois contradictoires où des membres pestent contre l'État qui n'a pas pris en compte l'événement maximum possible et d'autres s'emportent contre les PPR qui « ouvrent trop le parapluie » et gèlent l'occupation du sol sur un espace censé être inondé de 20 cm tous les siècles.

Ainsi, la dissonance cognitive est souvent appelée à la barre pour expliquer l'incohérence du comportement des populations face au risque et à sa prévention. L'invocation des représentations laisse penser que le comportement des personnes exposées à un risque serait du ressort quasi de l'inconscient (PAULET J.P., 2002, p. 17). Dans quelle mesure cette distance entre le discours solidaire de représentations collectives et les actes est-il sincère ? N'y a-t-il pas une volonté déculpabilisante dans la notion de représentation collective comme si les inondés étaient prisonniers de représentations mentales qui les maintiendraient dans un état d'ignorance et de soumission passive au risque ? Comment mesurer l'écart entre le discours public et l'intime conviction des acteurs ? On est là dans le jeu d'acteur. On quitte les coulisses psychosociologiques des représentations pour entrer dans la scène du risque. Lorsque le rideau de la scène politique est levé, les discours changent, se radicalisent. Des détails resurgissent, cristallisant les animosités, suscitant les crispations.

L'analyse du discours de certains élus sur la prévention réglementaire est, à ce titre, assez révélatrice. Alors qu'en privé, « off » comme diraient les journalistes, les édiles municipaux admettent la nécessité de contrôler l'urbanisation et que la plupart des maires connaissent beaucoup mieux les risques sur leur commune qu'on veut bien l'affirmer, nombreux sont ceux qui cherchent à transgresser ou pousser au maximum les procédures. Dans les basses plaines de l'Aude, le plan de prévention des risques inondation est en

---

[64] Le 7 août 1996, des crues torrentielles firent 87 morts et quelques 200 blessés autour de Biescas dans les Pyrénées aragonaises.

application par anticipation depuis juin 2003. Les élus de certaines communes cherchent à retarder l'approbation définitive du PPR de façon à bénéficier le plus longtemps possible de l'application par anticipation (plus favorable au « développement » de la commune) et si possible atteindre l'échéance des trois ans au-delà de laquelle la procédure d'instruction du PPRi doit être partiellement reprise.

Entre le dit et le fait - ou le non fait ! -, entre ce qui est affirmé dans les principes et ce qui est appliqué dans les faits, il y a bien souvent un gouffre. Les risques et leur gestion ne dérogent pas à la règle. On n'est plus ici dans la dissonance cognitive mais dans la dissonance discursive voire comportementale.

Lors des enquêtes, le croisement des réponses à diverses questions met en lumière ces contradictions entre un affichage des principes généralement admis et les actes ou les intentions individuelles. Les grands principes officiels, la vulgate ministérielle (il faut interdire les constructions nouvelles en zones inondables…) sont globalement bien relayés chez les répondants mais avec des nuances. On sent par exemple pointer une tolérance à la construction en « zone à risque moindre ». En effet, si à la question : « que pensez-vous d'interdire les constructions dans les zones à haut risque » : les pourcentages de réponse positive sont très élevés : 90 % dans les basses plaines de l'Aude, 87,5 % en basse vallée de l'Orge et 81,4 dans la Semoy, les chiffres descendent respectivement à 65 %, 75 % et 57,1% dans les zones « à risque moindre ». On remarquera les taux élevés dans la vallée de l'Orge qui n'a pas subi de grave inondation depuis près de trente ans. Cette dissonance entre le discours et les actes se retrouve dans l'affirmation sincère du souhait de déménager après une grave catastrophe ou même lorsque l'on interroge « à froid » les populations des zones à risque (Tableau 4.10).

Tableau 4.10 : Souhaiteriez-vous déménager à cause du risque d'être inondé ?

	AUDE	ORGE	SEMOY
Oui	26,6%	10,5%	27,9%
Non	**41,5%**	**72,6%**	**36,4%**
Non-réponse	31,9%	16,8%	35,7%

Tableau 4.11 : Que pensez d'exproprier les résidents des zones à risques en contrepartie d'une indemnité financière. ?

	AUDE	ORGE	SEMOY
D'accord	50,7%	44,2%	34,3%
Neutre	22,9%	29,5%	26,4%
Pas d'accord	21,8%	21,1%	20%
Non-réponse	4,8%	5,3%	19,3%

Tableau 4.12 : Souhaiteriez-vous être exproprié en contrepartie d'une indemnisation ?

	AUDE	ORGE	SEMOY
Oui	7,4%	5,3%	5,7%
Non	45,2%	76,8%	40,7%
Non-réponse	47,3%	17,9%	53,6%

Mais lors du dépouillement des réponses, les affirmations des enquêtés sont quelquefois difficiles à interpréter et semblent correspondre à des discours convenus. D'après les résultats des tris croisés, l'expérience des inondations n'apparaît pas comme un facteur explicatif déterminant dans le choix de vouloir quitter son logement. L'idée de quitter son logement, lieu de souvenirs et d'investissements multiples, est peu concevable pour la majorité des enquêtés. Il semble en effet difficile de recommencer un emménagement ailleurs, tant d'un point de vue financier que social. Les inondations n'apparaissent donc pas comme un critère suffisant pour quitter ce lieu de vie. Les analyses ne permettent pas de dégager d'explication bien nette au choix de déménager. Les relations statistiques entre le souhait affiché de vouloir déménager et des paramètres tels que la hauteur d'eau ou l'adaptation de l'habitation au risque ne sont pas significatives. Il semble qu'il faille être très prudent sur ce genre d'affirmation surtout lorsqu'elles sont faites à chaud. En réalité, peu de gens partent. Le discours consistant à affirmer que l'on veut quitter la zone à risque car ce dernier est devenu intolérable se heurte aux faits, à la difficulté de revendre le bien, de quitter travail, famille…

Ce sujet est essentiel car il est au cœur de la problématique des expropriations de biens immobiliers dans les zones à risque fort. Parmi les gens d'accord en général pour exproprier les personnes en zone à fort risque d'inondation (que pensez-vous d'exproprier les résidents des zones à risque en contrepartie d'une indemnité financière ?), un tiers ne l'est pas lorsqu'il s'agit de leur cas personnel (vous souhaiteriez être exproprié en contrepartie d'une indemnisation ?). Au-delà des effets d'annonce, l'expropriation est un sujet délicat et sa mise en œuvre difficile. D'ailleurs, dans l'Aude où la question d'exproprier et de déplacer les personnes habitant dans la zone fortement touchée en novembre 1999 a été évoquée, le taux de non-réponse aux questionnaires a été élevé (47 %). Certaines personnes interrogées ont pensé que si elles répondaient favorablement à l'expropriation, on pourrait alors le leur proposer, d'où leur abstention. Ces dissonances comportementales émaillent l'ensemble des domaines de la prévention. S'agissant de l'évacuation en cas d'inondation, seulement 34 des 383 personnes interrogées (sur les trois sites) déclarent qu'ils ne sont pas d'accord avec la proposition d'évacuer le quartier si les autorités le conseillent mais, quelques questions plus loin 69 refuseraient d'être évacués de chez eux.

Autre exemple de contradiction qui finalement renvoie à la notion de responsabilité et à l'éternel conflit entre la responsabilité collective et l'intérêt individuel. Dans une enquête sur le risque inondation dans les campings des Hautes-Pyrénées, A. Peltier (2005) constate le paradoxe entre la demande sécuritaire des usagers des campings des Hautes-Pyrénées et un risque qui est peu mis à contribution dans les raisons d'installation : peu de personnes lisent les affiches dans les campings, les usagers préférant par ailleurs la proximité de la rivière pour des raisons esthétiques. Dans le bassin de la Semoy, seulement 2% des interrogés estiment que les personnes devraient faire d'elles-mêmes la démarche de s'informer sur les risques d'inondations dans une zone exposée. Une immense majorité pense que l'on doit informer les personnes. C'est dire le faible degré d'implication. Faire naître la volonté de s'informer sur le risque serait à coup sûr un grand pas vers l'appropriation du risque et de sa prévention mais on en est loin sur ce point.

En conclusion, on peut rejoindre G.Y. Kervern (1995, p. 48) en définissant le potentiel cindynique d'un risque comme fonction d'un ensemble de dissonances. Ces dissonances sont l'expression d'une vulnérabilité. Les réduire c'est minimiser les dysfonctionnements en cas de crise et optimiser la prévention. Tout le défi de la prévention réside dans le décryptage de ces dissonances, leur interprétation et leur dépassement. Cependant, l'exégèse des enquêtes apporte parfois des désillusions. Les réponses sont rarement univoques sauf justement sur des affirmations de principe. Si tombe le masque des représentations mentales, apparaît le nœud gordien des intérêts personnels qui déterminent le degré d'acceptation individuel du risque et des contraintes de prévention.

Le risque perçu et le territoire : approche contextualisée des représentations du risque et de sa prévention

Les représentations mentales des risques et de leur prévention pèsent sur une lutte efficace contre les inondations. La gestion du risque a encore besoin de « désegmentations » pour réutiliser le terme du sociologue Bernard Picon. Beaucoup de questions qui font appel à ces représentations ne sont pas mises sur la table lorsque l'on examine l'efficacité de la prévention. La première d'entre elles est celle de l'acceptabilité du risque et en particulier des objectifs de prévention. Débattre de cette question impose évidemment de contextualiser les inondations. Le territoire est une construction sociale où le risque n'est pas forcément un élément structurant de premier ordre contrairement au marché foncier aux contraintes économiques... Il faut donc faire la part du risque dans la représentation des lieux et inversement voir dans quelle mesure la représentation des lieux influence la perception du risque inondation.

L'acceptabilité du risque

L'acceptabilité du risque est l'une des questions clés de la prévention souvent négligée dans la mise en place des politiques qui pèche par absence de débat sur les objectifs de la prévention. La notion d'acceptabilité est abondamment traitée pour les risques technologiques et sanitaires. Comment déterminer le risque acceptable ? À quelle échelle ? Pour quel groupe social ? Si la question est rarement posée clairement c'est sans doute parce que la réponse n'est pas claire. Des critères objectifs peuvent être retenus pour quantifier l'acceptabilité d'un risque naturel par un groupe social (niveau de vie, degré de développement technologique... ou autres critères macro-économiques), les éléments de réponse d'ordre psychosociologique sont extrêmement difficiles à quantifier. Ils sont surtout variables dans le temps et dans l'espace, chaque groupe social se construisant une image plus ou moins consciente du risque tolérable. L'acceptabilité exige une conscience du risque. Elle se fait en connaissance de cause. L'acceptabilité du risque est en quelque sorte la partie consciente et assumée - bon gré mal gré - de la vulnérabilité. Plusieurs obstacles limitent le recours au débat sur l'acceptabilité du risque :

- Le débat est bloqué par les normes édictées dans les PPR (hauteurs d'eau, période de retour centennale ou plus...). Les PPR définissent le niveau d'exposition acceptable, actuellement très restrictif.
- L'acceptabilité du risque est extrêmement variable dans le temps, dans l'espace, selon des facteurs liés au risque (fréquence de l'aléa,

augmentation de la vulnérabilité structurelle) mais aussi des facteurs externes comme le contexte socio-économique.

- Le lien entre niveau de l'aléa et son acceptabilité n'est pas proportionnel loin s'en faut ce qui renvoie aux notions de vulnérabilité perçue et vulnérabilité réelle.

- Enfin les méthodes et indicateurs propres à quantifier le niveau d'acceptabilité d'un risque ne sont pas faciles à mettre en place comme l'ont montré les dissonances entre déclarations et actes des personnes enquêtées en zone inondables.

Comme on l'a vu avec le cas des déménagements annoncés non suivis d'effets, l'acceptation du risque est plus forte que son acceptabilité affirmée.

Les 27,5% des ménages enquêtés se sont installés ou réinstallés dans la vallée de la Semoy après les inondations de 1993 et 1995 l'ont fait en toute connaissance du risque. Parmi ces ménages, beaucoup ont quitté leur logement inondé lors de ces inondations et se sont réinstallés dans la même commune ou dans un village voisin, en zone également inondable : *« La maison est moins exposée et puis on réalise les travaux nécessaires pour réduire le risque »* ; *« Toutes les maisons à vendre dans la vallée sont inondables, on n'a pas de choix... »* L'attachement à la région reste plus fort que les inondations.

La détection de l'acceptabilité du risque peut se faire dans le paysage. Il est clair que depuis une vingtaine d'années l'acceptabilité du risque est de plus en plus restrictive. À Villeneuve-les-Béziers (34), les lotissements construits dans les années 1980 étaient systématiquement à étage. Le rez-de-chaussée était inondable mais inhabitable. Le secteur était reconnu comme inondable au moins par les élus municipaux. Il y avait donc une acceptation de l'inondabilité du secteur. De telles constructions seraient impossibles dans l'état actuel de la réglementation.

La connaissance et le débat sur le niveau de risque acceptable sont des préalables souvent escamotés dans les mises en place de politiques de prévention. Le débat porte rapidement sur les solutions (digues, barrages, PPR) plus que sur le niveau de risque acceptable. Dans quelques cas, les objectifs de prévention qui déterminent en creux le niveau d'acceptabilité du risque sont clairement annoncés. C'est le cas pour les campings en France (PELTIER A., 2005) où l'Etat a choisi de faire porter l'effort sur l'alerte c'est-à-dire sur la sauvegarde des vies humaines délaissant la protection des enjeux jugés de peu de valeur.

Mais l'acceptabilité ne s'arrête pas à l'acceptabilité du risque mais s'étend à celle de la prévention et notamment son coût. On ne dispose pas actuellement de bilan global du coût de la prévention des risques qui pourrait être mis en balance avec le coût des catastrophes naturelles elles-mêmes. Il n'y a pas non plus de débat sur l'acceptabilité du coût collectif de la prévention lorsque des millions d'euros sont engagés dans des travaux à l'efficacité hydraulique douteuse.

De la représentation du risque à la représentation des lieux : l'approche multicritère du rapport au lieu

La place du risque dans le panel déterministe des dynamiques foncières (et territoriales) est sans doute moins forte qu'on a voulu l'affirmer. Le risque inondation reste un facteur secondaire des localisations de même que la proximité d'un cours d'eau. Paulet J.P. (2002, p. 8) rappelle les nombreux facteurs qui influencent la représentation de l'espace, le rapport au lieu. Ce dernier se développe en fonction d'une grille d'intérêts et de nuisances.

L'attachement au lieu est multicritère et ne doit pas être envisagé sous un angle déterministe. Le rapport du risque n'est pas lié à la représentation du risque mais au statut de la zone à risque dans le système de valeur territorialisé. L'existence d'un risque d'inondation est très rarement un critère rédhibitoire dans le choix d'installation des ménages. Il est évidemment difficile de savoir si l'existence du risque inondation est un facteur de refus d'installation. Ces personnes ne nous sont de fait pas connues et les enquêtes informelles auprès des agents immobiliers pour savoir si la « révélation » de l'inondabilité d'une parcelle dissuadait de potentiels acheteurs se sont révélées infructueuses.

En revanche, on peut mesurer en creux l'effet attractif ou répulsif des cours d'eau. La proximité des cours d'eau n'est pas, loin s'en faut, un critère déterminant dans la décision des ménages de s'implanter dans les communes inondables enquêtées que ce soit à Cuxac-d'Aude, dans les vallées de l'Orge ou de la Semoy. L'achat d'un terrain ou d'une habitation exposée, dépend de facteurs socio-économiques : marché du travail, coût des terrains, proximité des services sont les facteurs les plus cités. Viennent ensuite les opportunités foncières telles que les héritages ou la présence de la famille (division d'une parcelle pour que les enfants s'y installent par exemple). Ceci contredit un tant soit peu les analyses des économistes sur la valorisation du foncier et de l'immobilier par la proximité d'un cours (LONGUEPEE J., 2003).

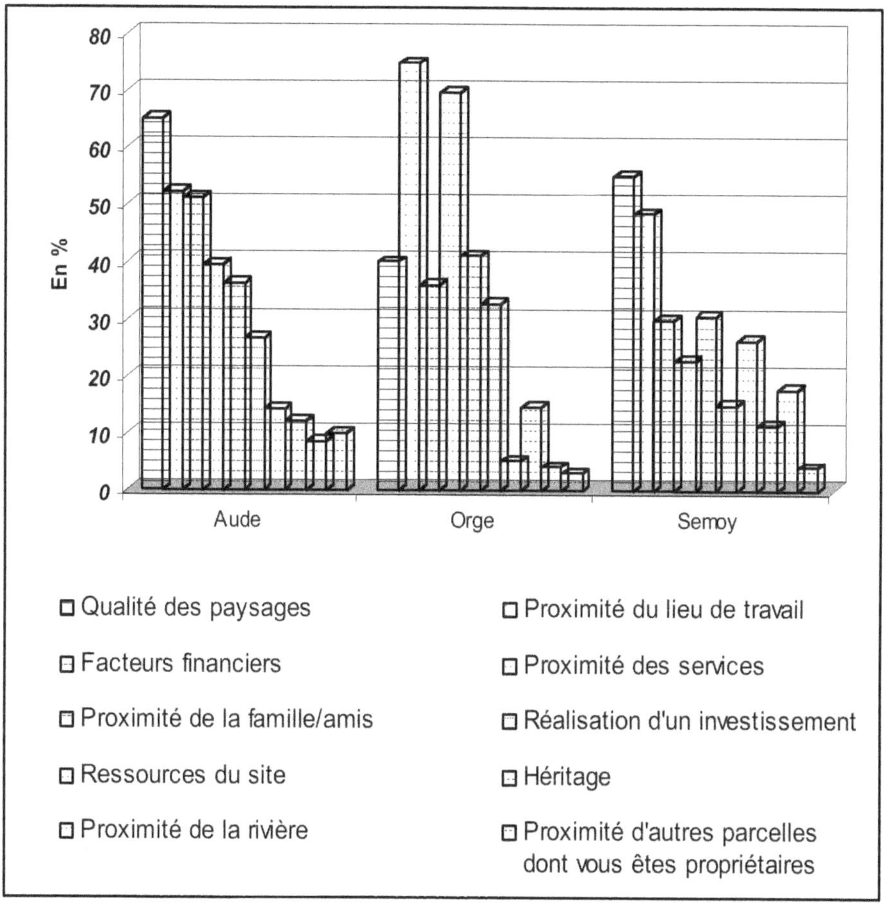

Figure 4.1 : Critères d'installation dans la commune. (Achat ou location de bien immobilier)

Ces phénomènes sont bien connus et fort étudiés pour les risques volcaniques. Concernant les rapports entre les populations de Campanie et le Vésuve, B. Gruet (2003) note qu'il demeure *une forme d'équilibre entre le danger du milieu extérieur d'une part, qui peut frapper chaque individu et le bénéfice général que l'on peut tirer du milieu en termes de subsistance au sens le plus général du terme* (2003, p. 302) que l'on désigne parfois sous le vocable « aménités ».

Le risque est occulté par d'autres contraintes plus présentes au quotidien. Il n'est finalement qu'une préoccupation qui surgit au premier plan que lors des catastrophes et dans les quelques années qui les suivent.

Comme pour tout autre élément du milieu naturel, les représentations collectives des cours d'eau ont évolué historiquement. Les publications des géographes, historiens, sociologues à ce sujet sont nombreuses. Les représentations des milieux naturels guident leur utilisation. Par exemple, dans le sud de la France, les paysages de la garrigue et de la forêt méditerranéenne sont survalorisés par rapport aux milieux des plaines et vallées alluviales. Les premiers ont été préservés d'une urbanisation dense et anarchique alors que les secondes ont longtemps constitué de la « terre à lotissement ». Ainsi, cette représentation collective négative des basses plaines a-t-elle favorisé la construction d'habitations en zone inondable dans les années de forte croissance pavillonnaire (1970-1990) les terrains disponibles étant vastes, facilement viabilisables et bon marché.

Le changement de représentation mentale des cours d'eau dans les villes est à ce titre très intéressant. La réhabilitation sanitaire des cours d'eau intra-urbains, fortement pollués jusqu'au milieu du siècle dernier, a favorisé une réappropriation des berges. Cette réhabilitation des cours d'eau a sans doute favorisé la forte augmentation des constructions en zone inondable même si l'on tente aujourd'hui d'utiliser ces zones humides intra-urbaines à meilleur escient (DEGARDIN F., 2002).

De même, on a longtemps considéré le feu comme le risque majeur, « traditionnel » du Midi méditerranéen. La culture des sapeurs pompiers est une culture de lutte contre le feu à tel point que lors des inondations du Gard de septembre 2002 plus d'une quarantaine de véhicules des sapeurs pompiers de ce département furent mis hors d'usage faute d'être adaptés aux inondations (problème d'étanchéité et de flottabilité, pot d'échappement trop bas…). Ils étaient prévus pour la lutte contre les incendies de forêts.

Les cours d'eau comme les littoraux, les volcans, les milieux de montagne (BARRUE-PASTOR M. et BARRUE M., 1998) subissent également des changements de représentation collective qui induisent les modalités de leur utilisation par l'homme.

Les revendications des populations des zones inondables s'expriment entre autres par le biais des associations de sinistrés ou des associations de défense contre les inondations dont le rôle grandissant (DE VANSSAY B., 2003) est parfois ambivalent. Force de proposition et outil de sensibilisation ou d'information de la population, les associations peuvent parfois tomber dans l'instrumentalisation politique et la polémique, ce qui ne simplifie pas toujours la gestion concertée du risque. Parfois, les revendications se greffent sur des représentations anciennes, profondément ancrées, comme l'opposition rural/urbain. L'inondation entre dans le processus d'élaboration identitaire. C'est le discours de la Confédération des riverains du Rhône et de ses affluents : on sacrifie les zones rurales en les inondant pour épargner les villes. On avait également vu surgir ce type de discours dans la Somme après les inondations de 2001 quand la « rumeur » accusait les autorités d'avoir « surinondé » la Somme pour limiter l'afflux d'eau en région parisienne. On assiste à une récupération identitaire de l'inondation ou plutôt de l'inondabilité. Les gens du pays sont marqués du sceau de l'inondabilité. Vivre en zone inondable, c'est se distinguer entre autres des zones urbaines qui, elles, ne sont pas inondées ou qui bénéficient de plus de protection. Ainsi, l'inondabilité est intégrée aux géoreprésentations locales. Les études historiques ont montré comment des éléments du milieu peuvent être intégrés comme des traits identitaires locaux. Un bel exemple est celui de la Sologne au XIXe siècle lorsque les Solognots marqués par les fièvres paludéennes en faisaient une marque identitaire face aux ingénieurs de la ville venus assainir « leur » Sologne (voir entre autres BEAUCHAMP Ch., 1988 et, bien sûr, le *Raboliot* de M. GENEVOIX).

Dépasser l'approche par l'aléa

La conscience du risque ou la mémoire du risque n'est en fait souvent que la mémoire de l'aléa. La notion de vulnérabilité est encore peu ancrée dans les esprits. Ceci a deux conséquences. D'une part, comme nous l'avons vu, s'en remettre à l'aléa exonère un certain nombre de responsabilités. Certes, intégrer la gestion des inondations à l'échelle du bassin versant a permis de mettre en évidence l'unité de fonctionnement de l'unité hydrologique élémentaire et de faire prendre conscience de la nécessaire solidarité et cohérence des actions dans cette unité (H. SCARWELL et R. LAGANIER, 2002). Mais si une vision intégrée de la gestion de l'eau dans le cadre de l'unité de fonctionnement hydrologique qu'est le bassin versant a constitué un net progrès dans l'approche de la gestion du risque inondation, il n'en demeure pas moins que le bassin versant ne doit pas être l'unique territoire de référence en matière de prévention des risques. Si le bassin versant est le cadre privilégié de la gestion de l'aléa et de l'eau-ressource (qualité, quantité), l'ériger en cadre exclusif de la gestion des inondations pérennise des représentations du risque centrées sur l'aléa. Associer gestion de l'eau et gestion du risque inondation revient à réduire cette dernière à la dimension de l'aléa. La mise en avant de la sacro-sainte solidarité amont-aval aboutit à des représentations erronées des facteurs hydrauliques d'inondations. Dans les enquêtes, les causes de l'aggravation des inondations sont souvent reliées au cours d'eau lui-même, à son manque d'entretien et aux interventions sur le bassin versant (tableau 4.13). Peu de répondants évoquent l'urbanisation et les constructions croissantes en zone inondable comme facteur d'augmentation du risque.

Tableau 4.13 : Les causes de l'aggravation des crues, telles que perçues par la population. (Plusieurs réponses possibles)

	AUDE	ORGE	SEMOY
Manque d'entretien des cours d'eau (nettoyage, curage)	16	17	28
Urbanisation des zones à risques	9	2	34
Changement climatique	15	8	18

Le bassin versant n'est pas l'alpha et l'oméga de la gestion du risque car interviennent comme nous l'avons démontré plus haut des facteurs de risques qui n'ont rien de commun avec les découpages géographiques naturels. Loin de nous l'idée de nier la nécessité de raisonner dans le cadre des bassins versants mais il faut dépasser cette logique notamment pour aborder la maîtrise des enjeux et des vulnérabilités et intégrer la gestion du risque dans tous les documents de planification ou de réglementation de l'occupation du sol.

Conséquemment, les représentations mentales des causes impliquant celles des remèdes, une vision centrée sur l'aléa va privilégier la revendication de solutions structurelles. Après les inondations récentes que ce soit dans l'Aude, sur la Semoy ou dans le Gard, les demandes des populations s'orientent rapidement vers les interventions structurelles : barrages, bassins de rétention, entretien des cours d'eau, curage des lits… autant d'interventions coûteuses mais visibles dont l'efficacité est souvent surévaluée dans les représentations collectives même si elles peuvent apporter une limitation de l'aléa (en intensité et en fréquence) à la marge.

Enfin, le raisonnement à l'intérieur des bassins versants induit des effets pervers. En effet, il est évident que les espaces les plus touchés sont les parties aval. Or, les communes amont rechignent à payer sans cesse pour les erreurs commises à l'aval et pour l'entretien très coûteux des zones endiguées (plaines du Languedoc). Les parties moyenne et haute des bassins exigent des compensations. Cette compensation dans le bassin du Vidourle (départements du Gard et de l'Hérault) s'est faite par la mise en place de bassins de rétention (6 sont programmés dans le cadre d'un plan « Bachelot » pour 11 millions d'euros) destinés à protéger les communes du moyen bassin, en particulier Sommières. Le coût, les difficultés de mise en place, l'efficacité hydraulique limitée, sans parler du préjudice esthétique de ces bassins de rétention en font un échec annoncé. Il est évident que ces bassins de rétention ont avant tout un but politique mais que jamais la question ne s'est posée de juger de leur rentabilité.

Dans les basses plaines de l'Aude, la représentation des inondations s'est construite autour de la gestion locale de l'eau. Culture du risque et culture de l'eau sont étroitement imbriquées. La gestion de l'inondation se confond avec une culture de l'eau qui englobe l'eau « ressource » et l'eau « menace ». Elle entremêle les différents usages des canaux (navigation, ennoyage pour le phylloxera, drainage, irrigation) dans une même mythologie. Alors que les scénarios d'inondations sont bien connus de la population, il n'y a pas de distinction entre les risques majeur et mineur, entre l'inondation catastrophique et l'inondation banale lorsqu'il s'agit d'énoncer des solutions. La question de la réduction des inondations est englobée dans la question globale de la gestion de l'eau et en particulier du drainage des terres, qui est au regard du risque inondation une question accessoire. L'impasse est totale en matière de prévention, la scène du risque ne fonctionne pas et l'incompréhension est grande entre les acteurs car on n'a pas estimé devoir dire le risque sous prétexte que l'on gérait l'eau.

Apparaissent aussi des représentations dictées par les médias (« changement climatique ») dont on ne sait trop comment elles peuvent influencer la représentation du risque inondation et sa prévention. Les habitants du bassin de la Semoy interrogés expliquent qu'*« il pleut plus », qu'« il n'y a plus d'hiver »* attribuant à l'absence du froid et d'hiver rigoureux l'augmentation des précipitations et donc des inondations. C'est fort possible mais ils oublient que le gel par l'imperméabilisation des sols ou la débâcle est l'une des causes d'inondation sous climat continental. Des enquêtes spécifiques sur les représentations du réchauffement global et de ses conséquences locales seraient, à ce titre, forts utiles.

Quels horizons pour la prévention ?

L'accélération de la mise en place des politiques de prévention des risques et en particulier la maîtrise de l'occupation du sol se heurte à des obstacles qui en ternissent l'efficacité et l'efficience. L'analyse des comportements des populations exposées et de leur perception du rôle des acteurs et des différents outils est riche d'enseignements.

On compte de nombreux acteurs responsables de la gestion des risques : l'État et les collectivités locales, les syndicats de rivières ou les particuliers. Mais le rôle de chacun en matière de prévention, de protection ou encore d'information n'est pas toujours défini et assuré. L'État a décentralisé et attribué aux collectivités locales un certain nombre de compétences. Même si en matière de prévention celui-ci s'engage auprès des acteurs locaux et prescrive des outils de réglementation, de plus en plus de responsabilités sont confiées aux collectivités locales notamment en matière d'information (pose de repères de crue, constitution du DICRIM).

Il semble intéressant de connaître l'avis des populations des zones à risques sur les mesures prises par les autorités en matière de prévention. Les sentiments exprimés reflètent une évaluation globalement négative dans l'Aude et la Semoy où deux tiers des répondants considèrent les efforts de prévention comme peu ou pas importants tandis que dans l'Orge l'estimation est plus mitigée, la moitié considérant les efforts importants. Ceci peut s'expliquer par la présence dans ce secteur d'un SIVOA (dont l'une des missions est la gestion hydraulique de l'Orge) qui selon toute vraisemblance fait des efforts de prévention et d'information, mais aussi par la différence de l'aléa notamment l'absence d'inondations récentes qui font apparaître les politiques de prévention comme inefficaces dans certains secteurs (Aude et Semoy) plus que dans d'autres. Dans les représentations et aussi dans la réalité, la responsabilité du risque incombe avant tout aux pouvoirs publics.

Il apparaît nettement que pour les populations, le rôle à tenir en matière de lutte contre les inondations incombe à l'État puis à la commune (figure 4.2). Ces représentations peuvent sembler réalistes ; en effet c'est l'État et ses services déconcentrés qui sont responsables de la mise en place des outils réglementaires (PPR) et de certains points de la gestion post-crise (notamment la déclaration de catastrophe naturelle). Quant à la commune, elle est en charge de l'application des mesures de maîtrise de l'occupation du sol. Lors des entretiens réalisés, de nombreuses personnes nous ont indiqué qu'ils avaient certes répondu au questionnaire mais que c'était « à l'État de gérer ça » ou encore « c'est à la mairie de faire quelque chose, de nous protéger car ce sont eux qui ont autorisé les constructions ici ».

Cependant, on peut supposer que la hiérarchie des responsabilités attribuées par les populations interrogées dans la lutte contre les risques reflète finalement la notoriété de ces acteurs. En effet, l'État est considéré comme principale autorité tandis que la commune bénéficie de son effet d'acteur de proximité. Outre les décideurs, notre questionnaire comportait une proposition « les particuliers » afin d'évaluer la responsabilité des populations en matière de lutte contre les inondations. À peine la moitié des particuliers se sent responsable ou pense avoir un rôle à tenir. Il y a une sorte de déresponsabilisation du citoyen qui apparaît contradictoire avec la mise en place d'associations de riverains ou de sinistrés qui ne demandent qu'à participer à la décision. Soit le citoyen considère que c'est aux pouvoirs publics de gérer ces dangers, car ils sont responsables de la sécurité des populations, soit cette déresponsabilisation reflète le sentiment d'impuissance pour les particuliers en matière de gestion du risque.

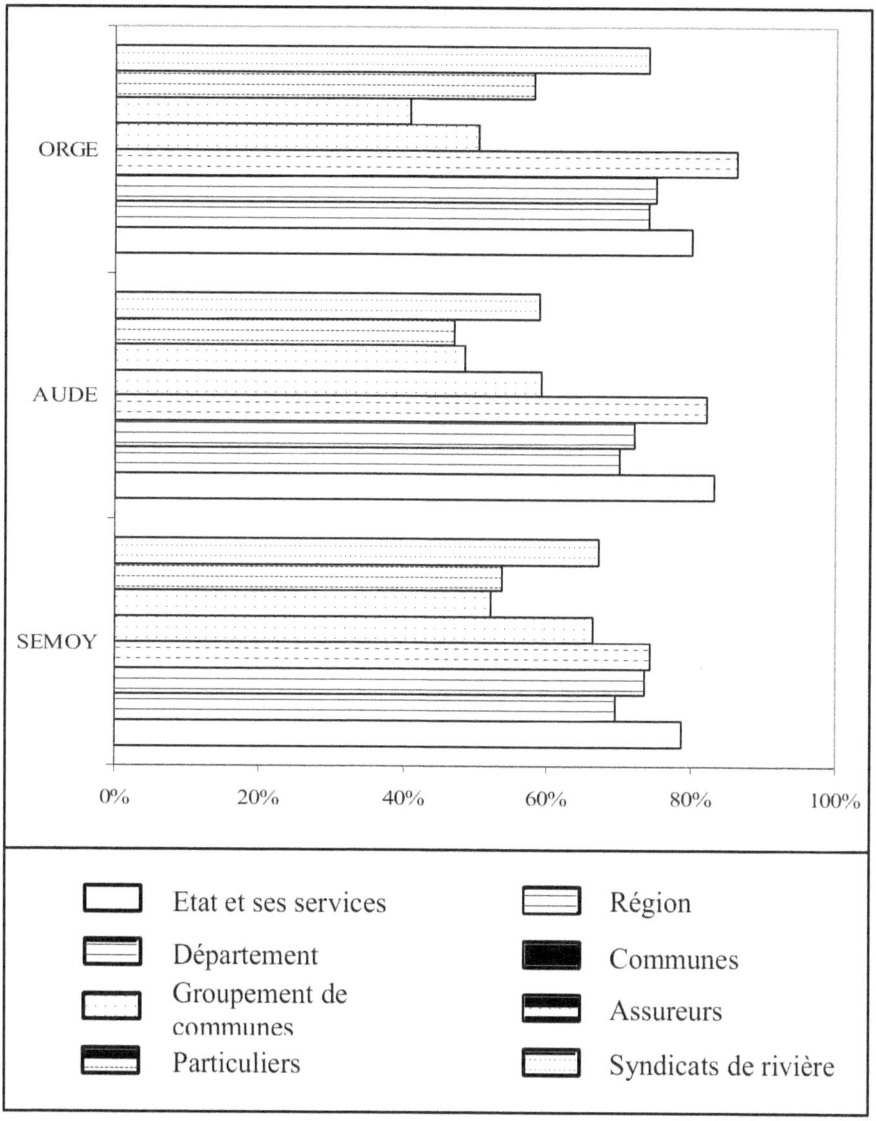

Figure 4.2 : Représentation du rôle à tenir en matière de prévention par chaque organisme. (% cumulé de réponses « assez et très important »).

Les interrogés pensent que c'est à la commune et à l'État de gérer le risque, mais peu de personnes connaissent réellement les compétences de chaque acteur en matière de prévention, de protection ou d'information au risque.

La perception des sociétés laisse entrevoir que pour celles-ci, la connaissance du risque (aléa, gestion de crise, réglementations…) doit être inculquée par les pouvoirs publics, qui sont « officiellement » chargés de l'information au risque (lois de 1987 et 2003). Cependant ce rôle n'est pas toujours assuré, soit parce que le risque est sous-estimé, soit parce les moyens de transmission ne se révèlent pas efficaces. Dans les territoires concernés par notre étude, il semble que le système d'information est plutôt défaillant. En effet, seuls 15% des interrogés dans la Semoy et un quart dans l'Aude et l'Orge prétendent savoir qu'il existe des lois ou réglementations conçues spécialement pour protéger les biens et les personnes.

Tableau 4.14 : Connaissance des lois ou réglementations. (Nombre de citations, plusieurs réponses possibles).

	AUDE	ORGE	SEMOY
PPR, lois de prévention	15	2	6
Assurances, catnat	3	1	3
POS/PLU	3	-	6
Droit de l'urbanisme		8	
Total des répondants	**26**	**10**	**13**

Le PPR, outil de réglementation de référence, est très peu évoqué, sauf dans l'Aude où cela représente la moitié des réponses effectuées. Dans la Semoy, l'enquête publique pour l'élaboration du PPR n'avait pas encore commencé au moment des enquêtes et dans l'Orge aucun PPR n'est élaboré, (règles établies en fonction du PER) ce qui explique le faible nombre de citations le concernant. Mais peu de personnes citent spontanément le PPR pourtant appliqué par anticipation et donc soumis à enquête publique dans l'Aude.

Dans l'Orge, les interrogés évoquent le droit de l'urbanisme qui peut être mis en relation avec les mesures du PPR (ou équivalent) réglementant les constructions dans les zones à risque tout comme les règles d'occupation du sol évoquées par les interrogés de la Semoy, ces éléments peuvent être rapprochés de la médiatisation du PPR dans les journaux télévisés qui arguent comme mesure principale la non-construction dans les zones à risque. Ceci montre bien que les lois et les réglementations ne sont pas ancrées dans les représentations en tant que telles. À part le territoire de l'Aude où l'outil réglementaire a une notoriété non négligeable à son évocation, 70% déclarent connaître le PPR. Mais quant à son application dans la commune, la moitié seulement connaît son existence.

Tableau 4.15 : Avez-vous déjà entendu parler des Plans de Prévention des Risques ? Savez-vous s'il est prévu ou s'il existe un PPRi dans votre commune ?

	AUDE	ORGE	SEMOY
Oui	69%	30,5%	32%
Oui, dans votre commune	51%	14%	18,5%

Ainsi d'autres mesures sont citées par les interrogés pour réduire leur vulnérabilité face aux risques comme l'entretien des cours d'eau, des digues... Ces méthodes dites structurelles (endiguement, barrage) ont longtemps été -et sont encore dans certains territoires- le faire-valoir d'organismes ayant à charge la gestion du risque. Dans les représentations ce sont ces mesures qui symbolisent la gestion du risque. Cela s'explique par le fait que les actions des décideurs s'effectuent dans le but de forger la représentation des populations sur leur efficacité et leur crédibilité. Aussi même si l'efficacité des mesures structurelles pour des crues exceptionnelles est remise en cause, elles continuent d'être à l'ordre du jour pour deux raisons évidentes. D'une part car elles sont efficaces pour les crues dites « classiques » et d'autre part pour que « la population voit que nous (la mairie) essayons de faire quelque chose pour les protéger et pour gérer le risque ». De plus ces mesures sont plus faciles à mettre en place, concrètement, que des méthodes dites psycho-sociales d'éducation au risque. Mais ces mesures prises dans un souci d'image peuvent avoir un effet négatif sur la prise de conscience du danger réel, en effet, l'aménagement des cours d'eau et notamment l'endiguement a pu donner un sentiment de sécurité aux populations riveraines des cours d'eau et par conséquent minimiser le risque encouru.

La connaissance des réglementations est assez peu développée, car celles-ci ne représentent pas des mesures concrètes pour les interrogés qui attribuent les mesures structurelles, plus concrètes et visuelles, aux modes de réglementations.

Une bonne connaissance du risque passe par une connaissance de l'aléa mais aussi des règles de prévention. En matière de réglementation, les Plans de Prévention des Risques se sont révélés (depuis 1995) comme unique outil réglementaire de gestion du risque remplaçant tous ceux prescrits jusqu'alors (PSS, article R111-3, PER...) et ont été mis en place –non sans mal- suite aux événements catastrophiques de ces dernières années. La réglementation et la protection de l'urbanisation ainsi que les prescriptions de règles ou de travaux sur les constructions apparaissent comme objectifs principaux. Nous l'avons vu, peu de personnes interrogées citent spontanément des lois ou réglementations de protection des zones à risques et notamment le PPR. Il existe ici une différence notable entre les territoires. Ceci tient simplement au fait que le PPR est appliqué dans l'Aude et non dans les autres secteurs.

Ce document réglementaire n'est pas perçu comme une contrainte pour les habitants qui en ont connaissance car rares sont les prescriptions sur l'existant. Par conséquent la prise en compte de la « réglementation » n'est pas acquise. Cependant la médiatisation des catastrophes et de la gestion post-catastrophe a mis en avant les PPR sur quelques points précis. Pourtant les confusions restent fréquentes quant aux mesures contenues dans les PPR. En effet, outre la protection des lieux habités qui fait partie des objectifs du PPR, sont citées également l'évacuation ou l'alerte par téléphone. Ces réponses nous montrent que la connaissance du contenu du PPR est limitée ; peu de personnes sont capables d'énoncer en quoi consiste précisément ce document. En moyenne sur les trois sites, 77 % des interrogés (contre 15 %) pensent que l'adoption d'un PPR n'apportera pas de changement. Le peu de réponses sur les changements apportés évoque pêle-mêle le sentiment de sécurité, les assurances, et l'avertissement lors de la crise. On constate un amalgame entre les PCS, les DCS, les PPR... La répartition des compétences entre les outils et les acteurs n'est pas clair dans l'esprit des populations interrogées c'est le moins que l'on puisse dire.

La loi de juillet 2003 (qui complète celle de 1987 sur le point de l'information) confère aux communes l'obligation d'information préventive, à travers la pose de repères de crue, la mise à disposition des documents de prévention ou encore les réunions publiques. Selon les interrogés, c'est effectivement par la mairie qu'ils ont eu connaissance de l'existence des PPR. Dans l'Aude, tout comme dans l'Orge et la Semoy, l'information est divulguée par les municipalités et les syndicats de rivière. Cependant, il s'agit plus d'information sur la gestion de crise à l'échelle individuelle que sur de véritables recommandations de prévention.

Dans les trois secteurs d'enquêtes, les réponses obtenues (Figure 4.3) confirment que les médias représentent un vecteur important de connaissance, puisque c'est la source citée immédiatement après les municipalités. Les gazettes locales ou bulletins municipaux, la télévision régionale ont une influence notable, puisque tous les habitants sont censés les recevoir et touchent par conséquent un panel quasi exhaustif des populations des zones à risque ; les médias locaux représentent un moyen efficace d'atteindre les habitants. Il faut signaler en particulier les efforts du réseau France-Bleu dans le sud de la France en période de gestion de crise. Les antennes locales donnent la parole en direct aux sinistrés afin de diffuser l'information. Cette interactivité est très appréciée par la population. Les téléphones portables permettent aux auditeurs coincés par les eaux sur les routes ou à leur domicile de donner des informations en temps réel. L'audience de la radio monte d'ailleurs en flèche lors des périodes de fortes pluies dans le sud de la France. Il serait souhaitable que ces médias s'impliquent dans l'information à la prévention.

Outre la prévention, les habitants des zones inondables sont demandeurs d'information sur leur localisation ou non en zone inondable et sur les règles d'occupation du sol. Cependant, ce type d'information doit provenir d'autrui, plus particulièrement de la part de la commune qui reste un acteur privilégié déjà sollicité pour la prévention ou dans une moindre mesure l'État (figure 4.4). Les responsables de transactions immobilières sont ici mis en avant (notaire, agent immobilier…). Sur ce point les représentations sont en harmonie avec la réalité puisque la loi de juillet 2003 confère aux vendeurs ou bailleurs l'obligation d'information sur la situation en zone à risque.

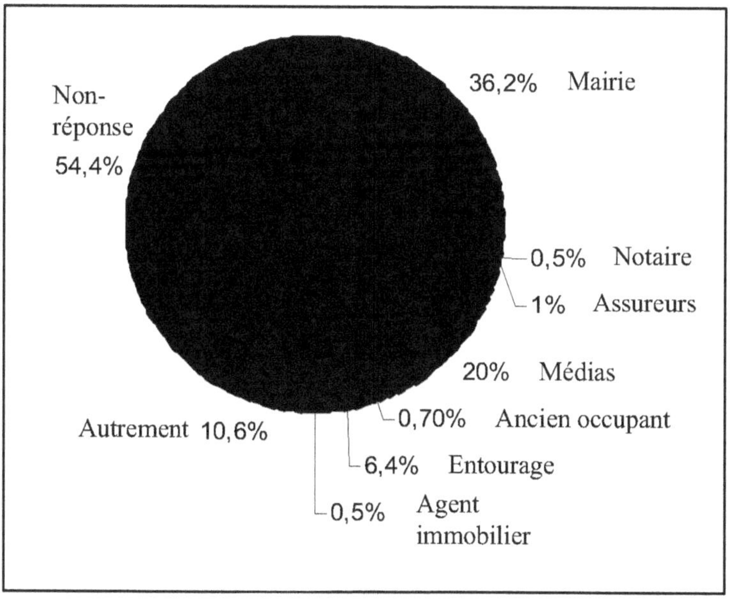

Figure 4.3 : Par qui avez-vous eu connaissance de l'existence du PPRI ? (Moyenne des pourcentages des trois sites).

Les résultats des enquêtes menées sur plusieurs bassins versants en France battent en brèche un certain nombre de discours convenus sur la mémoire, la conscience du risque, le manque d'implication de la société civile…

Il faut tout d'abord distinguer la mémoire de l'aléa de la connaissance du risque et de la conscience du danger. La mémoire peut être défaillante. Elle se dilue rapidement au fil des renouvellements de population. Elle est parfois occultée par une catastrophe récente, très prégnante (Aude), mais elle peut être remplacée par une bonne connaissance du phénomène d'inondation et de ses modalités. C'est le cas dans la vallée de l'Orge qui bénéficie du travail pédagogique d'un syndicat de bassin versant depuis longtemps implanté.

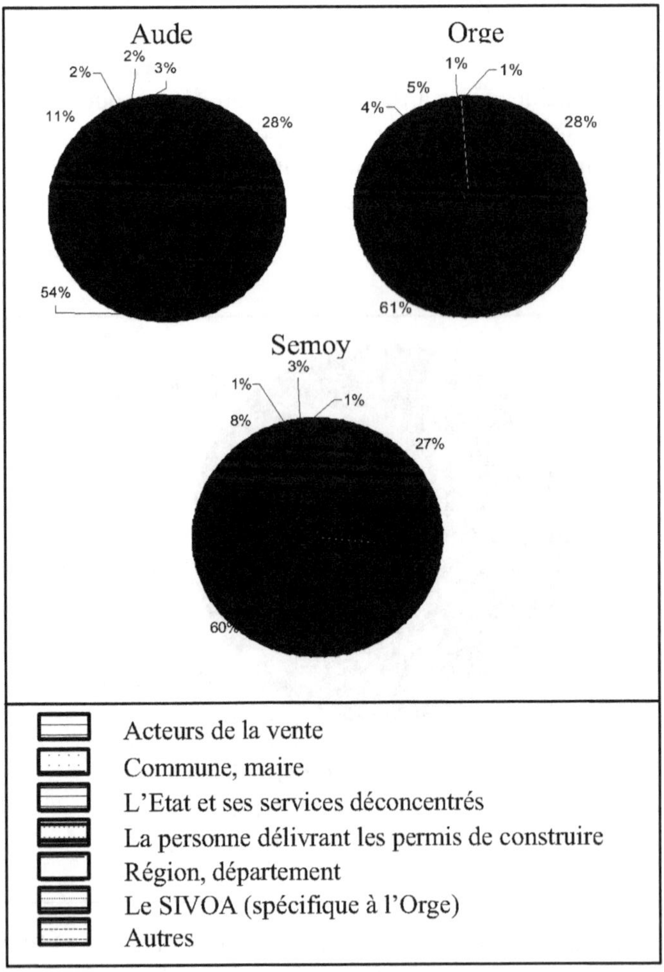

Figure 4.4 : Vecteurs d'information sur la situation dans une zone exposée à un risque ?

Finalement, les enquêtes révèlent que les interrogés ont une assez bonne connaissance de l'aléa surtout dans les bassins récemment touchés par de fortes crues. En revanche, on constate un peu partout un déficit de connaissance du risque. La connaissance reste fortement ancrée sur l'aléa. La notion de risque comme fruit de la combinaison d'un aléa et de vulnérabilités n'est pas encore répandue dans les représentations collectives. Ces représentations du risque, fortement ancrées sur l'aléa, expliquent les revendications des populations qui souscrivent largement aux protections structurelles comme moyen de protection alors que le recours à ce type de protection est de plus en plus critiqué par les experts. La connaissance du risque n'est pas une garantie qu'il existe une conscience du danger. Ce n'est pas parce que les personnes connaissent le risque qu'elles se sentent en danger. Il faut à ce titre conserver une certaine humilité dans l'interprétation des enquêtes sur les risques naturels et leur perception. Les représentations du risque sont aussi diverses que les populations. Il faut se méfier de fausses évidences. Par exemple, la conscience du risque n'est pas toujours fonction de l'âge des populations ; elle ressortit autant à un attachement au bien immobilier ou mobilier. Ceci nous renvoie à la difficulté de quantifier la notion d'acceptabilité du risque. Elle semble finalement assez grande puisque peu de personnes accepteraient finalement de se délocaliser pour échapper au risque. En effet, les experts, parce qu'ils sont spécialistes du domaine des inondations, appréhendent le territoire par ce prisme privilégié alors que les populations qui s'installent dans les zones à risque perçoivent le lieu au travers d'un système de représentations où le risque n'est pas forcément l'élément central.

Enfin, il faut constater le déficit de débat public sur l'acceptabilité du risque et donc sur les objectifs de prévention. On a tendance en France à vouloir d'emblée discuter des solutions et de la protection avant d'avoir envisagé les niveaux de risque et niveaux de protection acceptables, acceptables techniquement, « hydrologiquement », mais aussi économiquement et socialement. L'ancienne utopie, « le risque zéro », doit muer en une recherche d'« une meilleure harmonie société – nature, société – risque » qui passe par le développement d'une culture de prévention (nouveau mode de régulation) et suppose de nouvelles formes de prévention associant étroitement les populations et un nouveau partage des responsabilités. L'action publique ne peut se limiter à une démarche descendante qui imposerait aux territoires locaux une vision de la gestion des espaces et du risque. L'action publique doit également s'appuyer sur les forces et les pouvoirs locaux pour s'assurer d'une réelle efficacité (émergence du souci de proximité/principe de subsidiarité…). Cette hypothèse est d'autant plus vraie que les différents modes d'intervention (la gestion de crise ; le management préventif ou encore la prospective) s'inscrivent à des échelles spatiales diverses fortement interdépendantes (local, régional, étatique).

Chapitre 5

LA MOBILISATION DES RÉSEAUX D'ACTEURS ET LA MISE EN SCÈNE DES REPRÉSENTATIONS

H.J. Scarwell, S. Defossez, N. Meschinet de Richemond

Dans la mesure où le risque d'inondation est fortement ressenti comme un construit du territoire, les populations peuvent en demander une gestion de proximité et territorialisée qui pourrait relever d'une gestion collective. Dans cette perspective, la norme juridique peut intervenir pour conditionner les occupations et activités et les assujettir aux contingences territoriales. Mais le risque ignore les frontières. Cette variabilité spatiale du risque d'inondation peut notamment compliquer son traitement juridique. À ceci ajoutons une autre réflexion, si la société du risque est une société de controverses, le risque ne devrait-il pas s'inscrire dans un espace de controverse constitué de choix collectifs et partagés ? Comment nier les espaces de confrontation et les lieux de conflit ?

L'obsolescence des logiques de régulation publique face à un contexte incertain et complexe implique que l'on s'intéresse à l'évolution des modalités de la gestion publique sans en chercher ici précisément les causes.

En matière de risque d'inondation, le contradictoire et la controverse sont justement l'enjeu des politiques procédurales (BOLTANSKI et THEVENOT, 1991) et permettent finalement à l'action collective de débuter par une problématisation (CALLON, 1986) laquelle, loin d'être endogène, nécessite la mobilisation et la coopération d'acteurs aux identités et intérêts divergents.

On l'aura compris, la gouvernance serait censée apporter des réponses à ces évolutions, notamment face à la gestion de la complexité du risque, laquelle impliquerait une régulation participative, voire contractuelle (BORRAZ,

1998 ; GAUDIN, 2002 ; JOUVE, 2002) des territoires, sans pour autant renoncer à toute autre forme de régulation. En cela, la participation65 serait un facteur clé de la territorialisation du risque. Dès lors, quels sont les cadres et les outils d'intégration mis en œuvre ?

Dépassement des conflits et/ou décision négociée : L'exemple du zonage du PPRI sur la Lys-aval

Une démarche réglementaire : l'exemple de l'évolution des rapports entre l'urbanisation et le risque d'inondation[66]

Les principes qui ont gouverné la gestion des territoires situés en amont et en aval des zones de réalisation des catastrophes naturelles ont évolué en fonction de la conception du risque – d'abord comme un savoir construit, voire comme une « forme manipulée du savoir » liée à des contextes historiques précis (HARLEY, 1995). À ce titre, la gestion du risque d'inondation s'est construite de façon pragmatique comme autant d'ajustements et d'adaptation au nouveau contexte et aux nouveaux cadres territoriaux d'action.

Une nouvelle vision de l'eau s'impose, non sans résistances, aux acteurs locaux : il s'agit de limiter le coût des risques, de maintenir ou de recréer un fonctionnement « naturel » des hydrosystèmes.

De même, en instaurant des zones ND (comprenant des zones inondables et humides), au sein desquelles l'urbanisation est définitivement ou temporairement exclue, la politique de gestion du risque prend appui de plus en plus sur les travaux de génie écologique privilégiant un aménagement doux des rivières et sur une logique préventive ancrée sur l'écriture des risques à travers des cartes réglementaires, comme sur l'information et la planification territoriale. Mais cette mise en carte réglementaire des espaces exposés à l'aléa inondation basée sur le PER tend à geler sans nuance l'urbanisation de certaines communes. En outre, dans un contexte politique marqué par la décentralisation, le processus de décision manque par ailleurs de concertation entre les services de l'État et les collectivités locales. La

[65] La participation désigne les actions par lesquelles les membres ordinaires d'un système politique exercent, ou tentent d'exercer, une influence sur les résultats (NAGEL, 1987). Autrement dit, elle concerne l'implication dans le processus décisionnel de personnes extérieures au cercle politique et administratif formel. Une approche participative, selon S. Van der Hove (2001) consiste en « *tout arrangement par lequel des acteurs de types différents sont réunis dans le but de contribuer de manière plus ou moins directe et plus ou moins formelle au processus de décision* ».

[66] Ce texte est en partie issu d'un projet d'Habilitation à Diriger les Recherches (24è Section) portant sur « Recherche sur l'interface Risque d'inondation et ménagement du territoire » qui a l'objet d'une soutenance publique en novembre 2005 par H.J. Scarwell.

procédure est avant tout conçue comme un ensemble de « réponses techniques à des problèmes techniques » (DE VANSSAY, 1991). Les élus la considèrent également comme trop contraignante (frein à l'urbanisation et au développement économique).

C'est sur ces bases qu'une nouvelle procédure de prévention des risques naturels est définie à travers la loi du 2 février 1995 : le Plan de Prévention des Risques (PPR). Celui-ci peut ainsi être prescrit à l'échelle communale ou intercommunale. Toutefois, il est préconisé de mener la procédure à l'échelle du bassin de risque (i.e. le bassin versant ou le sous-bassin versant hydrographique).

Cette référence donne au premier abord la possibilité au PPR d'articuler l'aménagement du territoire et la gestion du risque d'inondation. La procédure entièrement décentralisée, y contribue d'autant qu'une place plus importante est faite à la concertation avec les élus locaux durant les différentes phases d'élaboration du projet dans le but d'une plus grande appropriation de l'outil par les acteurs locaux. Au terme de ce paragraphe, nous sommes conduits à formuler plusieurs remarques d'ordre général :

- d'abord, la convergence dans la conduite des changements relatifs à la gestion du risque d'inondation se traduit par la mise en place d'outils de planification et de concertation sans présager de leur caractère adapté ;
- la mise en perspective historique et théorique des discours, des démarches de gestion du risque et des règles collectives qui les supportent et les orientent a évolué dans un espace où finalement s'élaborent et s'expérimentent de nouvelles normes d'évaluation, où se produit du transcodage. Ce qui nous amène à nous interroger sur le caractère instrumenté de cet espace.

Tout le monde s'accorde sur la nécessité de développer une culture du risque afin que chacun modifie ses comportements face au risque d'inondation. Pourtant, paradoxalement, c'est par les outils réglementaires imposant normes et contraintes d'usage du sol et de l'eau que sera abordée la gestion du risque d'inondation dans les politiques d'aménagement du territoire. Désormais, la prise en compte du risque transite par la planification, mais également à travers la réforme du droit des sols. En effet, le nouveau dispositif législatif et notamment la loi SRU, dite loi Gayssot, introduit une nouvelle logique, qui fait passer les documents de planification existants, de simple technique d'allocation des sols, à de véritables projets de territoires. Toutefois, dès 1995, le PPRN constitue un outil essentiel de la gestion du risque et avant lui d'autres documents (Périmètre d'Intérêt Général, Périmètre de protection, normes de potabilité...) tentent de modifier le droit des sols. Aussi, la cartographie relative au risque d'inondation a retenu notre attention parce qu'elle illustre parfaitement l'approche planificatrice descendante que les Anglo-saxons appellent la gestion du type top-down ; elle a par ailleurs fait l'objet de nos travaux de recherche sur nos sites d'étude et en particulier en région Nord-Pas-de-Calais. Cette démarche fait partie, pour reprendre la terminologie de G. White (1945), d'un ensemble de mesures non structurelles qui interviennent sur la vulnérabilité (annonce de crue, normes de construction, organisation des secours, indemnisation, information sur le risque) distinctes des mesures structurelles qui agissent sur l'aléa (travaux de génie civil réalisés sur le bassin versant comme les barrages écrêteurs de crue ou le long du cours d'eau comme les endiguements ou la chenalisation). Des études de cas constituent notre matériau de base dont la répartition sur le territoire régional rend possible une comparaison de situations contrastées sur le plan des conditions physiques, naturelles, socio-économiques et institutionnelles. Ces terrains étudiés permettent aussi de mieux apprécier le rôle des facteurs contextuels sur l'action à l'échelle locale. Leur comparaison offre la possibilité d'évaluer la réalité des changements qui s'opèrent sur les territoires, les formes de prise de décision et les modalités d'action.

La cartographie réglementaire repose sur une approche plus pragmatique (RIP et GROENEWEGEN, 1989) de la décision, mais cela ne renforce pas toujours sa légitimité en raison des ajustements consentis par les services instructeurs dans l'élaboration du zonage réglementaire. La procédure juridique d'élaboration des PPRN met en évidence certains éléments. Le projet est notamment soumis à l'avis (et non à l'accord comme par le passé) des communes du territoire concerné, avant d'être soumis plus tard à l'enquête publique. Enfin, c'est désormais un arrêté préfectoral qui prescrit le PPR. Finalement, ces modifications qui auraient dû renforcer le caractère normatif du document n'en présentent pas toutes les garanties.

Peut-on pour autant parler de négociation du risque ? La reconnaissance de la négociation dans les politiques publiques (« régulation croisée », CROZIER, 1971) est difficilement admise par l'État dont la mission est de faire prévaloir l'intérêt général. Les décisions élaborées par compromis pourraient voir leur légitimité remise en cause.

Nous avions déjà précisé qu'il était demandé aux services instructeurs de mener des « études qualitatives », que l'on supposait plus transparentes et plus lisibles. Les études quantitatives sont quant à elles envisagées au cas par cas. L'aléa demeure au cœur de la cartographie réglementaire. L'évaluation des enjeux doit être globale et qualitative et s'appuyer en principe sur la concertation avec les élus locaux pour tenir compte des projets économiques en cours et des préoccupations économiques, ainsi qu'avec les autres services de l'État chargés de la sécurité civile.

D'ailleurs, la notion de « bassin de risque » permet aux élus de prendre du recul par rapport à leur propre commune et pour sensibiliser les acteurs locaux, voire les services instructeurs, à une gestion territoriale du risque pouvant s'inscrire logiquement dans une démarche d'aménagement et de gestion des bassins versants. Si l'État affirme les principes généraux de la prévention au niveau local, son rôle ne se limite plus à cette mission en raison de l'évolution de la problématique du risque, mais à cause de la décentralisation des compétences, comme autant de freins et d'obstacles que nous avons cherché à identifier.

En effet, la délimitation du champ d'expansion de crue dans le PPR est effectuée théoriquement par référence à un niveau d'aléa défini à partir des hauteurs d'eau supposées, de la durée de submersion, ou de la vitesse d'écoulement de l'eau, comme cela a été souligné précédemment. Mais une légère incertitude peut se traduire sur le terrain par une surestimation ou une sous-estimation de la zone d'expansion de crue. C'est pourquoi, dans la pratique, les maires sont réticents face à ce zonage qui peut entraîner une variation de plusieurs hectares pour un périmètre concerné.

La cartographie peut donc être appréhendée comme une forme de discours dont le support rend visible une image du risque perçu par le non spécialiste comme une représentation de la réalité difficilement contestable. Si ces cartes se rapprochent de la réalité, elles n'en sont pas pour autant un reflet exact en raison des incertitudes scientifiques et des opérations de sélection, d'omission, de simplification et de symbolisation volontairement menées pour appuyer le discours qu'elles véhiculent. Elles offrent cependant l'avantage d'une visibilité nouvelle des risques en donnant à voir au lecteur une continuité hydraulique entre l'amont et l'aval des vallées inondables.

Analyse du zonage

Un grand nombre de bassins versants connaît plusieurs types de désordres hydrauliques dont l'impact est plus ou moins marqué selon les périodes et les sous-bassins. Outre l'observation pure et les témoignages, la connaissance des phénomènes de crue est relativement faible et ne bénéficie parfois que d'un recul d'une trentaine d'années, compte tenu du suivi récent de points sur le bassin. Ces désordres relèvent souvent de l'action anthropique de l'homme, comme par exemple :

- une urbanisation croissante et peu maîtrisée (peu de documents d'urbanisme) dans l'espace du lit majeur, ce qui réduit la capacité d'expansion des eaux sans dommages ;
- un manque de cohérence global et des dysfonctionnements importants du réseau d'évacuation des eaux relatifs à l'urbanisation mal maîtrisée,

ainsi que des actions anarchiques et individuelles (élévation de digues) de protection contre les inondations ;

- mais aussi des incohérences dans le zonage, à commencer par des ambiguïtés dans la légende du zonage.

La comparaison avec l'ancien zonage laisse apparaître des différences importantes entre les deux versions (figure 5.1).

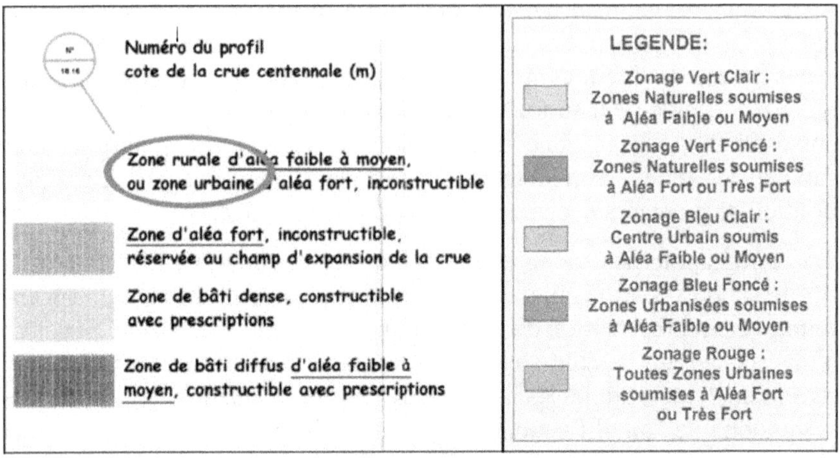

Figure 5.1 : Comparaison du zonage du PPRI refusé et du zonage du nouveau PPRI à l'étude.

On peut schématiquement retenir un certain nombre de points négatifs et positifs (tableau 5.1). Cette comparaison tend à poser la question des enjeux liés à la réalisation du PPR. En effet, comment comprendre de tels changements, si ce n'est en prenant en compte les enjeux ? D'ailleurs, dans le cadre du bassin versant de la Lys a été mis en place un Programme d'actions de préventions des inondations (P.A.P.I.) dont l'ambition serait de constituer un schéma directeur déterminant l'occupation des sols nécessaire aux projets d'aménagements. La légende du zonage montre une évolution dans les contraintes de constructibilité. Toutefois, seuls deux groupes de couleurs permettent de distinguer la constructibilité (bleu) de l'inconstructibilité (rouge).

Tableau 5.1 : Tableau comparatif entre les points forts et faibles de l'ancien zonage et du nouveau PPRI à l'étude.

	Points négatifs	**Points positifs**
Ancien zonage	- problème de clarté dans la légende ; - pas de distinction entre zone rurale et zone urbaine ; - absence d'homogénéité dans la légende.	
Nouveau zonage	- les contraintes ne sont plus précisées, telles que l'inconstructibilité ou la constructibilité avec prescriptions ; - utilisation contestable du rouge. On retrouve du rouge sur les rivières ; - certaines zones sont passées d'aléa fort à aléa faible ou moyen sur le nouveau PPR sans raison apparente. - plus de permissivité dans la constructibilité	- distinction de la fonction des zones ; - meilleure continuité du zonage ; - légende plus homogène : même type d'information pour chaque couleur : la nature de la zone (urbaine ou rurale) et la force de l'aléa.

La délimitation des secteurs à risque correspond-elle alors à une transcription spatiale d'un arbitrage ? Plus globalement, si l'on s'intéresse au domaine des politiques publiques, on fera le constat suivant :

- ce sont les travaux réalisés sur les conflits liés à des grands projets d'aménagement qui ont transposé ce que certains appellent « *la sociologie des controverses* ». Ainsi, les recherches menées sur la contestation du trajet du TGV Sud-est (LOLIVE, 1999) et sur les déchets nucléaires (BARTHE, 2000) ont finalement rejoint les études relatives aux espaces de confrontation ou «*forums hybrides*», lesquelles ont permis de réévaluer les enjeux de ces projets et d'ouvrir les dispositifs délibératifs. Aussi les enjeux techniques sont-ils confrontés aux enjeux économiques, environnementaux, politiques ou culturels. Cette remise en débat permet de reconsidérer la coupure classique entre les points de vue experts et les points de vue profanes (CHATEAURAYNAUD et TORNY, 1999). Finalement, les élus et les citoyens démontrent leur capacité cognitive à s'approprier un savoir complexe et à le discuter. À l'inverse, ces controverses renvoient à une réalité incontournable de l'action publique : elle n'est pas monolithique, mais au contraire se décline schématiquement en trois activités principales :

- le pouvoir de mise en forme : il s'agit de l'écriture et de la rédaction de textes, de l'élaboration des politiques publiques (LASCOUMES, 1990, EYMERI, 2001) ;
- le pouvoir de mise en œuvre : il s'agit ici des processus par lesquels des décisions politiques sont appliquées, se confrontent à la réalité sociale qu'elles cherchent à réguler et s'ajustent aux terrains et aux divers acteurs présents lors de la mise en œuvre de la politique publique. Les travaux sur l'autonomie et le caractère discrétionnaire du pouvoir des administrations et des agents qui interviennent sur le terrain sont nombreux. *In fine*, l'activité des administrations telle qu'une préfecture s'inscrit moins dans une application de mesures venues d'en haut qu'au sein de régulations locales. L'intérêt de nos travaux sur l'analyse du zonage des deux PPRI Canche et Lys s'enracinent indiscutablement dans ce contexte.
- enfin, le pouvoir d'intermédiation : il consiste pour l'administration à tirer profit de sa position pour établir des relations avec certains groupes. On parle de « *coproduction* » des politiques publiques par l'administration et les groupes dominants (néo-corporatisme) (JOBERT et MULLER, 1987 ; MARSH et RHODES, 1992 ; SCARWELL, 1993).

On retiendra dans ce paragraphe que l'évaluation met en évidence le décalage entre la législation et la réalité de l'exécution. Il ne s'agit pas tant de proposer des mesures pour pallier les déficits de mise en œuvre ou les lacunes dans la conception de la politique publique que de souligner vraisemblablement l'absence de rationalité dans l'action de l'État que l'on examinera ici à travers ses pratiques, ses figures et ses usages concrets.

Rappelons qu'à partir du moment où les documents d'urbanisme des communes peuvent être comparés aux cartes de zones inondables, on perçoit l'ampleur de la confrontation possible à venir. Finalement, qu'est-ce qui est à négocier ? Alors qu'auparavant seuls quelques secteurs étaient concernés par des documents préventifs étatiques, c'est désormais la couverture de l'ensemble de la vallée qui est visée. À une gestion essentiellement localisée de la zone inondable, on a substitué une gestion verticale, placée sous l'égide de l'État.

Pour élaborer les projets de réglementation des zones inondables, les fonctionnaires s'inspirent des recommandations méthodologiques délivrées par le ministère de l'Environnement (circulaire du 24 janvier 1994 et guide d'élaboration méthodologique)[67]. Il s'agit essentiellement de faire apparaître l'objectivation cartographique d'une crue de référence, dont les textes demandent qu'elle soit au moins de fréquence centennale, c'est-à-dire qu'elle a seulement une chance sur cent d'être égalée ou dépassée dans une année[68]. En définitive, cette exigence signale les objectifs sécuritaires que les services instructeurs cherchent à insuffler auprès des acteurs territoriaux. Il convient en fait de prendre en compte un scénario catastrophe. Dans cette perspective, les services définissent des hauteurs et des limites spatiales de la crue de référence et tentent également de représenter ces données sur des cartes spécifiques, comme l'Atlas des zones inondables.

Ces représentations acquièrent le statut d'une réalité désormais obligatoire, car objective et non négociable, quelles que soient par ailleurs l'existence ou la réalisation de travaux de protection (digues, levées). Selon la terminologie du ministère, ces travaux sont considérés comme transparents : « *les terrains protégés par des ouvrages seront toujours considérés comme restant soumis aux aléas, c'est-à-dire vulnérables. On ne peut en effet avoir de garantie absolue de leur efficacité et, même pour ceux réputés les plus solides, on peut penser que ce principe répond aussi à un souci, plus pragmatique : essayer de décourager par avance les velléités d'élus, qui pourraient être tentés de réclamer de lourds travaux d'aménagement afin d'assouplir les contraintes réglementaires imposées par l'État sur le territoire de leur commune* » (Guide méthodologique, 1999).

L'application de ces normes par les services de l'État se traduit concrètement par une augmentation de la zone inconstructible, y compris dans des secteurs non encore urbanisés, afin de préserver le champ naturel d'inondation et alors même que ce secteur est soumis à un risque de submersion minime. Ainsi, la résolution des conflits entre les services de l'État et les élus ne s'opérerait qu'au plan technique, du moins de façon légitime. Qu'en est-il sur le terrain ?

---

[67] Avec une application en dent de scie pour l'organisation de la concertation formalisée avec les acteurs locaux.

[68] La circulaire du 24 janvier 1994 parle de « la plus forte crue connue et, dans le cas où cette dernière serait plus faible qu'une crue de fréquence centennale, cette dernière ».

Des limites à la prévention réglementaire : quelle prise en compte des ouvrages et des aménagements ?

Nos travaux confirment notre raisonnement, prolongent et enrichissent des actions et des savoir-faire déjà constitués, d'autres explorent de nouveaux champs d'action dans lesquels les compétences et les démarches restent à inventer. Autre point marquant : les transformations rapides, en l'espace de quelques années, des actions et des démarches mises en œuvre par les acteurs concernés constituent un nouvel espace d'exploration stratégique sur lequel des moyens importants sont mis en œuvre. Comme nous le démontrerons, cet engagement n'est pas uniquement réactif mais également proactif pour construire des relations sereines et durables, notamment avec l'ensemble des acteurs. Les enjeux ne sont pas toujours ceux que l'on imaginait.

En définitive, les cas étudiés portant sur des sites exposés à des inondations assez courtes, ils témoignent de l'impact du document réglementaire sur l'évolution des modes d'occupation et d'usage du sol, mais avec une tentative de la part de l'État d'intéresser les élus, afin d'estomper la logique normative. En dépit des initiatives des services de l'État et des élus locaux pour modifier les pratiques agricoles ou limiter l'urbanisation en zone inondable, l'application par anticipation du PPRI ne semble pas avoir bouleversé les pratiques foncières et urbanistiques. En réalité, on a constaté des modifications ponctuelles et des initiatives propres à susciter de nouvelles pratiques, mais il serait nécessaire de prendre davantage de recul pour analyser toute l'étendue des changements.

En confrontant le PPRI de 2001 et celui de 2004 sur la Lys, on a constaté que les irrégularités du zonage relevées en 2001 ont à nouveau évolué en 2004. Cela semble confirmer la présence d'enjeux sur ces zones. En effet, le collège a déjà été inondé et il est situé au nord de la ville (figure 5.2). A titre anecdotique, lorsque l'on interroge les populations locales sur les premières zones inondées dans la ville, une réponse ressort : le collège ! Sur le PPR annulé, comme sur le nouveau document, le collège est en zone blanche, le zonage réglementaire s'arrêtant au niveau d'une rue. Faut-il supposer que cette rue arrêterait une crue, comme on peut le constater sur la photo aérienne ci-dessus prise fin décembre 1999 ?

Cette comparaison tend à poser la question des enjeux liés à la réalisation du PPR. En effet, comment comprendre de tels changements, si ce n'est en prenant en compte les enjeux ? D'ailleurs, dans le cadre du bassin versant de la Lys a été mis en place un Programme d'Actions de Préventions (P.A.P.I.) dont l'ambition serait de constituer un schéma directeur déterminant l'occupation des sols nécessaires aux projets d'aménagements.

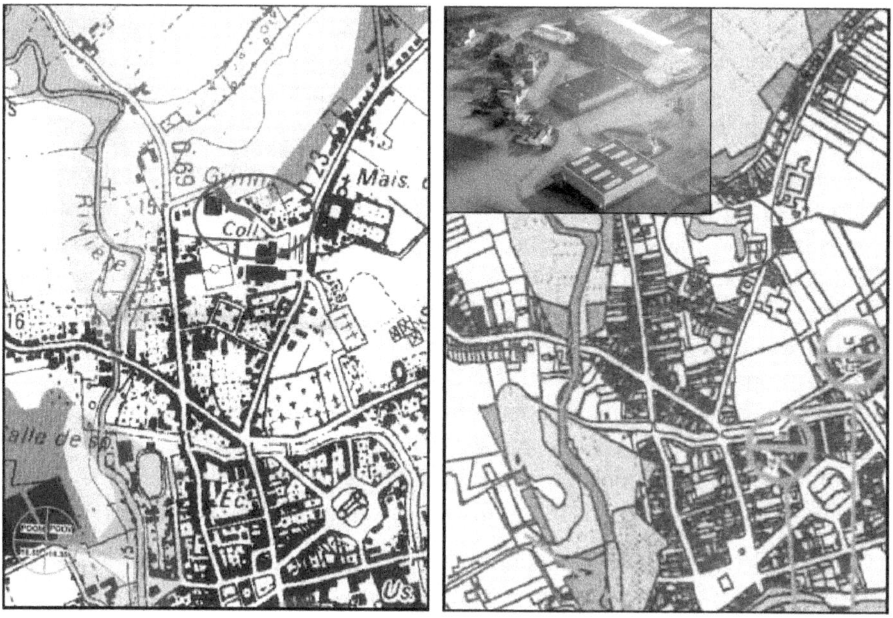

Figure 5.2 - Comparaison entre le PPRI refusé et le nouveau PPRI à l'étude : l'exemple du collège Henri Durant (inondation de 1999).

L'approche réglementaire des questions de prévention imposées par l'administration à travers le programme de cartographie des risques a pour objet de donner une nouvelle définition du danger d'inondation et fonctionne comme une nouvelle référence et un nouveau cadre pour l'action publique. Dans le passé, les acteurs de lutte contre les phénomènes naturels voyaient dans la rivière un espace façonnable, qu'il fallait adapter aux besoins et aux intérêts sociaux prioritaires. La faiblesse des acteurs intervenant en matière réglementaire accentuait cette prévalence de l'approche. De même, la faiblesse de l'affichage des risques concourt à une représentation hétérogène du risque. D'ailleurs, dans le cadre des PSS, la surveillance étatique était limitée à l'impératif de libre écoulement des eaux. Finalement, les objectifs assignés consistaient en même temps à préserver la bonne navigabilité des cours d'eau et à sécuriser le transport fluvial de marchandises. Comme l'indique le décret-loi de 1935, la réglementation de la construction n'est pas son objet principal. Ce sont davantage les travaux de protection contre les crues (digues, remblais) qui peuvent être effectués de façon non contrôlée par les propriétaires ou les communes, qui étaient visés par le texte[69]. D'où la création des deux zones en fonction de leur rôle joué dans l'écoulement des

[69] Leur établissement ou leur maintien était soumis à autorisation.

crues[70]. La zone de grand débit (*zone A*) correspondait à une zone de 20 mètres tracée de chaque côté des rives. Une zone dite de « débit complémentaire » correspondait (*zone B*) aux autres zones submersibles et se calquait sur les limites d'une crue moyenne.

Finalement, le type de contrôle exercé par le PSS sur l'occupation des zones submersibles n'interdisait pas formellement les aménagements ou constructions, lesquels étaient toutefois soumis à une procédure d'autorisation. Ajoutons que les moyens dont disposait le domaine de la police des eaux ne permettaient pas un véritable contrôle. Ce dernier se réduisait aux documents d'urbanisme. Les grandes communes disposant de leurs propres services techniques, elles pouvaient élaborer seules leurs documents d'urbanisme sans recourir à l'État. De même, comme elles le mentionnent, la décentralisation des compétences leur permet de ne pas faire grand cas du problème des inondations, tout comme le contrôle de légalité, auquel les services de l'État ont rarement recours.

Aussi, le danger d'inondation ne se traduisait pas sous une forme réglementaire normative forte et contraignante au niveau territorial. Faut-il en conclure avec J.J. Le Bourhis et C. Bayet, (2001) que la prévention réglementaire du risque ne constituait qu'un enjeu public marginal ?

Le zonage réglementaire traduit à la fois les objectifs affichés par l'État, ainsi que les mêmes enjeux, mais adaptés au contexte local. Affirmer directement que la réglementation aurait pour objectif de prendre en compte la gestion territoriale des territoires pourrait avoir des implications importantes que l'État souhaite contrôler. Cependant, il ne s'agit pas non plus d'opposer de façon simpliste la sécurité au développement économique et urbain, d'autant que les services de l'État ont souvent et longtemps encouragé la vocation économique et/ou urbaine de ces communes.

C. Cans (2003, p. 206) soulignait que la « *loi ne résout pas le problème fondamental des conflits de compétences, et de l'opposition toujours possible des collectivités territoriales, qui peut conduire à des situations de blocages* », affirmation illustrée au cours du débat parlementaire relatif à la loi du 30 juillet 2003, par un article du Monde (24 avril 2003) par laquelle le maire de La Chapelle en Valgaudemar (Hautes-Alpes) et son conseil municipal protestaient contre le projet de PPRI sur la commune, 75% de la superficie étant placé en zone rouge. Comment résoudre ce paradoxe ?

De façon schématique, on peut affirmer que la Loi Barnier (2 février 1995) ménage une certaine marge d'adaptation à la spécificité des différentes situations locales. En effet, le PPRI a pour objectif principal d'être un instrument de prévention avant d'être un instrument de connaissance.

[70] Circulaire du 5 avril 1952 du ministère des TP relative à l'établissement des PSS.

D'ailleurs, les décisions ne sont plus fondées principalement sur les savoirs scientifiques et techniques, mais doivent se fonder sur des savoirs hybrides composés de données disponibles et d'une forte dose de bon sens. Autrement dit, les services instructeurs de l'État dissocient le risque de sa traduction juridique ou la cartographie du risque de la cartographie réglementaire. Pour apprécier toute l'étendue de cette nouvelle attitude, il convient de distinguer deux cas de figure :

- quand un risque menace la vie humaine : la loi Barnier légitime une telle dissociation entre le risque inacceptable et le risque négociable ;
- quand le risque met en jeu seulement les biens et les activités économiques, la loi suggère que l'on tombe dans le domaine de l'approche pragmatique et négociée.

En réalité, cette traduction sur le terrain est partielle en raison :

- de la culture essentiellement technique des services instructeurs ;
- et tout autant de la crainte des élus de voir leur responsabilité engagée.

Chronologiquement, on a constaté que :

- la procédure de mise en place des PER s'est épuisée face à ses lourdeurs et aux exigences méthodologiques ;
- la pluralité des documents et des procédures réglementaires a engendré, avant l'entrée en vigueur de la loi Barnier, des définitions hétérogènes du risque qui ont nui à sa légitimité.

En observant les POS des communes concernées, on perçoit la façon dont celles-ci tiennent compte des menaces d'inondation et la considèrent comme une réalité contraignante. Avec le PPR, on a changé le degré d'exigence qui s'exprime de manière directe et il devient impensable pour l'État de ne pas engager une stratégie de prévention – au moins pour éviter que la responsabilité de l'État ne soit engagée. D'une exigence de moyen, on tend à une exigence de résultat. Il est évident que la mise en œuvre des PPR est susceptible d'entraîner des difficultés d'acceptations locales qui peuvent s'exprimer désormais, notamment lors de l'enquête publique dite « *Bouchardeau* », c'est-à-dire dans le cadre d'une enquête publique « *démocratisée* » depuis la loi du 12 juillet 1983 (art.L.123-1 et s. code de l'environnement). Par ailleurs, l'article 39 de la loi du 30 juillet 2003 crée une disposition propre à l'enquête publique des PPR, en prévoyant une consultation particulière des maires des communes (après consultation du Conseil municipal) concernées par le projet de plan. En outre, par l'article 62 de la loi, il appartient au préfet de définir « *les modalités de concertation relatives à l'élaboration du projet de plan* ». Cette disposition a longtemps été négligée en raison de la volonté de l'État de ne pas négocier les règles préventives prédéfinies.

Mais depuis les lois de décentralisation, les communes ayant la maîtrise des documents d'urbanisme doivent intégrer les risques naturels par le biais de l'article R.111-2 du code de l'urbanisme. En cas contraire, elles prennent le risque de voir leurs actes déférés au tribunal administratif, dans le cadre du contrôle de légalité. Enfin, il ne faudrait pas oublier que cette consultation des populations concernées s'impose d'autant plus qu'il est clairement énoncé dans la loi Bachelot que les propriétaires riverains doivent supporter la charge financière des travaux de protection prescrits contre les aléas (dans la limite de 10% de la valeur vénale du bien).

De façon schématique, il ressort que sur la Lys, les enjeux soulevés par les élus et les habitants peuvent être résumés par le tableau 5.2.

Tableau 5.2: Tableau récapitulatif des enjeux sur la Lys

Pour les élus	**Préserver l'électorat** **Développer la commune**	Répondre aux demandes des habitants ou futurs habitants
Pour les habitants	**Préserver leurs biens et leur personne** (rôle des travaux de défense) **Valeur du patrimoine immobilier** (évolution de la valeur des biens immobiliers en fonction du zonage) **Maintenir leur qualité de vie**	
Pour les propriétaires de terrains non bâtis	**Terrains très prisés au prix élevé** **Cadre de vie attractif** **Terrains propices aux activités de loisirs** (présence de 4 campings répartis sur Attin et La Calotterie)	
Pour les exploitants agricoles	**Maintenir ou développer leurs activités** (avec des contraintes, par le zonage, sur les mises aux normes les moins fortes possibles) **Exploiter leurs biens (rôle des travaux de défense)** **Pouvoir reconstruire en cas de sinistre (hors inondation)**	

Pour les services instructeurs de l'État, il s'agit par le zonage réglementaire, de contrôler l'occupation des sols et les constructions, sans toutefois figer le territoire au nom de la sécurité, alors que les élus aimeraient que ce zonage s'inscrive dans une perspective de prévention dynamique du territoire pour concilier leur obligation de sécurité publique avec leur projet de développement local. L'absence de document d'urbanisme dans la plupart des communes facilite l'élaboration du PPR par les services instructeurs qui, finalement, se concertent peu avec les élus. L'État argumente en faisant valoir :

- le renforcement de la protection juridique, puisque les élus sont à l'abri d'un contentieux potentiel qui mettrait en cause la responsabilité de la commune ;
- le renforcement de la protection matérielle ;
- la sécurité juridique pour les aménageurs au sens large. En effet, les règles seront connues de tous au préalable ;
- la réduction des incertitudes pour les acteurs économiques et la garantie pour les populations d'être indemnisées en cas d'inondation.

Toutefois, l'État reconnaît la possibilité de consentir certains compromis dans l'application de la règle. Le cadrage techniciste de la définition du risque doit démontrer sans contestation possible l'existence de la menace. Lorsqu'il s'agit d'appliquer concrètement ce cadrage par le biais d'une décision et de la délimitation du périmètre concerné, des possibilités d'accommodements à la marge sont possibles. De même que le concept de développement durable implique une ouverture dynamique sur la dimension réelle de l'activité économique[71]. En pratique, nous avons constaté que c'est en raison de cette négociation à la marge que les élus ont le sentiment que la cartographie réglementaire ne se fait pas sans eux. Sans être arrangeants, les services de l'État rendent compatible la politique du risque avec les exigences de la réalité locale sans résistance locale excessive.

De façon générale, le PPR ne prend en compte que les « *travaux efficaces* » contre un événement centennal. Autrement dit, les services instructeurs de l'État ne tiennent pas compte des aménagements – sauf s'ils fonctionnent, quelles que soient les conditions et sans intervention humaine. Globalement, les techniciens ne prennent pas en considération les divers obstacles qui pourraient jouer un rôle dans le déroulement de la crue de référence. Les ouvrages de protection comme les digues et les levées sont gommés et les zones situées derrière ces ouvrages sont représentées comme inondables, si elles se situent sous la côte de référence.

Pour le moindre aménagement, les communes tentent de demander une révision du zonage. Pour appuyer leur propos, les élus prennent en compte les aménagements réalisés et négocient la réduction des secteurs à risques ou celle des prescriptions à l'intérieur des zones considérées, au motif qu'ils ont « *déjà réalisés des travaux* » et qu'ils « *en réaliseront d'autres* »[72]. Ils

---

[71] On est loin de l'attitude « conservationniste » exprimée par la Deep ecology d'Aldo Leopold aux Etats-Unis.

[72] Propos du maire de La Couture, vallée de la Lys, 2034, Info Lys, numéro spécial, p. 7.

souhaitent aussi demander à « *l'État, avant toute application du PPRI, de prendre en compte les travaux prévus dans le contrat de rivière de la Clarence, pour atténuer le risque affiché par le PPRI en fonction de la réalité vécue* » (Mme Devoye, 2003)[73]. La DDE donne l'exemple d'un aménagement qui pourrait être pris en compte sous réserve de concertation et consisterait à recalibrer un cours d'eau, en ajoutant que « *les coûts seraient phénoménaux, et que même à Nîmes qui souffre souvent d'inondations, on ne réalise pas de tels travaux* ».

Dans le cadre du P.A.P.I., des digues ont été construites pour protéger les zones d'habitation menacées de manière récurrente par le risque d'inondation et de nouvelles dispositions sont en cours d'étude, conformément aux directives de la circulaire du 6 août 2003 relative à l'organisation du contrôle des digues. Elles visent à placer les aménagements existants sous surveillance et à engager les travaux d'entretien et de confortement qui s'avéreront nécessaires. Dans la mesure où les études en cours doivent identifier les points noirs et proposer autant que de besoin des systèmes de sécurisation et des protocoles de gestion et d'entretien pérennes des ouvrages existants, les élus veulent que les services instructeurs de l'État les prennent en compte dans la délimitation des zones et le choix de la couleur de zonage. Selon les élus, la convention-cadre du P.A.P.I. (bassin de la Lys) étant signée depuis le 1er septembre 2004 par différents partenaires dont l'État (État, Conseil Régional, Conseils Généraux, Agence de l'Eau et SYMSAGEL (syndicat mixte de la Lys) et structures intercommunales territorialement compétentes), il est logique de coordonner les actions entreprises et le choix des espaces à risques. Les élus ont conscience que ces contraintes auront des répercussions sur les projets de développement économique ou sur les zones résidentielles des communes concernées, ce qui implique de rechercher des compromis.

La préservation d'espaces constructibles : un enjeu pour les communes

Les conflits susceptibles de se développer sont apparus dès la publication de l'Atlas, mais surtout avec l'élaboration du PPRI. En effet, ces documents font apparaître l'ancrage territorial de choix collectifs incompatibles avec les nouvelles règles. Les élus sont contraints de réajuster les perspectives de développement de leur commune. L'idée d'un impossible classement des zones naturelles en futures zones d'activité économique peut se traduire par un « *chantage* » à l'emploi, la menace du chômage ou l'absence d'avenir pour les entreprises installées sur le territoire communal. Autrement dit, on se retrouve face à deux intérêts contradictoires :

---

[73] idem.

- les élus locaux estiment être les porte-parole des intérêts économiques ;
- l'État est le porte-parole du risque d'inondation face aux acteurs territoriaux.

Schématiquement, les élus dénoncent les incohérences des politiques menées par l'État, lequel selon eux, n'hésiterait pas à sacrifier à une logique sécuritaire et technicienne la prise en compte des réalités communales. C'est l'État jacobin qui est ici mis en accusation. Par ailleurs, les communes ont parfois consenti auparavant des investissements et engagé des travaux sur certaines zones, comme la viabilisation des terrains ou l'aménagement des voiries. Il leur est alors impossible de faire marche arrière. Des intérêts tant économiques que financiers, voire politiques, sont en jeu. Les conséquences sociales et électorales focalisent l'attention des élus comme nous allons le démontrer un peu plus loin dans ce chapitre.

Sur la Lys, nous avons même constaté qu'un grand nombre d'élus ne souhaitaient pas se doter de documents d'urbanisme pour éviter le contentieux engendré par la gestion des sols et dégager ainsi leur responsabilité sur les services de l'État. La montée en puissance des mouvements associatifs et environnementalistes et la nouvelle expression des intérêts particuliers utilisent en effet le champ du droit comme terrain privilégié. Dans cette perspective, les uns et les autres renoncent parfois à mettre en œuvre des outils réglementaires (P.O.S., M.A.R.N.U.) qui peuvent être à l'origine de situations conflictuelles, voire contentieuses, susceptibles de perturber la cohésion sociale de ces petites communes rurales, comme l'ont souligné nos interlocuteurs. Le refus de plusieurs d'entre eux d'engager ce type de réflexion à l'échelle intercommunale peut donc également s'expliquer par le fait que la remise en cause du système traditionnel de prévention du risque d'inondation fondé sur des digues pourrait être à l'origine de tensions au sein de leur commune.

Comme nous l'avons laissé entendre ci-dessus, l'Etat distingue finalement deux aspects : d'une part, l'existence du risque en tant que réalité scientifiquement établie et d'autre part sa traduction réglementaire concrète, c'est-à-dire le classement en espace constructible sous condition ou en espace inconstructible.

L'importance de la négociation varie en fonction du pourcentage d'espaces « *gelés* » dans la commune, des perspectives éventuelles d'un développement résidentiel et économique, mais aussi du degré de résistance et d'opposition que l'État rencontre dans sa tentative de délimitation du périmètre de risque. Finalement, par le biais d'un ensemble d'inscriptions administratives, l'État aura inscrit le risque et laissé une trace visible et objective de la menace d'inondation. Plus tard, ce même outil sera utilisé à des fins de communication. Somme toute, ne revient-il pas au juge administratif d'imposer cette culture du risque ? Est-ce que la mise en alerte de la responsabilité des élus locaux dans la gestion des zones inondables en raison de l'inscription du risque dans les documents cartographiques et d'urbanismes parvient à réduire les prises de risque ?

Les réponses individuelles face au risque

Dans les représentations mentales des populations, la gestion du risque appartient aux pouvoirs publics. Ceux sont eux les responsables des grands aménagements des cours d'eau et donc de la protection des citoyens qui *« sont plus souvent perçus comme des victimes potentielles que comme des acteurs à part entière »* (POTTIER N. et al., 2004). Mais les inondations récurrentes des dernières années ont apporté une « nouvelle » acception de plus en plus utilisée par les politiques et les médias voire par les particuliers°: la culture du risque. Cette culture du risque représente l'acceptation de vivre avec le risque et d'agir pour réduire sa vulnérabilité face au risque, soit s'adapter à la menace. Aussi *« si l'intervention des citoyens est nécessaire, ceux-ci doivent s'approprier le risque, seul gage d'une bonne connaissance du danger et d'une mobilisation indispensable pour en limiter les effets »* (POTTIER N. et al., 2004). L'adaptation au risque semble être une solution appropriée et efficace appartenant au champs d'action du particulier, soit une réponse individuelle au risque : *« entretenir et protéger son logis est de la responsabilité du propriétaire »* (BOURRELIER P-H. et al., 2000).

Les comportements individuels de protection et de non-protection

Plusieurs conditions sont nécessaires à la mise en œuvre de mesures : *« avoir rencontré le risque, penser que le risque peut se répéter dans le futur, l'émulation entre voisins et la perception de la maîtrise du risque »* (BOURRELIER et al., 2000), soit une culture du risque. Mais cette culture ou cette conscience du risque n'est pas partagée par tous. Dans l'Aude et la Semoy, plus de la moitié des interrogés possèdent une habitation conçue ou adaptée au risque par des aménagements tandis que dans l'Orge la proportion diminue à un tiers. Cette différence tient à la nature de l'aléa notamment à sa récurrence et aux évènements plus récents qui se sont produits dans l'Aude et la Semoy, ravivant ainsi les mémoires et les consciences.

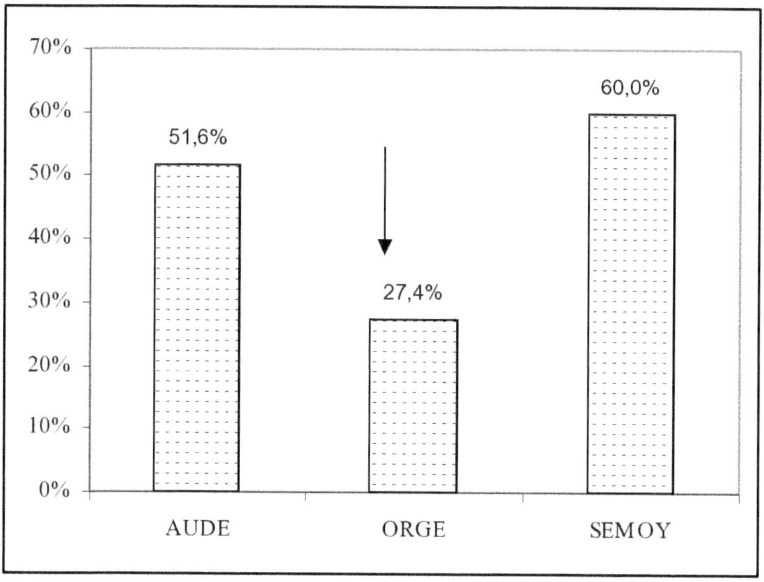

Figure 5.3 : Part des interrogés possédant une habitation conçue ou adaptée au risque inondation par des aménagements particuliers.

Plus de la moitié des interrogés dans l'Aude et la Semoy et un peu moins dans l'Orge, inondée lors des derniers évènements sont adaptés au risque par quelque mesure de protection. Le fait d'avoir vécu des inondations accentue la prise de conscience du risque, au moins pendant un certain temps après les évènements, ce vécu a donc une influence sur la mise en place de mesures de protection individuelles. En effet, la majorité des habitants prennent ces mesures en prévision d'une nouvelle inondation. Dans tous les cas, les mesures prises le sont rarement pour respecter les réglementations, mais surtout pour s'assurer d'une protection individuelle et ainsi diminuer les dommages.

L'appartenance au lieu est un facteur souvent évoqué dans la culture du risque puisqu'il sous entend le fait d'avoir vécu des inondations et/ou d'avoir partagé la connaissance des anciens. Par conséquent, ce facteur devrait révéler une mémoire constante et une connaissance de la menace, incitant donc les aménagements individuels. Mais cette hypothèse est remise en cause dans les territoires de l'Aude, de l'Orge et de la Semoy. En effet l'appartenance au lieu a moins d'incidence qu'on pourrait le croire, les mesures d'adaptation ne sont pas plus importantes chez les interrogés originaires de la commune que chez les nouveaux arrivants.

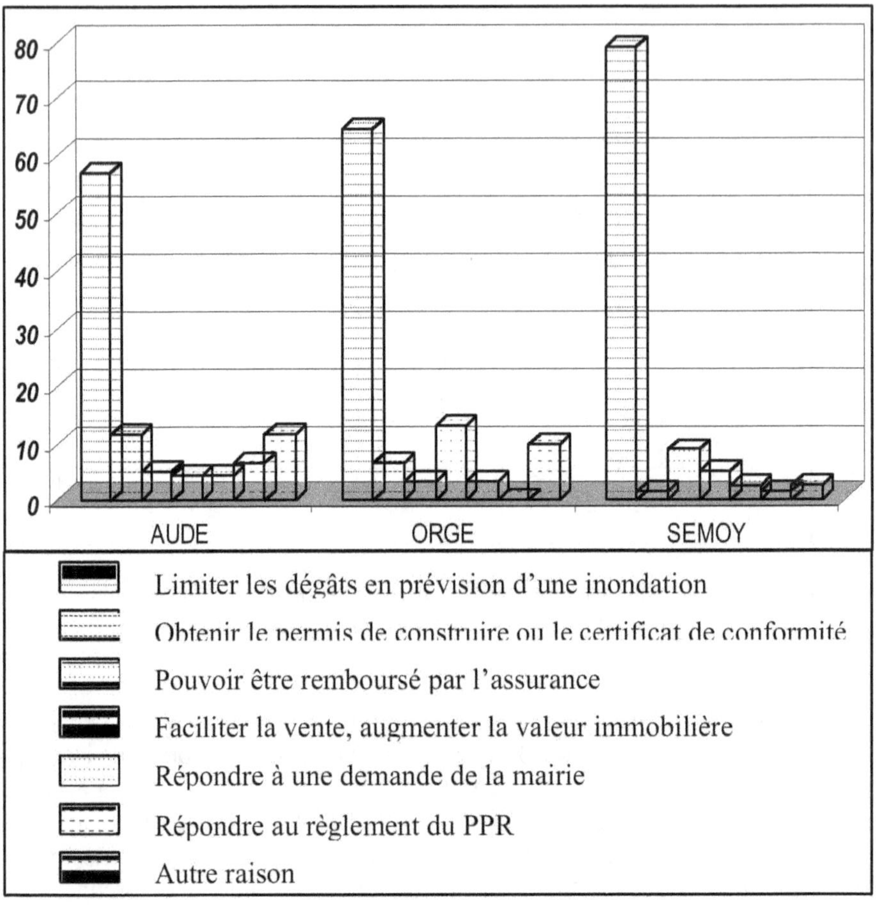

Figure 5.4 : Raisons de la mise en œuvre d'aménagements individuels

Si l'attachement au lieu a peu d'influence par contre l'incidence de l'âge apparaît non négligeable. Les personnes interrogées ayant plus de 55 ans constituent la plus grande proportion à posséder une habitation conçue contre le risque. A noter une distinction dans l'Aude où l'on peut évoquer une culture des anciens, les plus âgés ont effectué en plus grand nombre des travaux et ce dès la construction de leur logement.

Comme le montre le tableau 5.3, la période post-catastrophe s'avère hautement propice à la mise en œuvre d'aménagements individuels notamment dans la Semoy. Selon les interrogés de ce secteur, les travaux effectués (pour la plupart de 1966 à 1986) font suite à une inondation, or il semble qu'à cette période aucune inondation exceptionnelle ne se soit produite, la dernière crue historique datant de 1926 (cf. partie sur les représentations). L'explication la plus plausible réside dans le fait que les interrogés ont acheté l'habitation déjà adaptée au risque, les travaux sont donc antérieurs à l'achat et ont été réalisés suite à une inondation.

Tableau 5.3 : A quel moment les mesures ont-elles été prises ? (Nombre de répondants, qui correspond à la part d'interrogés ayant effectuée des aménagements)

	AUDE	SEMOY
Dès la construction	58,8%	23%
Après une inondation	29,4%	55,2%
Suite à modification d'une pièce	8,8%	12,6%
Suite à la mise en place du PPR	2%	1,1%
A un autre moment	1%	8%

Dans l'Aude, le phénomène est inversé, les aménagements s'avèrent pour la plupart réalisés dès la construction pour les habitations construites entre 1980 et 2000. À cela on peut supposer une meilleure conscience ou culture du risque et on peut mettre ce fait en relation avec l'âge puisque ce sont essentiellement les anciens qui possèdent une habitation adaptée au risque dès la construction. Les raisons de ces aménagements relèvent soit d'une information préventive efficace qui aurait ravivé la conscience du risque, soit du rachat par les nouveaux propriétaires d'une maison déjà adaptée au risque. Dans l'Aude, les inondations de 1999 représentent un événement marquant et l'adaptation de l'habitat après cette date, reflète une prise de conscience du danger par les nouveaux arrivants.

Même si de nombreuses habitations bénéficient d'une protection individuelle au risque, certains interrogés vivent exposés au danger potentiel sans aucun aménagement particulier. Ceci résulte d'une combinaison de facteurs de non-adaptation au risque.

Dans l'Aude, une partie non négligeable des répondants révèle une réaction « fataliste », qui est liée à la nature de l'aléa caractérisé par des précipitations abondantes et des hauteurs d'eau considérables atteignant deux mètres à l'intérieur des habitations. Pour eux, il semble évident que quel que soit les travaux réalisés, ils seront tous jugés inutiles ou inefficaces. On retrouve ce phénomène dans la Semoy mais dans une moindre mesure. En effet, dans la Semoy et dans l'Orge, les raisons évoquées laissent plutôt penser que le risque est sous-estimé ou que la part d'interrogés se situe en zone d'aléa modéré *(le bâtiment est peu ou pas exposé au risque)* ou bien que l'aléa est considéré gérable par les populations *(les mesures temporaires sont suffisantes)*. L'aspect financier apparaît ici comme un facteur non négligeable, rappelons que ces zones ont été investies du fait des prix attractifs pratiqués, aussi le coût des travaux représente une contrainte à laquelle de nombreuses personnes ne peuvent se soustraire. La réponse à la vulnérabilité est surtout dictée par des réflexions financières alors considérées comme contrainte ou facteur de déresponsabilisation. Les interrogés ont une idée globale de leur action possible en aménagements individuels. Mais ils se désengagent lorsqu'il faut investir financièrement - sans aide ou indemnisation compensatrice - dans des projets de protection à échelle globale d'un quartier ou de la commune visant pourtant une protection des lieux habités (ex : endiguement...). Plus des deux tiers des personnes interrogées ne conçoivent pas apporter un investissement financier pour des mesures de protection dans la commune.

Tableau 5.4 : Principales raisons de l'absence de travaux.

AUDE	ORGE	SEMOY
Tous les travaux jugés inutiles ou inefficaces (32).	Le bâtiment est peu ou pas exposé au risque (26).	Les mesures temporaires prises lors des inondations sont jugées suffisantes (26)
Manque d'argent pour les travaux (25).	Les mesures temporaires prises lors des inondations sont jugées suffisantes (11)	Le bâtiment est peu ou pas exposé au risque (15).
Le bâtiment est peu ou pas exposé au risque (21).	Ne sait pas quels travaux réalisés (11).	Tous les travaux jugés inutiles ou inefficaces (12).
Ne sait pas quels travaux réalisés (16).	Manque d'argent pour les travaux (9).	Manque d'argent pour les travaux (9).
Total répondants=**69**	Total répondants=**52**	Total répondants=**47**

(32) *: nombre de citations sur le total des répondants.*

Outre ces aspects, il reste un problème à soulever, en effet les facteurs évoqués ci-dessus relèvent d'un caractère volontaire. Or, il existe des lacunes évidentes dans les conseils ou recommandations des travaux à réaliser ; de nombreux interrogés souhaiteraient être individuellement protégés mais ne connaissent pas le type de mesures à prendre dès lors ils apparaissent involontairement pénalisés. Notons aussi qu'environ 5% des ménages de l'Aude, de l'Orge et de la Semoy « n'adaptent pas leur logement au risque car ils savent que l'assurance paiera de toute façon les dommages. Cette réponse est le reflet de la déresponsabilisation de certains habitants face au risque » (BERODY M., 2004). On peut cependant affirmer que globalement les mesures d'adaptation prises à échelle individuelle apparaissent de plus en plus fréquentes.

Quelle adaptation au risque ?

Différents types de mesures émergent, comme la protection contre l'aléa (méthodes structurelles) et la réduction de la vulnérabilité (adaptation de l'habitat) ainsi que des mesures temporaires et des mesures à long terme. Dans l'Aude, les mesures prises en priorité concernent les vides sanitaires et les étages. Ce sont donc des mesures sur le long terme qui prédominent. S'ensuivent les mesures postérieures à une inondation telle l'acquisition de matériel de nettoyage ou de matériaux résistants à l'eau relevant plus de mesures temporaires post-catastrophe. Ce fait se confirme par l'analyse des permis de construire de la commune sondée. On remarque en effet un sursaut sécuritaire après les inondations de 1999 où les demandes de surélévations ou d'étages refuges connaissent une croissance flagrante.

Dans l'Orge et la Semoy des mesures plus douces sont mises en place et concernent l'action directe sur les biens notamment leur mise en sécurité ou l'utilisation de matériaux adaptés à l'aléa.

Dans la Semoy, cette adaptation au risque « concerne majoritairement des maisons de centre de village datant du début du XIXe siècle, n'ayant pas fait l'objet de mesures de protection à la construction » (BERODY , 2004). De plus, l'adaptation ne résulte pas toujours d'une démarche volontaire avec pour objectif la protection contre le risque mais des modes de vie traditionnels. L'exemple peut être pris pour la Semoy, où « l'habitation sur garage non enterré » est un type d'habitat fréquent. « L'observation de ces types de construction a laissé penser dans un premier temps qu'il s'agissait d'habitations adaptées au risque.

Cependant, les entretiens réalisés auprès d'une partie de la population et des élus, ont révélé que ce type de logement correspondait en fait majoritairement à la tradition de construction des années 1970 » (BERODY, 2004). Dans l'Aude, des mesures à plus long terme sont préférées, elles sont par ailleurs effectuées la plupart du temps au moment de la construction. Ces facteurs reflètent probablement une culture du risque plus prononcée dans l'Aude où l'aléa est caractérisé par son ampleur et sa rapide montée des eaux.

L'expérience d'un événement pris ensuite comme référence par les populations représente un facteur primordial dans le choix des mesures mises en place. Les populations évalueront l'efficacité des mesures à partir de ce même facteur. L'évènement de référence fixé par les populations diverge selon les territoires. Dans l'Orge aucun événement marquant ne s'est produit depuis 25 ans, dans la Semoy les crues de 1993 sont encore ancrées dans les esprits et dans l'Aude novembre 1999 a réveillé les consciences. Outre, l'antériorité des évènements, la nature de l'aléa influe considérablement sur la nature des mesures à prendre.

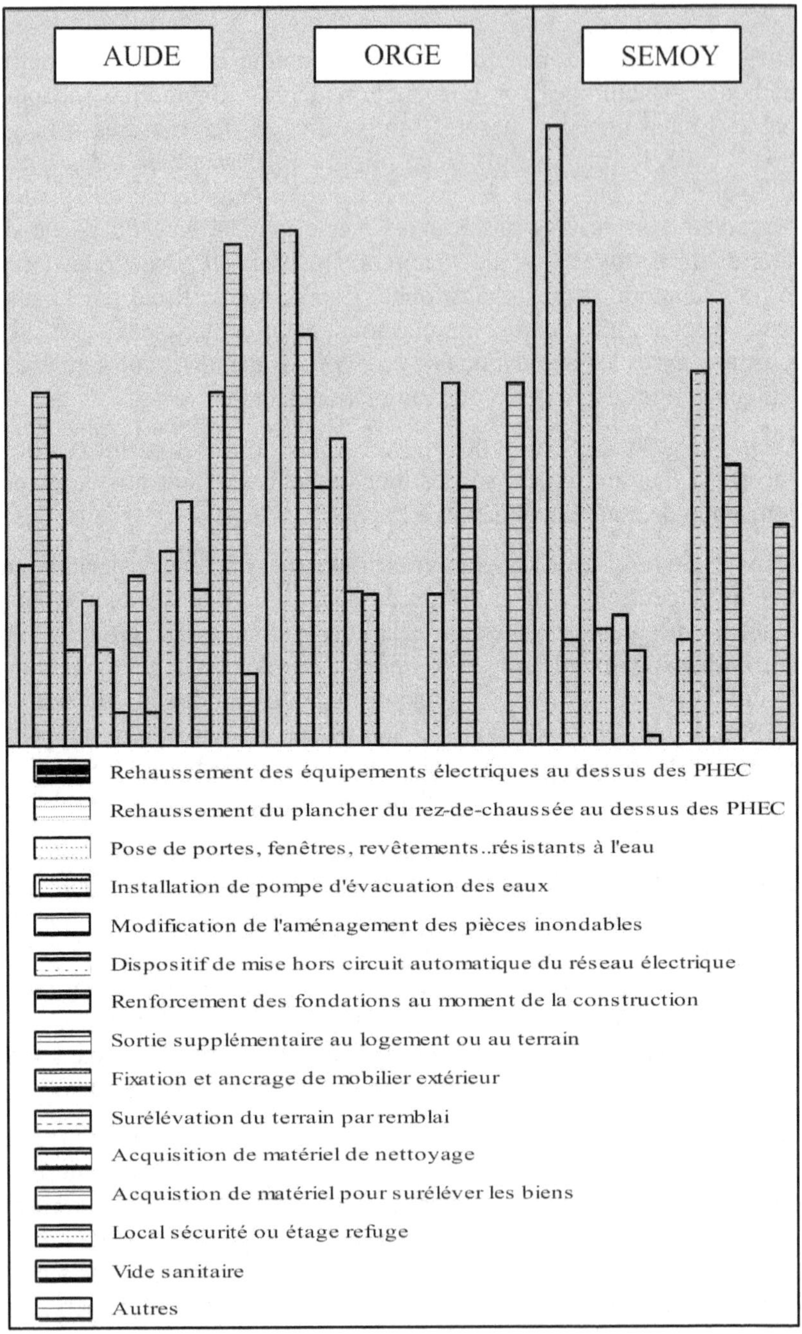

Figure 5.5 : Nature des mesures de protection individuelles

Plusieurs hypothèses sont possibles pour ces trois sites. Dans l'Aude, les travaux qui apparaissent comme les plus satisfaisants relèvent principalement de la modification des pièces inondables soit une adaptation directe au risque en diminuant les vulnérabilités. Dans l'Orge et la Semoy, les mesures tiennent plus de l'action sur l'aléa en adaptant les logements en fonction des caractéristiques de l'aléa connues (les hauteurs d'eau...).

Tableau 5.5 : Taux d'efficacité des mesures prises selon les interrogés

Types de mesures	**Aude %**	**Orge %**	**Semoy %**
Rehaussement des équipements électriques au dessus PHEC	61,5*	70	76
Rehaussement du plancher du rez-de-chaussée au dessus PHEC	50	**87,5**	77,8
Pose de portes, fenêtres, revêtements... résistants à l'eau	52,6	80	74,2
Installation de pompe d'évacuation des eaux	**75**	50	77,8
Modification de l'aménagement des pièces inondables	**100**	33,3 -	88,9
Dispositif de mise hors circuit automatique du réseau électrique	33,3	66,7	62,5 -
Renforcement des fondations au moment de la construction	66,7	-	**100**
Sortie supplémentaire au logement ou au terrain	36,4	-	-
Fixation et ancrage de mobilier extérieur	66,7	-	**100**
Surélévation du terrain par remblai	66,7	50	76,7
Matériel de nettoyage	44,4	42,9	75,8
Matériel pour surélever les biens	50	80	**90,5**
Vide sanitaire	64,7	-	-
Local ou étage refuge	55,6	-	-
Autres	50	**83,3**	84,6

Les mesures prises n'apparaissent pas toujours en adéquation avec les mesures préconisées. En effet, il semble important de mettre en relation le type de mesures individuelles prises avec la perception du risque et des aménagements efficaces pour s'en protéger. Dans la Semoy, la lecture de la réglementation d'un permis de construire a indiqué une interdiction de construire à plus de 0,60 m du terrain naturel « *la différence de niveau entre le rez-de-chaussée et le terrain naturel ne dépassera pas la hauteur d'un soupirail (0,60m)* » (nomenclature des prescriptions, permis de construire, 1982). Certains habitants de la vallée (pour beaucoup originaires des lieux) informés du risque d'inondation, n'ont pas tenu compte de cette prescription et ont surélevé leur habitation à un mètre du terrain naturel. Ce sont ces logements qui aujourd'hui, ne sont pas inondés dans la partie habitable « *si dans les permis de construire l'interdiction de construire à plus de 0,60 m avait été transformée en obligation de construire sur vide sanitaire avec un minimum d'un mètre au-dessus du sol naturel, la majorité des maisons n'auraient à ce jour pas d'eau* » (adjoint au maire de Thilay, entretien Bérody M., 2004).

D'autres effets, qualifiés de surprotection, apparaissent. Dans l'Aude, il n'est pas rare de constater des clôtures entourant les habitations qui a priori servent de gage d'intimité. Cependant après 1999, l'utilité apparaît tout autre. En effet, on constate un regain de constructions et/ou de rajout sur celles déjà existantes pour se protéger des eaux. Mais l'implantation de ces clôtures est réglementée notamment la taille puisqu'elles sont considérées néfastes à la transparence hydraulique et peuvent par conséquent aggraver les dommages.

Les réponses individuelles au risque apparaissent de plus en plus fréquentes notamment après une catastrophe marquante ou dans les territoires présentant une forte culture du risque. Cependant, conseils et recommandations, voire prescriptions obligatoires, paraissent nécessaires pour engager les occupants des zones à risque à mettre en œuvre des mesures d'autoprotection adaptées au niveau d'aléa. L'objectif primordial réside dans la généralisation des mesures de protection qui peuvent se révéler d'une grande efficacité et qui tendraient à améliorer les gestions de crise et à diminuer les coûts des dommages.

L'inscription sociale du risque : la prise en compte de la complexité territoriale

Divers rapports parlementaires ou des missions d'inspection générale des Ponts et Chaussées ou encore des retours d'expérience soulignent les « revers réglementaires » auxquels sont confrontées les collectivités territoriales, et jettent par ailleurs un discrédit sur la capacité des sociétés locales à prendre la mesure du risque d'inondation et à en tenir compte. Sont ainsi dénoncés :

- l'urbanisation irréfléchie ;
- la pression des particuliers ;
- le comportement sans scrupule de certains élus ;
- le mépris de la réglementation.

Il est également utile de rappeler qu'en dehors du volontariat, aucune programmation de PER ne semble avoir abouti et aussi que, lorsque le document était publié, le respect de ses dispositions n'était pas forcément assuré.

Parallèlement, la remise en cause de la démarche sécuritaire qui avait tendance à renforcer le caractère prescriptif de la politique publique pour neutraliser d'éventuelles oppositions qu'elle pourrait susciter, aboutissait à intégrer de moins en moins les personnes et les collectivités les plus concernées au motif qu'elles l'étaient (1980 -2000). Cette démarche univoque est contestée d'autant que les zones inondables constituent des espaces polysémiques :

- dont les territoires débordent largement le découpage à deux dimensions consigné dans les documents officiels ;
- et dans le cadre desquels le regard des acteurs institutionnels était tourné vers le danger de l'inondation et les contraintes d'urbanisation.

Plutôt que de geler l'urbanisation future comme unique solution, il convient d'intégrer la crue dans les modalités d'aménagement du bâti et de prendre en compte les interfaces comme le développement durable ou la gestion des milieux. Autrement dit, l'inondation ne doit pas être définie comme objet indépendant de la société, mais être envisagée comme une contrainte qui s'inscrit dans l'histoire, dans un territoire. Cette politique de prévention n'est plus arc-boutée sur l'élimination du risque, mais doit faire l'objet de choix sociaux.

Enfin, à partir du moment où l'inondation n'est plus seulement considérée comme la prise en compte des contraintes naturelles, mais aussi comme l'expression de choix sociaux, se pose la question de la visibilité de ces choix et des préférences manifestées. D'ailleurs, le guide méthodologique des PPR (2002) et le rapport LEFROU (2001) recommandent de conférer une place importante aux processus de concertation et de négociation dans la définition des mesures et des projets à adopter. Celle-ci peut prendre par exemple la forme de l'organisation d'un dialogue au niveau du bassin versant pour que les prescriptions soient fondées sur une évaluation partagée des risques acceptables et le poids à conférer à la sécurité par rapport à d'autres enjeux, comme l'environnement. À ce titre, si plusieurs solutions sont envisageables comme l'accroissement des ressources cognitives ou la diversification de l'expertise ou encore la mise en place de procédures dialogiques, elles postulent toutes que le conflit ne constitue pas forcément un dysfonctionnement, mais constitue au contraire un gage d'efficacité.

Risque et démocratie : quels modèles de négociation ?

La participation semble être devenue un « impératif » des politiques publiques (BLONDIAUX et SINTOMER, 2002). Si cette dynamique n'est pas nouvelle, les attendus et les conditions de mise en œuvre de la thématique participative diffèrent profondément de ce qu'ils étaient dans les décennies antérieures. Il s'agit désormais d'interroger la capacité d'une société à délibérer démocratiquement de questions scientifiques et éthiques fondamentales. Ne nous y trompons pas, il ne s'agit pas de remettre en cause la démocratie représentative mais bien de l'accompagner !

Il semble donc désormais acquis que la gestion du risque d'inondation s'inscrit :

- dans une réflexion globale menée à l'échelle du bassin versant ;
- dans le cadre d'un processus de décision politique basé désormais sur un principe de discussions « descendantes et remontantes » (*top down and bottom up*) entre les différents acteurs de l'eau (puissance publique, collectivités locales, experts et usagers), de l'aménagement du territoire, de l'urbanisme et de la société civile.

Cette participation d'acteurs issus de la société civile est souvent présentée comme le remède à certains maux de la démocratie. D'autant qu'à l'heure de la décentralisation et de son acte II, mais aussi de la multiplication des échelles d'action, le succès des politiques publiques est de plus en plus dépendant de l'adhésion du public. Ce qui n'est pas sans effet sur les formes de participation de la population à la prise en compte du risque d'inondation dans les projets urbains et, plus globalement, dans les différents projets d'aménagement du territoire. Certains voudraient y voir une démarche répondant au concept de « gouvernance » et conduisant à l'émergence de procédures nouvelles de médiation (concertation, négociation) entre l'État et les collectivités territoriales, entre les institutions, le secteur privé et le secteur associatif au sein d'un espace de dialogue. Ne doit-on pas s'interroger sur la réalité que revêtent ces interactions entre acteurs ? Parmi les approches qui peuvent être menées pour apprécier le degré et les conditions d'appropriation par les acteurs locaux des nouveaux outils de la gestion du risque d'inondation, on peut souligner :

- le degré d'implication des acteurs locaux qui est une première clé d'analyse. Il s'évalue notamment par la capacité de mobilisation des acteurs et des réseaux d'acteurs pour mettre en œuvre une solidarité de bassin effective ;
- le degré d'ouverture des espaces de concertation qui est une deuxième clé d'évaluation à la fois du bon fonctionnement des structures mises

en place et de la capacité à créer un espace d'échanges pour une appropriation des actions.

Alors que l'on parle de plus en plus largement de « culture du risque », de co-construction, d'acceptabilité et surtout de participation, il semble important de s'interroger sur les modalités de choix des représentants de la société civile (par qui ? sur quels critères ?). Ceci ne signifie pas pour autant que l'action publique est transparente, mais qu'elle renouvelle peut-être les pratiques délibératives « en modifiant les conditions du débat, l'argumentation des politiques, celle des experts et des profanes, ainsi que les ressources participatives des citoyens » (LASCOUMES, 2001, p. 303). À travers nos travaux, nous ne souhaitons pas proposer une réflexion d'ensemble sur le monde de l'expertise, mais apporter une contribution au renouvellement des problématiques de l'expertise et, plus globalement, à l'élaboration d'une politique de gestion du risque d'inondation.

Un nouveau discours de la méthode : le risque, facteur de mutation de la décision publique

Qu'il s'agisse de la gestion concertée de l'eau au sein des bassins versants, de la participation du public énoncée par la DCE, de l'information des populations en matière de risque ou encore de la volonté affichée par l'État de recourir à l'élaboration concertée des PPR, il convient de s'interroger sur ce que sous-tendent toutes ces pratiques et sur la nature de leurs enjeux. En effet, elles renvoient à des activités distinctes, mais **un certain brouillage quant à leur contenu semble parfois entretenu**, « *le moins laissant croire au plus* » comme le souligne P. Lascoumes (2001, p. 311). Dans tous les cas, appliquées aux risques, ces approches posent la question de **la capacité d'apprentissage des acteurs publics et privés**, c'est-à-dire de leur aptitude à s'approprier de telles démarches dans la perspective d'une prévention du risque d'inondation et d'une responsabilité de chacun. En bonne logique, les représentations que se font les groupes sociaux des enjeux liés à la gestion du risque, comme leur articulation, interfèrent dans la prise de décision. Ainsi, le degré d'articulation des représentations diffère selon le mode de participation du public à la prise de décision. Aussi quatre modes de participation peuvent-ils être distingués : l'information, la consultation, la concertation et la négociation.

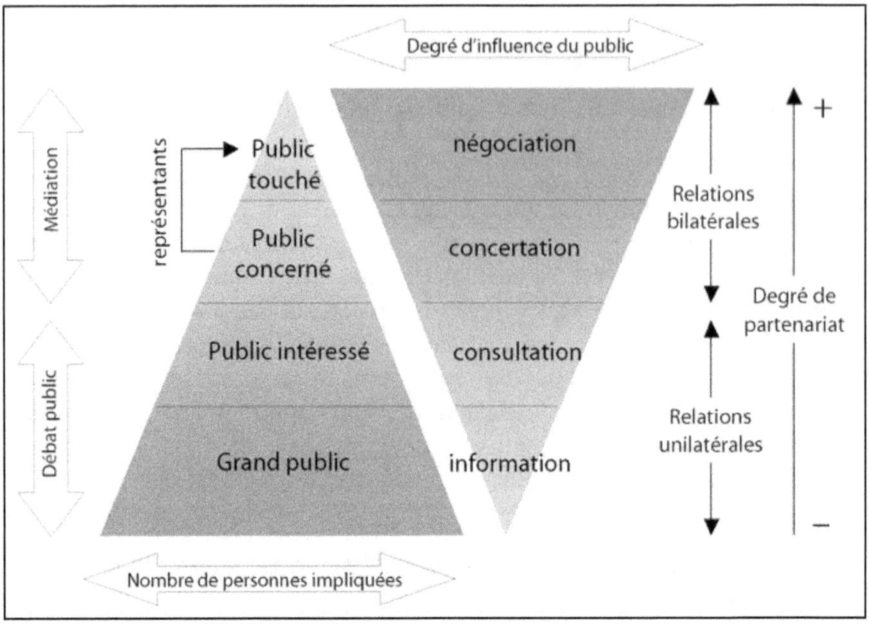

Figure 5.6 : Les différents modes de participation du public (adapté de N. Mettan et L. Vodoz, 1992).[74]

Les deux premiers modes (information et consultation) s'inscrivent dans le cadre d'un débat public (figure 5.6). Ils touchent un assez grand nombre de personnes, mais restent toutefois fondés sur un mode de relations unilatérales : l'État ou une collectivité territoriale informe la population sur un projet ou, au mieux, lui demande son avis avant d'agir (consultation). La finalité de la démarche est de convaincre la population du bien-fondé du projet. La prise en compte des représentations locales est très limitée, l'implication des populations et le degré d'influence du public le sont tout autant. Par exemple, les seules actions de communication sur le risque d'inondation n'impliquent pas nécessairement une appropriation des problèmes et une intégration de ceux-ci dans les pratiques du public. Les Atlas d'information sur le risque d'inondation définis par les services extérieurs de l'État sont très rarement diffusés par les élus auprès des populations concernées, et lorsqu'ils le sont, ne suscitent pas nécessairement l'adhésion de ces derniers aux politiques préventives d'interdiction de construire en zone inondable (LALO, 2001). Établir une confiance sociale et une implication volontaire des individus nécessite la mise en œuvre d'un processus de dialogue qui va au-delà de la simple communication. Comme le souligne F. Rudolf (2003, p. 134), « *en se conformant à des objectifs précis et*

[74] Cette figure est reprise par J.M. Dziedzicki, 2003.

selon des modalités de communication institutionnelle, nombre de consultations orchestrées par les autorités publiques s'apparentent volontiers à des opérations d'enrôlement de la population et se privent, de la sorte, d'expérimenter de nouvelles configurations susceptibles de dynamiser la démocratie locale ».

Les deux autres modes de participation (concertation et négociation) laissent une place plus grande à l'échange des différents points de vue et à la définition collective des projets. Dans le cadre d'une concertation, le public concerné participe directement au débat, alors qu'en situation de négociation, il désigne son représentant chargé de négocier. En raison d'une démarche non plus unilatérale, mais multilatérale, le degré de partenariat et d'influence du public est plus important.

Ces modes de participation se fixent pour objectif une appropriation des enjeux et des risques par l'ensemble des acteurs du territoire et l'élaboration d'actions acceptables par tous. Concertation et négociation peuvent être aidées par des outils permettant de formaliser la diversité des comportements sociaux et des stratégies individuelles ou collectives. Cette formalisation est généralement fondée sur une analyse comparative des représentations par les acteurs des problèmes liés à l'eau selon les cultures et les positionnements professionnels (institutionnels, scientifiques et usagers).

Mais, de l'analyse des représentations des problèmes à leur prise en compte dans la politique territorialisée du risque d'inondation, il n'y a qu'un pas, qu'il n'est toutefois pas toujours facile de franchir : les méthodes de sensibilisation, de concertation ou de négociation ne sont pas nécessairement adaptées. Par ailleurs, le partage du pouvoir de décision avec de nouveaux partenaires ne va pas de soi, l'implication volontaire des acteurs locaux non plus.

Ainsi, les politiques contre les inondations sont aujourd'hui validées par la qualité de l'expertise qui les a initiées et par le consensus local qu'elles parviennent à réunir. Autrement dit, il s'agirait d'un véritable changement de posture face à la gestion du risque d'inondation. Qu'en est-il dans la réalité ?

Les dispositifs d'exploration et d'apprentissage : instances de relais et/ou de médiation ?

Forums hybrides, scènes locales de risques, tous traduisent une volonté de « publicisation » des arbitrages en matière de prévention. Cependant, si l'usage banalisé de ces expressions semble témoigner que les interactions sociales préalables aux décisions relatives aux risques se jouent à découvert, sous les yeux attentifs du public, en un lieu conçu à cet effet et entre tous les acteurs concernés, la réalité est parfois plus nuancée. Ces forums suggèrent que l'explication des enjeux en cause constitue une des conditions de l'efficacité des politiques engagées. En effet, l'inondation peut être assimilée à un « événement opportun » susceptible de remettre en cause certains partis pris d'aménagement.

En réalité, le caractère incantatoire des directives officielles aboutit parfois à une rhétorique de la prévention, laquelle suggère le caractère très relatif de la mise en débat des politiques de gestion du risque. Sa fonction d'occultation des tensions et des apports de force masquerait des antagonismes, tout en voulant obtenir l'assentiment du plus grand nombre. D'où des reproches sur l'opacité de certaines scènes de risque locales. En définitive, cette rhétorique de la prévention ne constituerait-elle pas un idéal de gestion préventive censée garantir l'harmonie sociale ?

En conclusion :

La gouvernance rapportée à la « sphère publique » (HABERMAS, 1989) constitue-t-elle un concept ? Rien n'est moins sûr. Pour autant, ce mot est-il dénué de signification pratique ? Certainement pas. Au terme de notre réflexion, nous avons essayé de démontrer :

- que la gouvernance apparaît sans doute comme le meilleur vocable pour rendre compte d'une réelle attente citoyenne de changement dans les comportements politiques et la gestion publique ;
- que la logique de l'assujettissement (tradition française d'interventionnisme étatique) s'est effacée au profit d'une logique de culture « plus participative » illustrée par des rapports basés sur la concertation, la consultation, la collaboration et le partenariat. Dépourvu de tout caractère juridique, le concept de partenariat a néanmoins fait l'objet de nombreux essais de définition qui le considèrent comme « une condition de réussite de l'action conjointe dans la gestion collective des activités d'insertion » (LIGNEAU, 1989, p. 606) ou comme « la nouvelle symbolique des rapports entre l'État et les collectivités locales. Le partenaire, c'est celui sans lequel on ne peut pas jouer, c'est-à-dire (...) celui sans lequel on ne peut exister. Passer dans les relations entre l'État et les collectivités locales, de la conception de l'adversaire à celle du partenaire est un changement considérable, et qui n'est pas totalement achevé » (PONTIER, 1997, p.1 225).

Concertation, consultation, collaboration, le partenariat est un terme générique qui emprunte avant tout à la sociologie, à la conception des rapports humains : idéalement, il sublimerait les rapports de force au profit d'une démarche réfléchie des acteurs pour la mise en commun des moyens particuliers dans l'intérêt général. De la sorte, la logique participative s'impose et efface la logique de l'assujettissement.

Bien évidemment, ces nouvelles formes de collaboration bouleversent les prérogatives classiques des pouvoirs publics et le rôle de l'État. Mais, sur le terrain, si la cartographie réglementaire devait se référer aux enjeux territoriaux, elle continuerait à s'appuyer sur une définition scientifique technique des aléas, ce qui tendrait à faire persister sur le plan décisionnel un modèle de régulation traditionnelle.

Eu égard à la territorialisation du risque ces nouveaux dispositifs appellent un changement de perspectives et un renouvellement des méthodologies qui permet de comprendre les phénomènes et d'agir sur les dynamiques territoriales dans un cadre renouvelé : celui du périmètre du risque.

TROISIÈME PARTIE

LES IMPLICATIONS TERRITORIALES D'UNE GESTION SPATIALISÉE D'UN RISQUE

La politique spatialisée de prévention du risque d'inondation contribue non seulement à redéfinir le rôle des acteurs territoriaux dans la gestion du risque et les procédures de mise en scène des multiples représentations mais elle vise aussi à refaçonner les espaces, tant au niveau des zones sujettes à l'inondation qu'à l'échelle du bassin versant dans son entier. Les leviers réglementaires, organisationnels ou contractuels, sur lesquels elle prend appui, sont ainsi censés converger pour restituer le territoire au risque et par là limiter la vulnérabilité des populations riveraines des fleuves et rivières.

Contextualiser et mesurer les conséquences spatiale et territoriale de ce projet de restitution du territoire au risque implique au préalable de repositionner cette nouvelle vision des relations inondation-territoire dans un continuum historique et social. Le poids des héritages constitue en effet un facteur d'explication de la portée des actions actuelles de prévention.

Ce regard sur le passé permettra en particulier de « donner de l'espace au temps » en caractérisant et en expliquant les différences d'usage des zones inondables au cours du temps. Elle contribuera à porter un regard critique sur la mise en place de l'actuelle réglementation de l'occupation du sol qui cherche à intégrer les crises hydrologiques dans l'aménagement du territoire. Elle permettra de souligner également, a posteriori, les responsabilités sociales et politiques des acteurs ou des réseaux d'acteurs dans la prise en compte ou la non-intégration du risque dans les stratégies d'aménagement collectives ou individuelles.

Par ailleurs, ce détour historique « donne du temps aux espaces » en resituant les usages du sol et les crises hydrologiques actuels tout comme les projets à venir, dans un continuum historique et social. En cela, elle participe aussi aux débats actuels sur la gestion des risques. Le devoir de mémoire présente ainsi deux aspects :

- le visage de l'identité : l'histoire des relations société-risque s'inscrit alors dans un espace affectif où chacun peut à sa manière se retrouver. La mise en scène historique peut aider le lecteur à deviner l'étendue des problèmes, à suggérer les enjeux et contribuer ainsi à l'appropriation des problèmes ;

- le visage du projet et de l'action : l'histoire des relations société-risque s'inscrit ici davantage dans un espace critique, celui de l'analyse du passé pour une meilleure construction de l'avenir.

Cet éclairage nous amènera ensuite à apprécier la construction des nouveaux territoires du risque dont les assises s'appuient à la fois sur un processus de recomposition des territoires, envisagé ici sous l'angle de la réorganisation des cadres et des modalités d'intervention, et sur la combinaison de plusieurs démarches plus ou moins directement liées à la question du risque d'inondation et visant à intégrer la question du risque au territoire.

Chapitre 6

RESTITUER LE TERRITOIRE AU RISQUE

N. Meschinet de Richemond, H.J. Scarwell, M. Fort, G. Arnaud-Fassetta, R. Laganier, F. Ogé et A. Plet

Les risques naturels et leur gestion passée peuvent être considérés comme des indicateurs politiques et sociaux de la maîtrise des territoires.

Ce que nous appelons aujourd'hui l'aléa et la vulnérabilité sont interprétés en fonction de représentations culturelles et sociales qui varient d'une société et d'une époque à l'autre. La prévention et la protection contre les risques ne peuvent donc être comprises sans une dimension temporelle. L'attitude fataliste et l'inertie face aux risques sont encore trop souvent considérées comme la marque des sociétés traditionnelles, alors même que de nombreuses études montrent aujourd'hui l'ancienneté et la complexité des comportements assuranciels et de la recherche de sécurité (FAVIER, GRANET-ABISSET, 2000). En ce qui concerne la protection, les choix techniques d'autrefois et les modalités de mise en place d'ouvrages tels que digues et barrages éclairent les situations actuelles et orientent parfois encore aujourd'hui les choix techniques, de financement et de maîtrise d'œuvre. Les travaux de B. Dessailly (1990), J.-M. Antoine, N. Meschinet de Richemond (1997) dans les Pyrénées et D. Cœur (2003) dans la région de Grenoble montrent l'importance en France de ces choix passés en lien avec l'émergence de la culture technique et du rôle des ingénieurs dans la gestion des risques dès la seconde moitié du XVIIe siècle. Le traitement des catastrophes passées et leur évolution sont très révélateurs de la gestion politique et de l'organisation territoriale du pays. Ils témoignent aussi d'une conquête progressive de la maîtrise de l'espace par le biais de corps de fonctionnaires spécialisés (intendants, ingénieurs, forestiers...) dont les réalisations permettent un véritable aménagement du territoire tout en réduisant la vulnérabilité politique et administrative de l'État.

Comment dès lors envisager la question de la restitution de territoire (et lequel ?) au risque sans resituer ce fameux territoire dans sa dimension temporelle et historique ? En effet, le processus de territorialisation des risques précisé dans les chapitres précédents s'inscrit dans une dynamique historique (jeux d'acteurs passés, évolution des sciences et des techniques, des connaissances scientifiques...) qui explique aussi la complexité, l'organisation et la hiérarchisation actuelle du phénomène. Les habitudes, les modes de gestion en partie hérités de trois siècles de construction d'un état centralisé constituent-ils des atouts ou au contraire des freins à la mise en place d'une démarche plus participative, d'une meilleure intégration du risque d'inondation dans l'aménagement, dans la mise en place de nouvelles relations entre les acteurs ? Quelles interactions ou conflits actuels, dans un contexte d'augmentation rapide des vulnérabilités urbaines, peuvent s'enraciner dans des pratiques héritées, adaptées à un contexte et des enjeux qui ne sont plus ?

Enjeux et conflits posés par la restitution de territoire au risque

Des choix politiques anciens aux conséquences territoriales sous estimées

Les procédures d'expertise des dégâts et d'indemnisation des catastrophes passées sont aussi des outils utiles pour préciser le lien entre l'espace touché, les acteurs concernés, les aménagements sinistrés et éventuellement reconstruits.

Sous l'Ancien Régime, l'indemnité accordée après une inondation n'est pas un droit mais une « grâce royale ». La conception de l'aide aux victimes qui se cache derrière ce terme est très précise et s'inscrit dans une conception plus large de l'État et de la nature. Elle est marquée par une vision du monde dans laquelle, héritage médiéval, l'ordre et les phénomènes naturels résultent avant tout d'une volonté divine. L'histoire est alors perçue comme la manifestation des desseins de Dieu en tel ou tel pays. La « bonté » et la « grâce du roi » que les sinistrés invoquent dans leurs suppliques sont donc l'image de la grâce divine puisque le roi tient son pouvoir de Dieu seul. Une catastrophe naturelle sous l'Ancien Régime n'est donc pas considérée comme une rupture dans le temps historique. C'est au contraire en tant qu'épreuve ou punition envoyée par Dieu, une occasion majeure pour la société monarchique d'affirmer sa nature de corps symbolique et pour le roi d'exercer pleinement son rôle de justicier et de législateur. C'est ainsi que, par exemple, les experts nommés pour évaluer les dégâts dans les Pyrénées catalanes devaient aller prêter serment à Perpignan entre les mains du représentant du roi (le viguier). Compte tenu des moyens et du réseau de transport de l'époque, cela représentait souvent un voyage d'une journée pour lequel ils étaient rémunérés. La forme du serment est également révélatrice : elle ressemble beaucoup au serment de fidélité prêté lors de l'hommage féodal du vassal au suzerain et qui entraînait pour le premier un devoir de « bon et loyal conseil ». Ce serment réaffirme à la fois l'intégration des provinces au royaume malgré la catastrophe, mais également le fonctionnement monarchique de la société. Le devoir de conseil des sujets vis-à-vis du roi se manifeste par l'établissement « fidèle et sincère » des états de dommages, remis par les experts. Le droit des sinistrés, dont le roi est garant, n'est pas d'obtenir une indemnisation financière conséquente, mais bien d'affirmer leur condition de sujet appartenant à tel ou tel ordre, communauté ou corps intermédiaire de la société en faisant appel à la bienveillance du monarque et en le renseignant sur les dommages réels afin que la décision royale soit guidée par la justice.

L'expertise et l'indemnisation des dégâts de catastrophes naturelles dépendent ainsi directement de l'objectif assigné à la procédure : réaffirmer symboliquement le lien entre le roi et ses sujets ainsi que l'intégration des provinces sinistrées au royaume (XVIIIe siècle). La dimension territoriale et politique de cette procédure prime donc largement sur sa dimension économique. On peut dès lors souligner le contraste existant avec des procédures plus récentes dont la finalité est avant tout économique : rembourser les dégâts à plus de 90 % (situation actuelle) ou financer en partie la reconstruction (après l'inondation de 1940 en Roussillon, L'État verse une « participation financière à la reconstruction » : les sinistrés qui ne font pas de travaux ne peuvent espérer un soutien financier, plafonné dans tous les cas à 50 % du montant des réparations réalisées). Aujourd'hui, la fonction économique et sociale de l'indemnisation a définitivement pris le pas sur toute autre. Cette évolution témoigne des changements dans la perception des catastrophes par la société tout entière. L'inondation est de plus en plus perçue comme une rupture insupportable du fonctionnement économique quotidien de la société et très rarement comme un événement à portée politique où symbolique.

Nous avons déjà montré (N. MESCHINET DE RICHEMOND, 1 997) par un travail à différentes échelles que la géographie des indemnisations et des travaux de reconstruction de grandes inondations méditerranéennes ne recouvre pas exactement celle des dégâts. Cette différence n'est pas anecdotique et traduit les choix politiques de l'administration royale, attestée dès 1763 en Roussillon, dans la gestion des inondations majeures : réserver l'indemnisation aux victimes des inondations fluviales, par débordement, au détriment des inondations pluviales, par ruissellement.

On observe par la suite une certaine continuité entre les différentes périodes historiques. Au XIXe siècle, en cas d'inondation majeure, la priorité est donnée à l'indemnisation des sites où des pertes très importantes se concentrent du fait du débordement des fleuves principaux, et à égalité de dégâts, la priorité va à l'indemnisation des communes sinistrées par débordement et non par ruissellement.

Cependant, si au XVIIIe siècle cette stratégie est reconnue et revendiquée comme un choix, certes peu satisfaisant mais nécessaire, rien de tel ne transparaît dans les propos des autorités du XIXe siècle, que ce soit dans les lettres des maires, du préfet et des sous-préfets, des gendarmes ou des élus. Il semble que ce choix de privilégier l'indemnisation de la fraction fluviale de l'inondation soit devenu en 150 ans une évidence implicite, au moins parmi les responsables locaux. On peut résumer ainsi ces deux conclusions :

- Le choix politique du XVIIIe siècle de privilégier l'indemnisation des inondations fluviales par débordement, compréhensible dans un contexte où les protections contre le risque sont encore bien faibles,
- La persistance implicite de ce choix au XIXe siècle et une répartition tacite des rôles qui en découle, à savoir : à l'État la protection contre les inondations fluviales par débordement (grands travaux menés par les ingénieurs depuis l'Ancien Régime) et aux particuliers la défense contre les inondations pluviales (travaux de petite hydraulique agricole, entretien des canaux, des murs de soutènement, transport de la terre vers le haut du versant après chaque événement…).

La gestion des risques (qui n'existe pas encore en tant que telle) et surtout des catastrophes naturelles anciennes est souvent réalisée au service d'un enjeu supérieur : maîtriser le territoire national. Le risque majeur principal du Xe au XIXe siècle est finalement lié à la vulnérabilité politique et administrative d'un état centralisé qui se construit peu à peu. C'est cet impératif qui sous-tend également la répartition tacite des rôles observée en Roussillon.

Ceci pose aujourd'hui la question des implications territoriales de ces choix de longue durée, assumés ou non. En effet, ces choix, au départ adaptation à des conditions financières trop précaires pour pouvoir faire face aux plus gros imprévus de la nature, conduisent à des traitements différenciés des territoires inondés : le territoire inondable reconnu par l'État et faisant l'objet d'aménagements est avant tout l'espace de débordement des cours d'eau identifiés et non les espaces de ruissellement intense, remontées de nappes, zones urbaines. Le territoire tacitement accordé au risque est celui proche des cours d'eau, mais c'est un territoire qui ne peut se comprendre indépendamment de l'acteur qui le définit ainsi et le subordonne à d'autres impératifs, parfois considérés comme prioritaires, qui sont les siens (fixation des frontières, unification du territoire national, centralisation...)

Or, aujourd'hui, l'ampleur d'une catastrophe dépend beaucoup plus du niveau de vulnérabilité que de la stricte violence physique de l'aléa, comme sont en train de le montrer les événements de la Nouvelle-Orléans et les inondations languedociennes des 6, 7, 8 septembre 2005. Dès lors, la question de la restitution au risque de territoires traditionnellement considérés comme non exposés s'avère plus difficile à envisager. Comment proposer un zonage, une territorialisation qui soit d'abord fondée sur la vulnérabilité des enjeux à tous les niveaux quand on sait la difficulté d'évaluer cette vulnérabilité, ses variations journalières (heures de pointe dans les transports), saisonnières (saison touristique estivale dans le Midi), annuelles, et micro-locales, et alors que cela va à l'encontre d'une tendance lourde, largement oubliée, qui associa étroitement, plusieurs siècles durant, les dommages d'une catastrophe (inondation torrentielle) à l'ampleur physique d'un processus naturel (la crue, et plus récemment les intensités de pluies prévues) ?

Le bassin versant : un consensus actuel qui cache les difficultés qu'a eu cette notion pour s'imposer

Les rumeurs et explications fantaisistes de phénomènes naturels, les récits oraux populaires aujourd'hui collectés par les sociologues pour mieux comprendre la perception actuelle des risques (PRADEL, 1999) témoignent aussi de la lente diffusion des savoirs, diffusion qui ne se fait pas de la même manière au sein de différents groupes sociaux. On peut prendre l'exemple de la lente émergence du bassin versant, notion qui paraît aujourd'hui une évidence, comme territoire pertinent de compréhension des crues inondantes puis de gestion du risque. Elle ne peut se comprendre sans passer par les acteurs qui l'on porté.

Au XVIIe siècle, les populations (instruites) des plaines littorales du Languedoc et du Roussillon cherchent à comprendre d'où vient cette eau qui les inonde régulièrement en quelques heures. Une explication longtemps attestée dans les Pyrénées de l'est et dans les Alpes, était celle de la rupture de poches d'eau emprisonnées dans la montagne, ou la vidange subite de lacs d'altitude. De telles explications montrent combien il est difficile pour les populations de croire que seuls les grandes pluies méditerranéennes puissent être à l'origine des inondations brutales... Difficulté qui n'est pas l'apanage des populations, même peu instruites, des XVIIe ou XVIIIe siècles. Ce mythe de la rupture de la poche d'eau ou de lacs est relayé par des ingénieurs des

Ponts et Chaussées et du génie militaire au XVIIIe siècle (à propos de la grande inondation régionale de 1763 ou de la crue de la Têt du 2 juin 1777, DESAILLY, 1992, pp. 191-193) et on la retrouve dans les résultats d'une enquête réalisée dans la vallée du Tech en 1991 (XATARD, 1991) au sujet de la grande inondation d'octobre 1940:

- moins de 50 % des personnes interrogées pensent que la catastrophe est seulement due à de très fortes pluies (ce qui est pourtant la réalité !),
- cette valeur s'abaisse à moins de 25 % pour la population des hameaux isolés en altitude,
- les autres causes les plus souvent citées sont un tremblement de terre, une vidange de poche d'eau ou une éruption volcanique.

Tous ces faits témoignent de la lente diffusion des découvertes scientifiques à des rythmes différents selon les lieux, les groupes sociaux, les époques, sans que disparaissent pour autant les hypothèses antérieures devenues fausses. Ainsi la théorie du cycle atmosphérique de l'eau, proposée par P. Perrault et l'abbé Mariotte à la fin du XVIIe siècle met plus d'un siècle à se diffuser et à supplanter dans les cercles instruits la conception d'un cycle souterrain, datant de l'Antiquité, et auquel on peut facilement rattacher ce mythe de la rupture de poches d'eau cachées dans la montagne. Il en est de même de la notion de bassin hydrographique, apparue elle aussi fin Xe siècle, mais réellement diffusée après 1752 et la parution de *l'Essai de géographie* de P. Buache. Dans le même temps, les progrès de la cartographie, avec la levée des différentes feuilles de la carte de Cassini, favorisent cette diffusion par la visualisation de cette nouvelle entité géographique.

Mais B. Desailly souligne que ce qui caractérise la fin de l'Ancien Régime, au moins en matière d'inondations roussillonnaises, « est le divorce qui s'instaure entre un discours novateur, qui appelle une intervention s'étendant à la totalité de la province, et une pratique de l'aménagement spatialement limitée, qui très généralement exclut la montagne et privilégie le bas pays. » (DESAILLY, 1992, p. 207). Cet écart entre les progrès scientifiques d'une part et leur diffusion suffisamment large pour permettre un changement dans les pratiques de gestion d'autre part a pour conséquence que cette notion de bassin hydrographique reste une notion spatiale mais pas encore territoriale pendant la première moitié du XVIIIe siècle, ce que D. Cœur (qui s'est particulièrement intéressé à la région grenobloise) appelle « un savoir sans territoire : le risque indicible ».

Les Xe et XVIIIe siècles sont ainsi des périodes charnières au cours desquelles apparaît et se diffuse un discours de plus en plus argumenté scientifiquement et techniquement au sujet des inondations, permettant ainsi le développement (et la généralisation à travers le corps professionnel spécifique des ingénieurs des Ponts-et-Chaussées) de nouvelles pratiques de gestion du risque. Ce n'est qu'à la fin du XVIIIe siècle que le risque hydrologique est compris par les ingénieurs à travers le cadre spatial du bassin versant qui permet de formuler la solidarité amont-aval, l'aval recevant l'eau et les matériaux issus de l'amont (DESAILLY, 1992, pp. 195-196). Le bassin versant apparaît alors comme un territoire spécifique, propre aux penseurs et aux ingénieurs, objet territorial scientifiquement pertinent et qui n'est approprié par aucun autre acteur.

Pourtant, l'écart entre les discours novateurs en matière de gestion du risque d'inondation et la pratique effective ne se réduit que lentement. Il faut attendre la deuxième moitié du XIXe siècle pour que l'on observe des changements significatifs sous la pression des grandes inondations de 1856 qui affectent pratiquement l'intégralité du territoire français et montrent l'inefficacité des travaux de protection rapprochée.

C'est alors l'intervention dans les hauts bassins montagnards qui devient prioritaire, s'appuyant sur les préconisations de nombreux ingénieurs comme Alexandre Surrel qui publie en 1841 sa célèbre « Étude sur les torrents des Hautes-Alpes ». La première moitié du XIXe siècle en France se caractérise en effet par l'apparition de ce que G. Brugnot appelle « une idéologie du reboisement » justifiée par la nécessité de lutter contre l'érosion et les catastrophes naturelles associées, totalement opposée aux conceptions qui prévalaient 100 ans plus tôt et qui associaient le déboisement à l'image même de progrès. Ce courant d'idées nouvelles qui met l'accent sur la responsabilité de l'Homme dans les catastrophes naturelles, se diffuse peu à peu dans les milieux politiques et donne naissance à une véritable politique de Restauration des Terrains en Montagne (1860 et 1882).

Sa mise en œuvre dans la deuxième moitié du XIXe siècle se traduit par des conflits très violents entre les populations locales (à une période où l'on observe un maximum démographique dans les montagnes alpines) et les tenants de cette gestion nouvelle. Ces conflits illustrent bien les difficultés des relations entre acteurs, les populations montagnardes ayant été largement tenues à l'écart de l'élaboration de ces nouvelles réglementations, considérées comme des populations « dévastatrices et arriérées » (BRUGNOT, CASSAYRE, 2002). Il faut attendre la loi d'août 1913 qui introduit la notion de régulation du régime des eaux, et le développement du tourisme en montagne, pour que soit abandonné l'objectif utopique d'un reboisement global au profit d'interventions plus ciblées.

Territoires, jeux d'acteurs et moyens d'action : des conflits trop oubliés

Le fait que le bassin versant soit aujourd'hui perçu comme incontestable et consensuel ne doit pas occulter le fait qu'il émane bel et bien d'un type d'acteur particulier. Au XVIIIe siècle, le consensus des acteurs autour du bassin versant n'existe pas (VINET et MESCHINET DE RICHEMOND, 2005). À l'échelle du village est-pyrénéen par exemple, la population exposée prend en compte les risques naturels dans l'organisation spatiale de son territoire et ne perçoit absolument pas le bassin versant comme un territoire pertinent de gestion quotidienne. Penser en termes de bassin hydrographique nécessite une échelle de travail et des connaissances que n'ont pas la plupart des acteurs à cette époque, et en particulier les populations locales. Dès lors, cet objet géographique peut aussi être instrumentalisé dans les jeux d'acteurs pour permettre l'émergence d'un groupe (ingénieurs s'exprimant par écrit, en français, et maîtrisant des connaissances et des outils techniques spécifiques) face à d'autres (populations locales dont les connaissances vernaculaires sont transmises par oral et dans les langues régionales) et pour légitimer les choix de gestion portés par ce groupe.

Les enjeux et les acteurs de la protection s'inscrivent aussi dans une culture technique et dans un contexte particulier de rapports entre la nature et la société (tableau 6.1). Face aux phénomènes naturels destructeurs, les compétences spécifiques que développent les ingénieurs apparaissent historiquement comme une étape essentielle dans la prise en compte spatialisée du risque par la collectivité. Pour juguler les dangers, pour maîtriser les risques, il faut fixer les cours d'eau, les corseter. Cette conception s'inscrit dans une analyse fixiste de la nature. Les digues sont d'abord conçues ponctuellement pour des objectifs clairement identifiés et pour défendre des territoires qui restent assez localisés comme en témoignent les premières levées de la Loire qui datent du Xe siècle (DION, 1933).

Faire des travaux de protection relève de nombreux acteurs mais en particulier des ingénieurs qui, en hommes de terrain, ont avant tout au XVIIIe siècle une conception très ponctuelle des aménagements. La place éminente qui leur est accordée peu à peu comme acteurs de l'aménagement traduit une conception des rapports nature/société et du traitement des dangers qui, au Xylème et encore parfois aujourd'hui, oppose la nature (à maîtriser, à aménager) et la société dont émanent les experts, les techniciens, les ingénieurs qui fournissent des réponses au danger à l'aide d'outils spécifiques.

Tableau 6.1 : Exemples d'acteurs, de compétences et de territoires

Acteurs (val de Loire, Roussillon)	**Conception de la nature, de l'espace à aménager**	**Modes privilégiés d'action**	**Espaces d'intervention**
Agriculteurs du **Moyen-Age**	*Ager* civilisé par opposition à la forêt (*sylva*), aux lacs et aux rivières.	Défrichements, petites digues locales, murs, réseaux de canaux, (Val de Loire) à l'échelle du parcellaire agricole et/ ou du versant (Pyrénées de l'est).	Local (terroirs, paroisses)
XV-XVIème siècles : bourgeois citadins, le roi et ses ingénieurs du Génie militaire.	Les impératifs stratégiques (défense des ponts, des villes) sont associés aux intérêts économiques.	Grandes digues sur des biefs limités pour faciliter la navigation et le commerce.	Tronçons du Val de Loire, ponts des routes royales (Perpignan) et ports.
XVII-XVIIIème siècles : Ingénieurs militaires, ingénieurs du roi **XVIII-XIXème siècles :** Ingénieurs du roi puis des Ponts-et-Chaussées et des Eaux-et-Forêts.	Progrès des savoirs scientifiques et foi dans une maîtrise technique de la nature.	Ouvrages de protection ponctuels mais multiples (ponts, digues, épis...). Reboisements.	Attention particulière aux périphéries à intégrer au territoire national (Nice, Savoie, Roussillon).

Durant la deuxième moitié du XVIIIe siècle et la première moitié du XIXe, ce savoir technique, centré sur les ouvrages à réaliser, va perdre peu à peu de sa prégnance avec le développement des connaissances en hydrologie, hydraulique, météorologie, nature des écoulements. Les progrès scientifiques et la diffusion des connaissances techniques aux XVIIIe et XIXe siècles entraînent des changements dans les méthodes de protection employées et les techniques de construction, non sans conflits internes entre les « anciens » et les « modernes ».

De nouvelles conceptions sont développées dès la fin du XVIIe par des ingénieurs des Ponts (tel Kolly de Montgazon à Perpignan en 1778) qui constatent que des dépôts alluviaux en lit mineur rendent caducs de nouvelles infrastructures. Ces observations viennent conforter les idées défendues par Buffon dans sa Théorie de la Terre en 1749, qui propose une approche non plus fixiste mais dynamique des phénomènes terrestres, mais restent très controversées. Aujourd'hui émergent comme dominantes non pas des conceptions nouvelles ou révolutionnaires comme pourrait le laisser croire une analyse limitée à la période contemporaine, mais des conceptions qui datent parfois du XVIIe siècle mais qui étaient alors extrêmement minoritaires, voire perçues comme hautement fantaisistes à l'époque. Pour autant, ce caractère minoritaire a peu à peu nourri les débats scientifiques (trop souvent oubliés aujourd'hui) et a sans doute joué un rôle dans l'émergence actuelle dans le débat public de notions mûries et opérationnelles.

Ainsi, dans la première moitié du XIXe siècle un regard critique est porté sur les ouvrages de protection rapprochée, notamment à la suite des gigantesques inondations de 1856. Les digues construites à grands frais ne peuvent garantir la mise hors d'eau des lits majeurs. Des discours critiques soulignent même leur dangerosité liée au sentiment de sécurité qu'elles inspirent et qui conduit à l'intensification des activités humaines sur des espaces menacés. Au XIXe siècle, l'ingénieur Comoy insiste, à propos de la Loire, sur le fait qu'il faut laisser le lit libre, qu'il faudrait implanter les levées à 500 ou 600 m du lit mineur…

C'est pourquoi, s'appuyant sur les progrès des connaissances dans le domaine de l'hydrologie, les tentatives pour réduire les débits à l'aval, là où se situent de grandes villes, se traduisent par un intérêt nouveau porté à l'amont des bassins versants. C'est dans ce cadre que les élites préconisent de plus en plus le reboisement des hauts versants ou la construction de barrages. On assiste à un renversement de l'ordre des priorités par rapport aux conceptions en vigueur à la fin du XVIIIe siècle. Les ingénieurs d'avant la Révolution considéraient la prohibition des défrichements comme une mesure d'accompagnement des grands travaux réalisés dans la plaine. Au XIXe siècle, l'intervention dans la montagne apparaît primordiale pour la majorité, la protection à l'aval lui étant subordonnée (DESAILLY, 1992, pp. 208-209). De grands programmes pensés à l'échelle du bassin voient alors le jour dans les Alpes et les Pyrénées à la fin du XIXe siècle, en application des lois RTM de 1860, 1864 et 1882. C'est aussi l'époque où se mettent en place et se structurent les premiers services d'annonces des crues, avec l'installation de nouvelles stations chargées de relever les hauteurs d'eau.

Pour autant, les opérations ponctuelles ne cessent pas dans la pratique, d'ailleurs souvent sous la demande pressante des riverains. La proposition de Comoy d'implanter les levées de la Loire à 500 ou 600 m du lit mineur pour laisser un espace de liberté au fleuve est intenable politiquement… Cela reviendrait à rendre inondable une grande partie du lit majeur exploité et cela affecterait des quartiers entiers protégés par les digues à Orléans, Blois, Tours… L'utilisation de connaissances techniques pour la gestion du risque s'inscrit donc aussi dans le cadre d'un jeu d'acteurs, de conflits pour asseoir sa suprématie, créer une légitimité pour un groupe émergent, préserver des intérêts économiques. C'est dans cette perspective qu'il faut placer la réglementation de 1858 qui interdit d'implanter des digues à l'amont des grandes villes comme Lyon et Paris : en termes d'acteurs et de territoires, c'est sacrifier les terres agricoles de l'amont, au profit de la protection des grandes agglomérations.

Les objectifs des pouvoirs publics face au risque et les mesures privilégiées pour y faire face ont donc largement évolué au cours du temps : l'histoire nous montre que la réalisation des aménagements de protection satisfaisait des acteurs parfois tout autres que les populations locales concernées par l'inondation. Les inondations passées ne s'inscrivent donc pas sur un territoire unique : leur prise en compte par la société se fait à plusieurs échelles spatiales et temporelles, en fonction de priorités qui peuvent être extérieures.

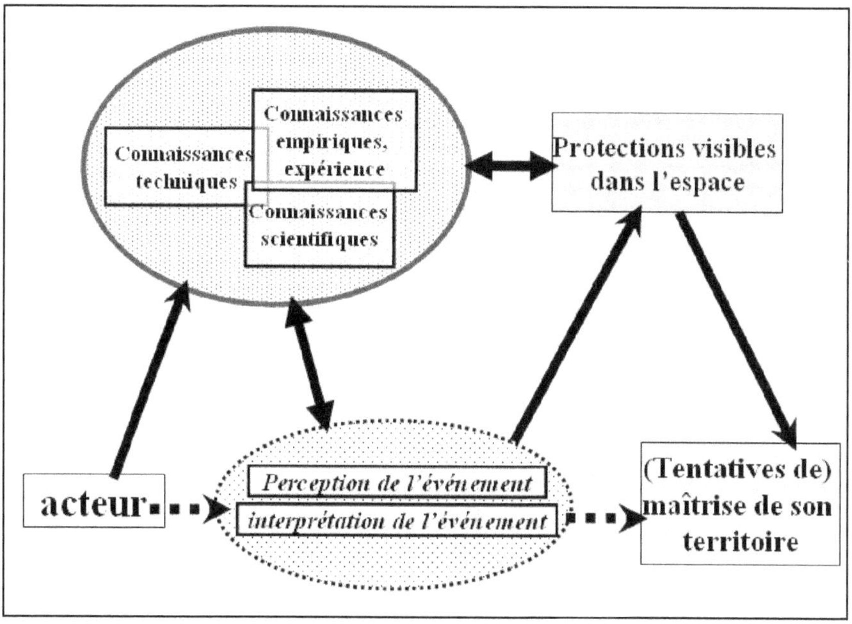

Figure 6.1 : Un territoire et des moyens propres à chaque acteur.

Les digues sont d'abord réalisées par les ingénieurs (du roi, puis des Ponts-et-Chaussées) en fonction d'enjeux militaires et stratégiques : installer et protéger les ponts, points de passage obligés pour les armées et les marchandises. À l'échelle du territoire national, des objectifs géopolitiques sont souvent considérés comme prioritaires : la maîtrise des périphéries par exemple. Au XVIIIe et au XIXe siècles, les travaux réalisés sur les torrents des Alpes et des Pyrénées ont aussi pour but d'intégrer ces nouvelles provinces à l'espace national, de créer et renforcer la cohésion territoriale du pays : le Roussillon est rattaché au XVIIIe siècle à la couronne de France, la

Savoie est annexée d'abord en 1792 puis en 1860 (après la chute de Napoléon, elle avait été restituée à la maison de Savoie en 1815), le Comté de Nice devient lui aussi français… Le développement d'une politique de gestion des torrents se fait certes au nom de la lutte contre les inondations dans les bas pays, mais aussi pour marquer le rôle intégrateur du pouvoir royal ou central, pour construire un territoire maîtrisé parfois contre la volonté des populations locales (Guerre des demoiselles en Ariège au début du XIXe siècle).

Les premiers ingénieurs ont une conception souvent très ponctuelle des aménagements car il s'agit d'assurer la protection des lieux stratégiques et de l'insérer dans le cadre de nouveaux travaux de fortifications, souvent initiés par Vauban. Ailleurs, les impératifs militaires s'effacent devant les préoccupations économiques, d'urbanisme et d'esthétique : les ouvrages doivent être solides, mais aussi beaux : on transforme le sommet des digues en promenades, on crée des jardins, on tente de limiter les divagations des fleuves. Ces soucis esthétiques correspondent aussi à une volonté idéologique d'intégration nationale par la culture et d'une meilleure maîtrise territoriale à une époque où il faut plusieurs heures pour parcourir quelques dizaines de kilomètres.

On a donc une instrumentalisation de la protection et des mesures structurelles à des fins multiples : pour intégrer de nouvelles provinces, mais aussi dans le cadre des travaux RTM pour imposer le nouveau corps des Eaux et Forêts. Le jeu des acteurs se met en place, chacun utilisant des moyens spécifiques, un territoire d'action privilégié en fonction de ses connaissances et de sa perception des événements (figure 6.1), pour défendre sa position et tenter de prendre le pas sur les autres acteurs concurrents : les articulations entre ces moyens d'une part, ces territoires d'autre part, ne vont donc pas du tout de soi puisque, dans le cadre de conflits d'acteurs, elles n'ont guère de raison d'être.

Ces conflits restent d'ailleurs d'actualité, comme on l'a vu en Camargue il y a quelques années au sujet des digues du Rhône, à Arles et dans le Gard et l'Hérault tout récemment (2002). Après de tels événements, les sinistrés réels et potentiels exigent le plus souvent des mesures de protection rapprochées et contestent les projets plus globaux et moins visibles dans le paysage, ce qui rend difficile l'acceptation de mesures non structurelles… C'est aussi pourquoi après l'inondation de 1940 en Roussillon, des digues béton ont été construites en grand nombre pour permettre la reconstruction économique des exploitations riveraines des cours d'eau… le calibrage est bien souvent trop étroit pour des crues exceptionnelles mais correspond bel et bien à un compromis entre acteurs et non à une absence de connaissances techniques et hydrologiques.

Les progrès scientifiques, des connaissances et des techniques aux XVIIe et XVIIIe siècles, sont liés à l'émergence de nouveaux acteurs comme les ingénieurs ou les forestiers, à l'origine de nouvelles pratiques de gestion, plus efficaces. Malgré des succès incontestables dans la lutte contre les inondations, cette émergence s'est souvent faite contre, et non avec, les populations et acteurs locaux. La complexité, l'ambiguïté de la perception du risque ou de la catastrophe par les populations locales s'explique aussi par l'instrumentalisation du risque dans ces conflits passés entre acteurs : l'attachement à la vallée, au fleuve pourvoyeur d'inondations marque l'appartenance à un groupe culturel particulier (catalan ou savoyard), en conflit avec les ingénieurs et l'administration nationale perçue comme envahissante et utilisant les progrès techniques de lutte contre les inondations ou l'érosion pour imprimer sa marque et accroître son contrôle sur un espace national encore mal unifié.

Ainsi, gérer le risque par la protection rapprochée s'inscrit dans un cadre social, s'analyse au travers de territoire d'inégales dimensions et s'inscrit dans une culture technique dont le but est de maîtriser la nature. Le territoire du risque est moins fonction de l'aléa que de la compréhension que l'on en a et de la manière dont les différents groupes d'acteurs d'une part, la société dans son ensemble d'autre part, intègrent ou non ce risque dans une vision plus globale, le hiérarchise par rapport à d'autres risques perçus comme plus ou moins importants et qui orientent l'action publique.

Usages du sol, évolution de la vulnérabilité en zone inondable et PPR

Des usages traditionnels du sol qui témoignent d'une prise en compte globale des risques

Jusqu'au milieu du XXe siècle, la majorité de la population française vit à la campagne : ce que l'on n'appelle pas encore le territoire du risque est donc avant tout rural puisque la vulnérabilité humaine y est forte. Les populations paysannes développent des stratégies élaborées, et souvent sous estimées, de prise en compte des risques. La densité de population rurale, parfois 10 fois plus élevée au XVIIIe siècle qu'aujourd'hui, et de fortes pratiques communautaires permettaient un entretien constant et soigneux du parcellaire agricole. Les événements catastrophiques sont suffisamment fréquents au XVIIe et XVIIIe siècles pour entretenir ces pratiques locales nécessitant une main-d'œuvre importante : la terre érodée par les pluies ou les inondations est remontée sur les versants à dos d'homme ou de mulet, les parcelles agricoles, les murets ou les haies sèches sont reconstruits, les moulins, prises d'eau, canaux d'irrigation, bassins sont soigneusement remis en état, les haies vives, les arbres fruitiers ou les vignes sont replantés.

Jusqu'à la fin de la deuxième guerre mondiale nombre d'habitants du Languedoc et du Roussillon appartiennent à des familles installées depuis plusieurs générations dans leur village. Habitués aux irrégularités pluviométriques du climat méditerranéen, ils connaissent aussi bien l'excès d'eau que la pénurie : le problème est de faire face à au moins deux extrêmes, sécheresse et inondation. Les moyens d'action contre les orages et la grêle étant beaucoup plus limités que ceux mis en œuvre contre la sécheresse, c'est d'abord le manque d'eau qui structure les paysages et justifie les aménagements locaux. On pourrait donc dire que le territoire du risque d'inondation ne peut à l'époque s'envisager en dehors du territoire, plus large, du risque de sécheresse.

Le rôle des petits aménagements agricoles et hydrauliques (de denses réseaux de canaux d'irrigation se structurent dès le Moyen-Âge) n'est pas neutre du tout lors des grandes pluies d'automne. Tout l'art consiste à conserver et diriger l'eau en période de pénurie tout en essayant de limiter les effets néfastes de son excès momentané en cas d'orage prolongé. Les techniques de construction, le choix des matériaux, les comportements sont adaptés dans une certaine mesure à ce souci de prévention (MESCHINET DE RICHEMOND, 2003).

En montagne méditerranéenne, en cas de fortes pluies, les vannes sont toutes laissées ouvertes, il s'agit de laisser l'eau circuler rapidement vers le bas des versants tout en évitant de lui faire prendre autre chose que les « chemins de l'eau » connus, prévus, entretenus à cet effet. Les bassins jouent pour leur part beaucoup plus fréquemment le rôle de piège à sédiments. Le nombre de « bassins détruits et complètement ensablés » est élevé, il faut parfois 10 journées d'ouvrier pour enlever le sable, mais ce matériel est vite réutilisé avec profit pour combler les ravinements sur les parcelles supérieures. S'esquisse ainsi en demi-teinte une prise en compte empirique du risque qui ne se limite pas aux bords des cours d'eau.

En plaine, au contraire, il faut fermer les prises d'eau et les vannes, installer les martillères (planches installées à l'entrée des maisons ou d'un jardin, qui coulissent dans une glissière en métal ou sont maintenues par des crochets) dès que s'annonce la crue : le réseau d'irrigation ne doit pas permettre l'extension de l'inondation. Pour être efficace, une bonne coordination est nécessaire entre tous les propriétaires, ce que facilite (théoriquement !) la gestion syndicale des canaux, des prises d'eau et des digues. Lorsque la crue arrive, les habitants des siècles passés savent qu'il ne faut pas seulement surveiller la rivière : il ne faut pas se faire « prendre à revers » par les canaux d'irrigation. Le mas de la plaine à plusieurs niveaux et l'escalier extérieur facilitaient la montée du cheval, de meubles ou de matériel, au premier étage en cas de brusque montée des eaux. On ne peut affirmer catégoriquement le rôle de protection contre les eaux d'aménagements concourant d'abord à l'irrigation, mais on constate cependant que leurs effets étaient connus et pris en compte par les communautés villageoises dans la gestion de leur territoire. Si ces équipements ont tendance, lors des inondations très exceptionnelles, à aggraver les dégâts à l'échelle des parcelles, cela ne doit pas faire oublier qu'ils ont, lors des fortes pluies d'automne qui reviennent presque chaque année, un rôle protecteur à l'échelle du versant ou du terroir.

L'organisation spatiale des terroirs des Aspres au XVIIIe siècle (BARELLO, 1989) traduit cette prise en compte globale et non sectorielle des risques. Elle assure une bonne protection contre les incendies grâce à sa large occupation, est également bien adaptée au risque d'inondation. Les cultures vivrières les plus importantes sont localisées sur les pentes faibles, à proximité des habitations, et surtout à bonne distance du lit majeur. Lorsque la topographie s'y prête, le lit majeur est réservé aux prés et aux fourrages. Les bêtes y pâturent au printemps et à l'automne, mais sont le plus souvent envoyées sur les parcours déforestés situés en altitude. La vie agricole s'organise sur les versants en montagne, sur les terrasses anciennes ou les collines dans les basses plaines. Le torrent est souvent perçu comme une menace : il constitue fréquemment une limite beaucoup plus difficile à franchir que les sommets pâturés, emportant régulièrement les ponts construits en conséquence (en bois et à faible coût). Héritage de cette période, les limites actuelles de communes sont davantage calquées sur le cours d'eau que sur les lignes de crête. À cette époque en Catalogne, le bassin versant n'est pas considéré ni vécu comme une unité paysagère fonctionnelle, au contraire des versants situés de part et d'autre d'une crête ou d'un col. Il ne faut donc pas sous-estimer l'influence des stratégies de gestion et prise en compte du risque dans l'organisation spatiale fine des terroirs agricoles, aussi bien en montagne qu'en plaine.

L'arrivée de techniques et d'organisations plus efficaces dans un contexte de développement économique et démographique a souvent balayé des pratiques vernaculaires, transmises par voie orale et non écrite, qui auraient aujourd'hui leur place au sein d'un dispositif global de réduction de la vulnérabilité.

Évolution de la vulnérabilité dans les basses plaines de l'Aude et PPR.

La perception dépend largement du niveau d'acceptation du risque, lequel est finalement fonction d'un bilan coût/avantages complexe et (souvent empiriquement et implicitement) réalisé par le groupe social exposé (famille, village, nation ou société tout entière). La diversité et le nombre des aléas auxquels une population est exposée conduisent ainsi à une perception et une gestion nuancée et hiérarchisée des phénomènes possibles. Ainsi, des stratégies apparemment peu efficaces vis-à-vis des inondations révèlent moins une méconnaissance technique que le choix délibéré et empirique de « jouer sur plusieurs tableaux » dans un contexte où le risque grave mais rare ou ponctuel (inondation) se mêle toujours au risque chronique et généralisé (sécheresse estivale).

Si, dans les bassins supérieurs, les inondations ont un caractère torrentiel, les plaines alluviales du Languedoc sont touchées par des inondations fluviales caractérisées par des vitesses d'écoulement plus lentes, mais avec des hauteurs et des durées de submersion plus importantes. Les inondations dans ces basses plaines ont toujours été fréquentes mais n'avaient, dans la majorité des cas qu'un impact limité.

Un grand nombre de communes des basses plaines de l'Aude sont inondables en totalité, du fait de l'ampleur du lit majeur. Il ne faut pas oublier que ces basses plaines se sont mises en place très rapidement à l'échelle géologique, par les atterrissements successifs liés aux apports fluviatiles : le rivage a beaucoup évolué depuis l'Antiquité et le Moyen-Âge. Il y a 2000 ans la ville de Narbonne était un port maritime, (aujourd'hui à 12 km à l'intérieur des terres) et les eaux marines atteignaient l'étang de Capestang. Le secteur de Coursan était occupé par un lac dont le comblement se poursuit jusqu'au XIVe siècle et la fin de l'activité portuaire de Narbonne.

L'occupation humaine de ces plaines a longtemps subi la mobilité d'un espace deltaïque en transformation rapide, non sans tenter de le maîtriser. Ainsi, la sédimentation s'est considérablement ralentie après la canalisation et la fixation de l'embouchure de l'Aude à Fleury vers 1316, suite à une crue majeure. C'est en effet de ces grandes crues du XIVe siècle (1316, 1343) que date la défluviation de l'Aude vers son embouchure actuelle, malgré les tentatives pour lui faire reprendre son cours ancien vers Narbonne. Le colmatage se limite ensuite aux périodes d'inondation, à la vitesse estimée de 1 m par siècle, ce qui explique aussi le profil actuel en toit du lit majeur. Pour autant, ces débordements ont largement contribué à l'attractivité de ces espaces pour l'Homme : des sols riches et profonds, favorables à l'installation de grands domaines agricoles dans l'Antiquité, jusqu'à la monoculture viticole du XXe siècle.

Au-delà du contexte général, l'analyse des photos aériennes de 1976, 1986 et 2003 des basses plaines de l'Aude permet de mettre en évidence, si ce n'est une causalité, du moins une relation entre les faits observés à l'échelle locale et l'évolution réglementaire nationale.

Un premier constat s'impose à la lecture des cartes : la croissance urbaine se concentre sur la période 1976-1986 y compris pour le quartier des Garrigots au nord de Cuxac, tandis que la période 1986-2003 est davantage caractérisée par l'abandon massif de la vigne et l'affectation de ces parcelles à d'autres types de cultures (figure 6.2).

Ces changements paysagers sont importants. Dans les années 1960, les basses plaines de l'Aude sont encore caractérisées par une monoculture viticole. Cette spécialisation structure largement la vie économique, sociale voire politique de la région.

La défense contre les inondations est organisée en fonction de cet usage viticole des terres et de la complexité du cheminement des eaux dans ces basses plaines où l'altitude maximale ne dépasse pas 7 m. La vigne se prête bien à la mise en valeur de terres fertiles, régulièrement inondées et dont la salinité est parfois importante. Ce caractère inondable n'est pas perçu négativement par une population qui garde en mémoire les ravages de la crise du phylloxéra. L'absence de clôtures, le dense réseau de canaux dont le sens d'écoulement peut parfois varier, contribuent également à la préservation de la mémoire du risque.

L'Association Interdépartementale des Basses Plaines de l'Aude (AIBPA) qui naît en 1945 de la réaction des départements de l'Aude et de l'Hérault face aux graves inondations de 1930 et 1940 a pour mission d'aménager et d'entretenir ouvrages et canaux là où n'existait pas de structure gestionnaire antérieure dans le but de protéger notamment les terres agricoles. Le déclin de la viticulture (primes d'arrachage), les aides à la diversification (arbres fruitiers, céréales, produits maraîchers) et à l'intensification des cultures qui caractérisent les années 1980 entraînent des changements paysagers importants. Le paysage viticole traditionnel est moins vulnérable à l'inondation car plus compatible avec les débordements que d'autres types de cultures plus fragiles, à forte valeur ajoutée et nécessitant des installations techniques spécifiques.

Ces changements agricoles en zone inondable ravivent donc les conflits d'intérêts dans la mesure où les agriculteurs ayant investi sur ces terres n'acceptent pas facilement de supporter le surcoût économique des pertes lié à l'inondation préférentielle de leur terrain pour protéger les secteurs urbanisés. La modification du type de production morcelle davantage le paysage et facilite l'apparition d'obstacles à l'écoulement de l'eau en liaison avec ces évolutions dans l'occupation du sol.

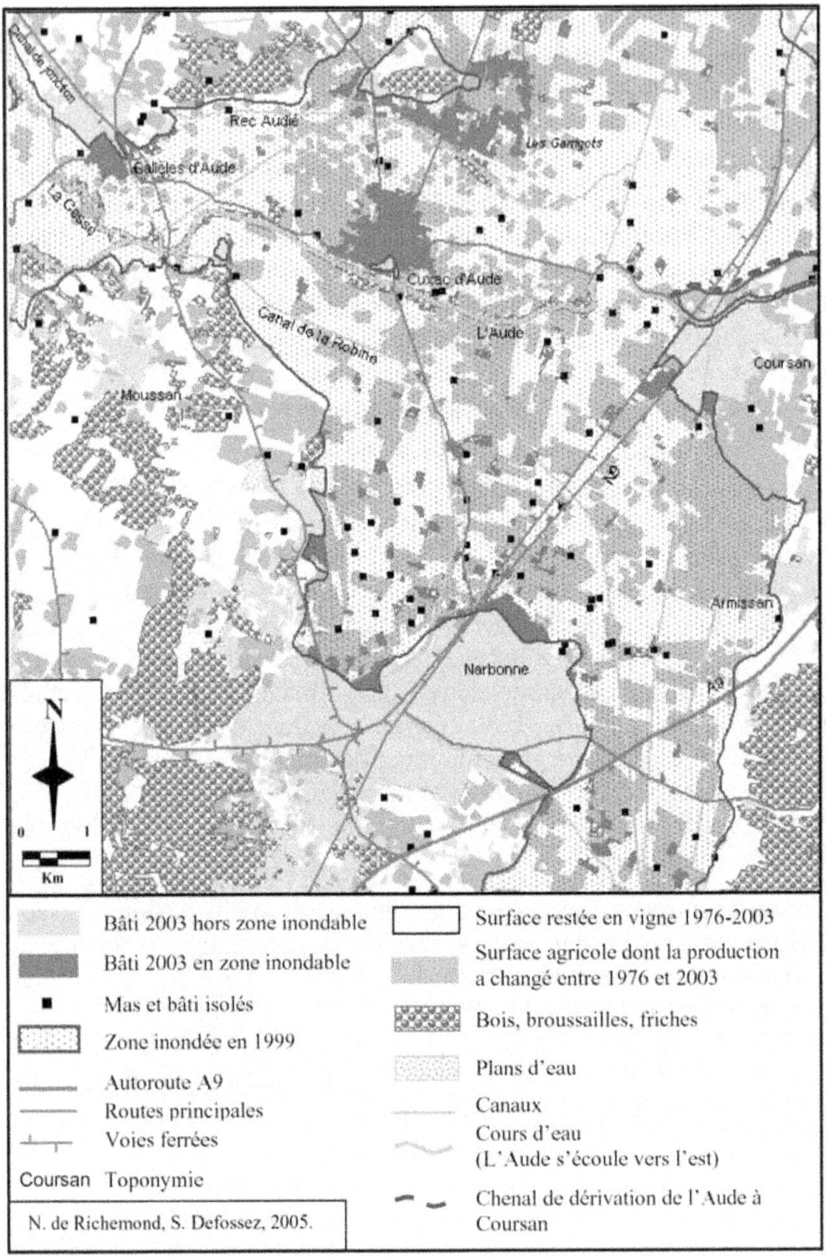

Figure 6.2. : Zones inondables et occupation du sol dans les basses plaines de l'Aude, d'après les photographies aériennes de 1976, 1986, 2003. (IGN, IFN).

La clôture de certaines parcelles, le développement de serres, de cabanons, de maisons individuelles avec jardin contribuent à la perte de conscience visuelle du risque de passage de l'eau.

Mais le paysage viticole, moins vulnérable à l'inondation que des cultures maraîchères, constitue déjà une dégradation par rapport à un paysage agraire antique qui réservait, au contraire d'aujourd'hui, les collines et hautes terrasses à la culture des céréales et laissait les basses plaines à l'élevage, et aux prairies... (BERGER, 2003). En deux millénaires, le processus d'inversion de valorisation de l'espace agricole est presque total. Les terres qui ont aujourd'hui le plus de valeur en termes agricole, économique, foncier sont celles qui sont le plus vulnérables à l'inondation. Dès lors, comment améliorer la gestion territorialisée des risques lorsque les conflits d'usage du sol s'exacerbent au lieu de se réduire ? Les progrès apportés par une démarche participative ne suffisent souvent pas à compenser cet accroissement des tensions économiques et sociales.

L'urbanisation des basses plaines s'est faite depuis des siècles en fonction des inondations, occupant d'abord les versants limitrophes (Moussan) et les plus hautes terrasses (Narbonne). Dans le lit majeur, les populations s'installent d'abord sur les bourrelets de berge et à proximité des grands axes de communication dans des maisons ayant souvent plusieurs étages. La pression démographique accrue qui touche la région dans les années 1970 coïncide avec une période de calme hydrologique relatif, après la grave inondation de 1962. On constate alors une forte augmentation de la vulnérabilité, liée à la construction de nouvelles habitations individuelles, souvent de plain-pied et sur un seul niveau (Cuxac, Coursan). La vulnérabilité est encore accrue par la multiplication des voies de communication en remblai, perpendiculaire aux écoulements (autoroute, voies rapides, et future ligne TGV). Dans le secteur des Garrigots, si les premières maisons apparaissent dans les années 1970, la période 1986-2003 se caractérise par une densification urbaine qui s'opère par le lotissement des parcelles interstitielles du quartier. Le paysage agricole environnant subit également une transformation importante, accélérant l'oubli ou l'occultation du risque.

Ces observations s'articulent assez bien avec les évolutions réglementaires. L'outil PER/PPR a été notamment mis en place à la suite du constat d'une forte croissance urbaine dans les zones à risque au cours de la période 1976-1986 : cela justifie la part primordiale donnée dans cette réglementation à la gestion de l'urbanisation future. La période 1986-2003, caractérisée par les changements agricoles, justifie maintenant l'accent mis, à travers les évolutions réglementaires des deux dernières années, sur la nécessité d'une gestion globale du risque ne se limitant pas à l'espace bâti. Ce glissement dans les préoccupations prioritaires des gestionnaires est aussi renforcé par le fait qu'entre 1986 et 2003 la croissance urbaine a été nettement plus faible que pendant la période précédente, rendant plus visible l'impact de changements qualitatifs. L'efficacité des PPR ne doit donc pas être mesurée par rapport à des critères sur lesquels ils n'ont pas d'action, à savoir les transformations de l'occupation agricole du sol, dans la mesure où leur champ d'application principal est la limitation du bâti à venir.

L'évolution qualitative du bâti existant ne fait pas l'objet de mesures prioritaires dans la réglementation PPR. Pourtant, on constate aujourd'hui de plus en plus qu'il s'agit là d'un facteur important d'augmentation de la vulnérabilité face aux inondations. Dans les basses plaines de l'Aude, on peut citer notamment la transformation en pièce habitable de rez-de-chaussée traditionnellement utilisés comme garages ou remises, l'importance du parc immobilier constitué d'habitat individuel de plain-pied, sans étage refuge ou grenier (Garrigots), et dont on rehausse ou étanchéifie les clôtures, etc.

Restituer le territoire au risque constitue un défi très difficile à relever dans un contexte de pression foncière accrue, de développement démographique, de stagnation ou diminution du pouvoir d'achat des habitants.

Restituer le territoire à l'aléa

Pendant des décennies, les fondements de la politique de gestion du risque ont reposé sur une utopie, celle du risque zéro. De Surell dans les Alpes aux compagnies de gestion des grands organismes fluviaux (Rhin, Rhône…), l'objectif était de maîtriser les excès des cours d'eau, en particulier leurs débordements, en construisant digues et barrages, en isolant physiquement les riverains de leurs fleuves, en faisant croire que les eaux étaient définitivement domptées et que tout danger était désormais écarté. Les espaces « protégés » par les digues se sont bâtis, leur occupation s'est densifiée, et le cours d'eau progressivement oublié. Les inondations catastrophiques des vingt dernières années (Nîmes, Ouvèze, Aude, Gard, Rhône, Bretagne, Somme, Pays de Caux…), les coûts énormes engendrés par les réparations et les indemnisations qui ont suivi, les interrogations récentes sur les conséquences probables du changement climatique global (Global Change), ont fini par sensibiliser les populations et leurs gouvernants au fait que la « fatalité » n'était sans doute pas seule en cause, et qu'il était peut-être grand temps de repenser entièrement la gestion par la société de ces inondations.

La nouvelle utopie (ou nouveau paradigme ?) ne serait-elle pas d'aller vers une meilleure harmonie entre société et nature, entre société et risque ? Celle-ci passe par exemple par l'idée de "faire avec" la contrainte, de laisser s'exprimer le cours d'eau, de ne pas ignorer les menaces que sa proximité fait peser ni les risques encourus… D'où l'idée de restituer le territoire à l'aléa, d'en finir avec l'ancienne approche techniciste, d'adopter une nouvelle approche plus systémique, plus respectueuse du fonctionnement de la rivière. Cette utopie peut être mise en œuvre à travers des outils de régulation mais aussi via la mobilisation des acteurs locaux. Il s'agit en définitive de demander à la société de ne pas prendre de risque, par exemple, d'exclure toute occupation humaine dans une zone inondable. Ou, si cette solution radicale s'avère impossible, de lui résister autrement, non plus en construisant des digues mais en s'éloignant quelque peu de la rivière afin de lui redonner son espace de liberté, sa faculté de respirer et d'étaler ses flots sans pour autant provoquer de graves dommages. Cette nouvelle approche réintègre l'aléa tout en ayant le mérite de diminuer le coût du risque. Elle s'appuie sur des concepts naturalistes et vise à promouvoir une gestion écologique et durable, reposant sur un équilibre entre les usages et usagers de l'espace et l'ensemble de l'hydrosystème. Elle s'appuie notamment sur l'idée d'une gestion intégrée des bassins versants, en particulier sur la nécessaire cohérence technique entre les différents types d'aménagement s'échelonnant tout au long du cours d'eau. Cette approche est allée de pair avec le développement, ces dernières décennies, de syndicats d'aménagement de bassins hydrauliques et le recrutement de techniciens de rivière, chargés souvent de promouvoir des solutions biologiques de gestion des berges et du lit moyen de la rivière (entretien de la ripisylve, restauration des écosystèmes).

Quelques rappels du fonctionnement des hydrosystèmes.

Dans les conditions naturelles, le comportement des rivières est guidé par un ajustement permanent entre plusieurs variables constitutives, telles que le débit liquide, la charge solide transportée et son calibre (galets ou sédiments fins), la pente du lit. Cet ajustement se traduit par un changement plus ou moins brutal des caractéristiques géométriques et biologiques du lit de la rivière. En période de crue (augmentation de débit), le réajustement consiste en une montée des eaux qui peut aller jusqu'au débordement voire à l'inondation, montée qui peut également s'accompagner d'une érosion des berges et d'un changement de tracé de la rivière, par migration latérale ou par défluviation, souvent associé d'ailleurs à la multiplication du nombre de chenaux actifs (CALVET, 2001 ; FORT et al. 2001 ; ARNAUD-FASSETTA et al., 2002). Cette mobilité latérale et verticale de la rivière entraîne généralement une évolution rapide des unités biologiques et des biocénoses associées, à l'origine d'une grande richesse écologique (LANDON et al., 1993 ; GAUTIER et al., 2000).

Les rivières présentent néanmoins une grande diversité de comportement, selon leur degré de mobilité, souvent lié au contexte topographique et climatique des régions dans lesquelles elles s'écoulent. En particulier, on peut opposer les rivières à chenal unique, au tracé à méandres, qui s'écoulent dans des fonds de vallée larges dans lesquels peuvent subsister des étangs ou marais à l'emplacement des anciens méandres, et les rivières à plus fortes pentes des régions montagneuses ou de leurs piémonts, dont les variations saisonnières de débit se traduisent, dans les secteurs de vallée élargis, par une expansion des eaux, qui peut être brutale et souvent destructrice. Dans les deux cas, certains secteurs jouent naturellement le rôle de zones tampons, tant hydrologiques (écrêtement des crues) qu'écologiques (conserver les milieux humides annexes) et physico-chimiques (piégeage des nutriments, voire des substances polluantes).

Or, ces espaces tampons multifonctionnels ont, au cours des temps, été progressivement occupés par l'extension des activités humaines (urbanisation) voire soustraits à l'emprise des rivières par toute une série d'aménagements (endiguements, construction de barrages), travaux de correction (rectification du tracé de chenal, dérivations), de prélèvements (gravières, pompages d'eau…), si bien qu'ils ont cessé d'assurer leurs fonctions. L'idée que ces espaces doivent désormais être préservés, voire restaurés, s'est progressivement imposée au cours des dernières décennies en même temps que l'on reconnaissait leur rôle majeur dans le ralentissement et l'atténuation des inondations. D'où le changement récent du discours des responsables publics, qui prônent désormais la réhabilitation des champs naturels d'expansion des crues et la restauration des espaces de liberté des cours d'eau.

Des concepts proches mais pas équivalents.

Les « champs naturels d'expansion des crues » et les « espaces de liberté » sont deux concepts proches mais non équivalents. D'après la définition donnée par Garry et Graszk (1998, cf. circulaire du 24.01.1994), les champs d'expansion des crues correspondent à des « secteurs non urbanisés ou peu aménagés et où la crue peut stocker un volume d'eau important, comme les terres agricoles, les espaces verts urbains et périurbains, les terrains de sport, les parcs de stationnement etc… ». En favorisant la rétention plus ou moins statique ou ralentie des eaux sur certaines zones en amont, leur fonction sert essentiellement à réduire vers l'aval le débit de pointe des écoulements. Cette notion s'applique particulièrement bien aux rivières à faible pente, sinueuses, situées dans la partie inférieure des bassins versants et souvent fortement urbanisées.

La notion d' « espace de liberté » se réfère davantage à des cours d'eau dynamiques, à forte mobilité spatiale et temporelle ; elle se définit comme l'« espace du lit majeur à l'intérieur duquel le ou les chenaux fluviaux assurent des translations latérales pour permettre une mobilisation des sédiments ainsi que le fonctionnement optimum des écosystèmes aquatiques et terrestres » (EPTEAU et al., 1998).

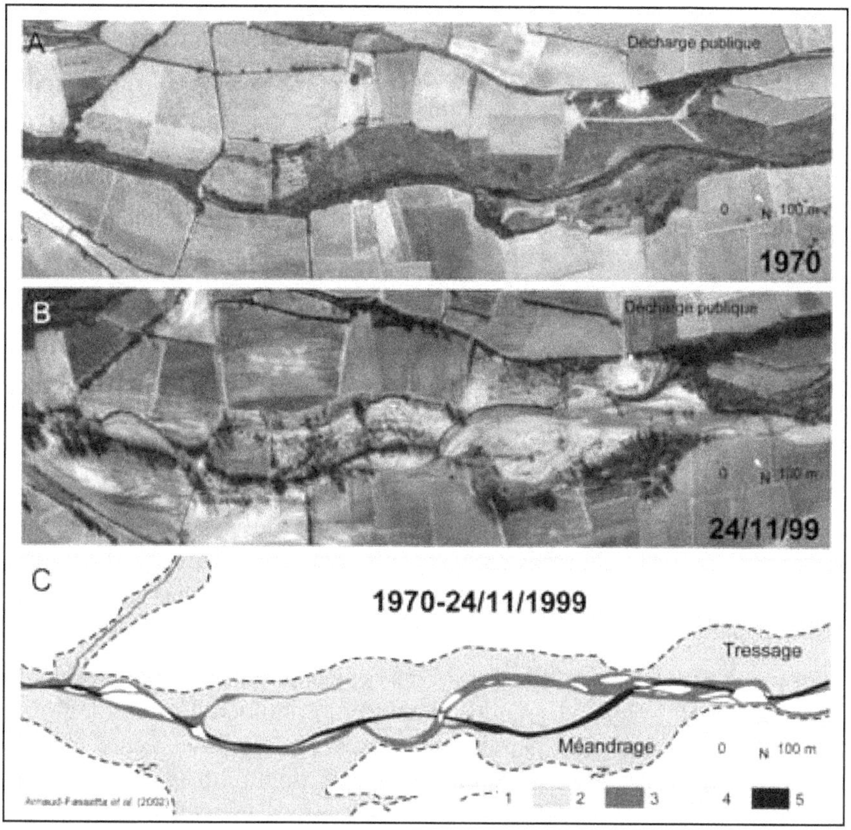

Figure 6.3 : Mobilité du lit de l'Argent-Double (Aude).

1 : limite du lit d'inondation en novembre 1999 ; 2 : alluvions déposées au cours de la crue de novembre 1999 ; 3 : chenal principal de l'Argent Double en 1999 ; 4 : bancs dans la bande de tressage de 1999 ; 5 : chenal de l'Argent Double en 1970.

L'accent est mis ici sur le risque d'inondation brutale, associée à des changements de tracé rapides et des érosions de berge pouvant mettre en danger les bâtiments ou les infrastructures construits à proximité. L'on comprend dans ces conditions que ce type de rivière ait pu par le passé donner lieu à la réalisation d'aménagements parfois très coûteux qui avaient pour but d'empêcher ces érosions. Les crues catastrophiques à répétition qui ont affecté au cours des dernières décennies des rivières méditerranéennes comme l'Ouvèze, le Gard et ses Gardons, l'Aude et ses affluents, ont montré que les mesures de protection des berges étaient illusoires. Elles entretenaient le plus souvent chez les populations un sentiment de sécurité, se muant subitement en effroi devant le désastre économique et humain causé par la rivière s'affranchissant brutalement de son chenal endigué pour réoccuper son espace naturel de mobilité (figure 6.3).

Le coût toujours plus élevé de ces catastrophes et des travaux de réparation d'une part, le fait que l'on ait mieux compris, en partie grâce aux études diachroniques, la logique de fonctionnement de ces cours d'eau d'autre part, ont progressivement modifié l'approche des gestionnaires, tant au niveau du contenu des textes réglementaires (PPRI) que de la prise en compte du fonctionnement des rivières à l'échelle des bassins versants (SAGE).

Mise en œuvre des champs d'expansion des crues.

Outre les aspects réglementaires (PPRI) précédemment évoqués dans cet ouvrage, plusieurs aspects sont à considérer : les caractéristiques du bassin à aménager et les problèmes concrets qui en découlent, notamment sur la maîtrise du foncier.

Le premier aspect à considérer est la nature du bassin hydrologique à aménager, qui prenne à la fois en compte la dynamique fluviale et écologique de l'hydrosystème (voir supra), et le caractère plus ou moins urbanisé du bassin versant.

Rappelons qu'un cours d'eau « actif » se caractérise le plus souvent, au niveau de son lit, par une grande diversité morphologique et biologique, se traduisant lors d'une crue par des processus de rajeunissements incessants tant au niveau des formes (érosion de berges, migration latérale des bancs, voire des chenaux ; figure 6.4) que des formations végétales qui l'occupent (arrachage régulier des stades végétaux pionniers et arbustifs). Les bassins drainés par des rivières à chenal unique et sinueux connaissent en général des inondations fluviales lentes, causées par la montée progressive de la nappe phréatique et l'extension concomitante des aires saturées. Une zone d'expansion des crues nécessite, dans ces conditions, de stocker partiellement le volume des eaux et de « laminer » l'onde de crue, autrement dit d'en réduire le débit maximal à évacuer. Ceci pourra se faire en conservant les « zones humides » naturelles (anciens méandres abandonnés par exemple).

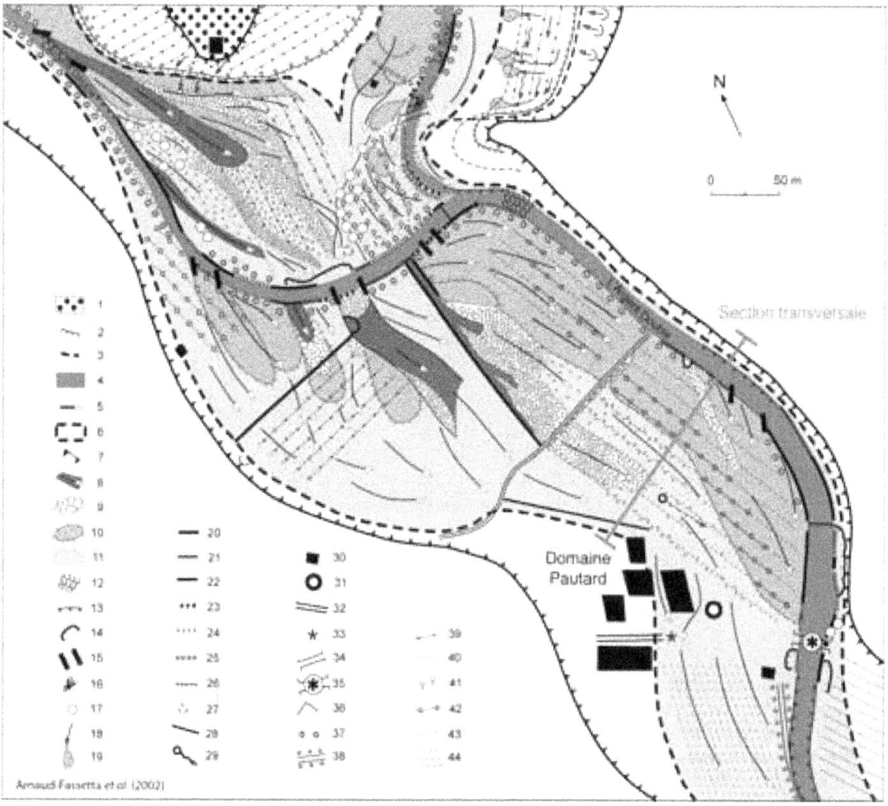

Figure 6.4 : Effets morphologiques et sédimentaires sur le fluvial, après le passage d'une crue de type pluvial : exemple de l'Argent-Double en amont de Peyriac-Minervois.

1, cailloutis pléistocènes ; 2, talus ; 3, rupture de pente concave ; 4 : limite du lit mineur après la crue ; 5, flux de crue ; 6, extension maximale de la crue ; 7, haute terrasse ; 8, chenal de recoupement de méandre ; 9, banc graveleux ; 10, banc sableux ; 11, limons sableux de débordement ; 12, seuil rocheux ; 13, sapement de berge ; 14, niche d'arrachement ou de cavitation ; 15, brèche ; 16, embâcle dans le lit mineur ; 17, embâcle dans les lits moyen et majeur ; 18, ravine décimétrique à pluridécimétrique ; 19, micro-cône de déjection sablo-limoneux ; 20, mur en place après la crue ; 21, mur arraché ou éboulé par affouillement ; 22, gabion en place après la crue ; 23, enrochement en place après la crue ; 24, levée de terre en place après la crue ; 25, rupture de levée de terre ; 26, seuil bétonné ; 27, station de pompage ; 28, canal ; 29, source aménagée ; 30, habitat peu ou pas endommagé ; 31, habitat très endommagé ou détruit ; 32, chemin ; 33, voie romaine détruite ; 34, pont en place après la crue ; 35, pont détruit par un phénomène d'embâcle ; 36, limite de parcelle grillagée ; 37, ripisylve ou haie en place après la crue ; 38, allée de platanes ; 39, vignoble filé en place après la crue ; 40, vignoble détruit ; 41, peupleraie plantée ; 42, verger (pommiers) en place après la crue ; 43, verger arraché ; 44, champ de maïs détruit.

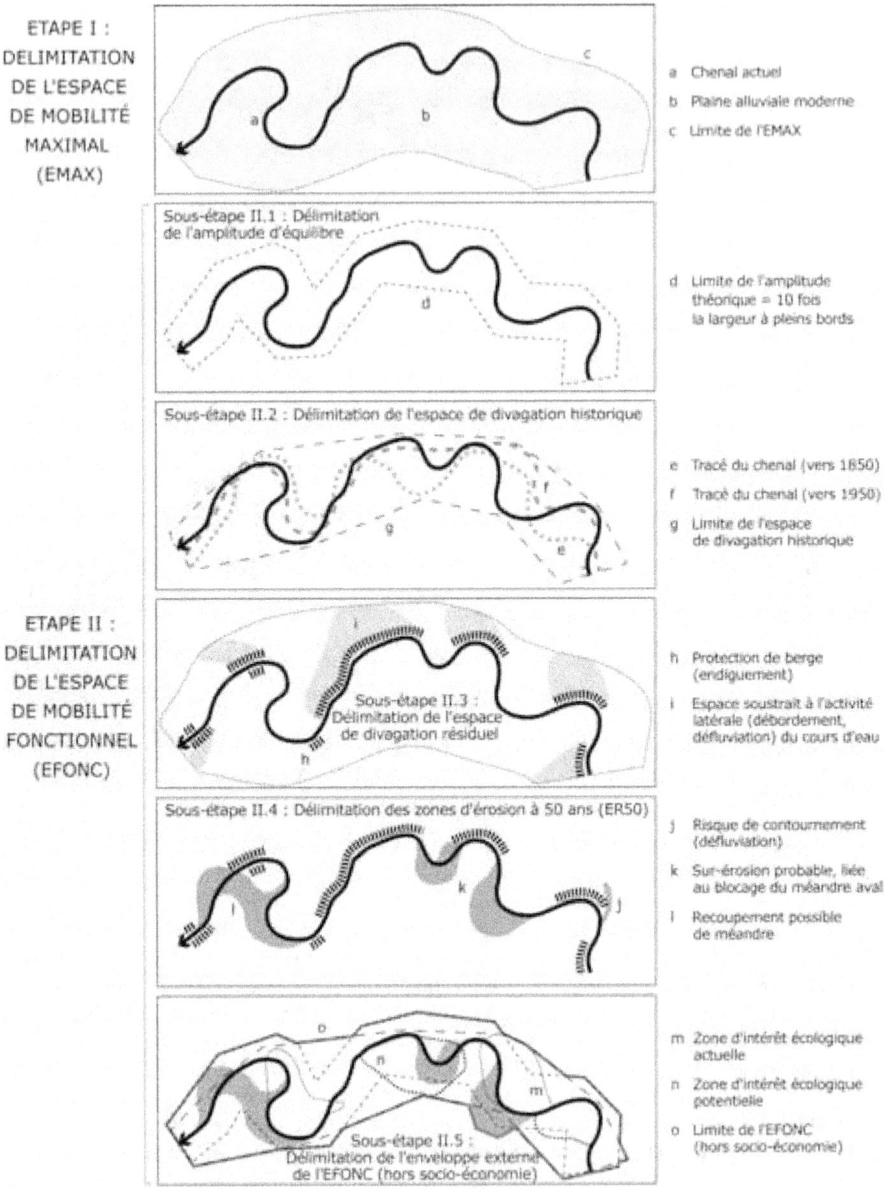

Figure 6.5 : Principes de définition d'un espace de liberté (modifié, d'après Epteau et al, 1998)

Dans le cas des hydrosystèmes de type méditerranéen et/ou montagnards, qui se subdivisent souvent en plusieurs chenaux et qui connaissent des crues pluviales brutales et morphogènes susceptibles d'engendrer des érosions, le stockage des eaux peut s'avérer plus difficile. Il convient plutôt de ménager des espaces fonctionnels actifs, où l'érosion des berges et du lit est tolérée, permettant de ralentir l'onde de crue et d'en réduire considérablement l'aspect destructeur en aval.

La mise en œuvre des champs d'expansion de crue doit donc partir, idéalement, de la logique géographique des déplacements du chenal, logique qui peut être établie ou reconstituée à partir d'une analyse fine des photographies aériennes, complétée par l'étude des cartes ou plans anciens disponibles (réalisation d'un SIG).

Dans ce processus, trois étapes peuvent être retenues. (1) La première consiste à définir l'espace de liberté potentiel ou espace de mobilité maximal, c'est-à-dire l'espace total susceptible d'être atteint par les déplacements de la rivière (migration de méandre, divagation et/ou ouverture d'un chenal en tresse) (figure 6.5 : a,b,c). Ce travail devra se faire sur l'ensemble de l'hydrosystème, de l'amont vers l'aval. Il peut être considéré comme la première phase de la cartographie réglementaire associée à l'élaboration d'un PPRI (carte de l'aléa inondation) ; reposant sur une analyse hydrogéomorphologique de la vallée, cette cartographie est destinée à comprendre, à travers l'espace alluvial, les modalités de fonctionnement du cours d'eau. (2) La deuxième étape nécessite d'avoir une vision plus fine, plus géographique, qui intégrera les effets de dominance et d'interaction entre l'amont et l'aval. Particulièrement importante pour les rivières montagnardes et méditerranéennes, cette étape consiste à effectuer une sectorisation longitudinale qui prenne en compte l'instabilité latérale potentielle, afin de repérer les tronçons les plus aptes à un contrôle hydrologique et éventuellement écologique. À ce stade, sont opposées les zones d'élargissement de la vallée, où les eaux peuvent s'étaler et s'accumuler, et les secteurs de resserrement et blocage topographique d'une part, d'accélération de la vitesse du cours d'eau d'autre part. Il est ainsi possible de concevoir des dispositifs en relais, une série de zones d'expansion des crues échelonnées d'amont vers l'aval, afin de favoriser le contrôle des eaux, de freiner leur propagation vers l'aval tout en cassant leur énergie. (3) La troisième étape nécessite, à partir de cette sectorisation, d'évaluer quels sont les secteurs les plus instables, ceux susceptibles de donner lieu à des modifications importantes de la géométrie du lit de la rivière. Il convient en particulier d'essayer de faire, en un lieu donné, à partir une approche historique (analyse des documents cartographiques et photographiques, mais aussi hydrologiques, quand ils existent ; figure 6.5 : d,e,f,g), le recensement des grands événements passés dont on essaiera de reconstituer la magnitude (débit), d'estimer la probabilité de retour et les impacts probables en cas de récurrence actuelle. L'utilisation des données hydrologiques doit néanmoins inciter à la prudence : il faut notamment s'assurer que la section mouillée aux stations de jaugeage n'a pas été modifiée au cours du temps, ce qui est loin d'être toujours le cas. Par ailleurs, les nombreuses modifications liées aux activités humaines ont pu affecter la géométrie du lit actif dans plusieurs secteurs. En particulier, les phénomènes d'aggradation et d'exhaussement des lits, observés dans les portions aval de certains cours d'eau depuis un siècle, ont réduit d'autant la capacité du chenal. Cela augmente en conséquence la probabilité d'occurrence d'une crue débordante, et peut conduire à remettre en cause la caractérisation de crues d'une fréquence donnée (décennale, cinquantennale, centennale…).

La réalité de la délimitation des zones d'expansion de crue doit donc, bien évidemment, tenir compte des aménagements et des enjeux, en particulier des zones habitées qui le sont parfois depuis des périodes très anciennes mais dont la densité d'occupation a surtout augmenté au cours des dernières décennies. Lors les décennies 60 et 70 en particulier, la rareté relative des événements hydrologiques majeurs, l'attrait pour les régions méditerranéennes des « jeunes » retraités et, de plus en plus, des ressortissants de la communauté européenne, ont entraîné une urbanisation de l'espace qui s'est faite essentiellement au détriment du lit majeur, espace jusqu'alors dévolu à des usages tolérant l'inondation (prairies, fort répandues notamment en Minervois où l'utilisation du cheval de trait pour l'entretien des vignes nécessitait le maintien de pâturages).

Ces deux types de contraintes, liées aux aménagements de berges et à l'extension du bâti, obligent à redéfinir un nouvel espace de mobilité « fonctionnel » (figure 6.5 : h à o). Deux cas sont à distinguer, selon le degré d'urbanisation du bassin versant. (1) Lorsque l'urbanisation est déjà fortement développée et, d'une façon plus générale, lorsque les structures d'aménagement présentent un caractère permanent, la nécessité de les protéger entraîne une réduction de l'espace de mobilité fonctionnel historique, ainsi soustrait à l'activité latérale du cours d'eau. Dans le cas des rivières à crues lentes, l'urbanisation n'empêche pas de réserver des espaces tampons intra-urbains, souvent à vocation paysagère et/ou sportive (cas de l'Yerres et de l'Essonne, en région parisienne). Ailleurs, là où les crues sont rapides, l'existence de ces « contraintes » fixes n'est pas sans incidence sur l'ensemble de l'hydrosystème, car l'énergie de la rivière se concentre alors dans les sections « non protégées ». Dans un tel contexte, il n'est sans doute pas inutile de faire de la prévision, et d'estimer, en se basant sur le fonctionnement naturel de la rivière, quelles seront les zones d'érosion potentielle à échéance de 50 ans (figure 6.5 : j,k,l). (2) Dans les secteurs moins urbanisés, correspondant souvent aux parties amont des vallées, les activités humaines, essentiellement agricoles, et les structures de protection des berges, quand elles existent, présentent un aspect moins contraignant. Il est alors possible d'identifier un espace de liberté de la rivière au sens large, c'est-à-dire indépendant *pro parte* des ouvrages récents de protection. Ces secteurs amont sont donc à privilégier si l'on veut mettre en œuvre une vraie politique de prévention et de limitation des inondations. Ceci signifie que si les enjeux économiques et sociaux de l'aval le justifient, on peut envisager la destruction de certains ouvrages de protection de l'amont au bénéfice des zones à protéger en priorité en aval. Cela n'est possible qu'en développant une vraie politique de concertation et de solidarité entre l'amont et l'aval du bassin versant.

Les zones d'expansion des crues : quelle maîtrise foncière ?

Le deuxième aspect à considérer renvoie donc au fait que développer et préserver des champs naturels d'expansion des crues relève d'une décision politique, qui implique une stratégie de maîtrise et de contrôle des espaces concernés. La maîtrise des espaces doit être partagée et organisée sur le terrain entre les différents acteurs, de telle sorte que la solidarité entre l'amont (zones d'expansion) et l'aval (zones à protéger) des bassins versants soit respectée. Les objectifs visés consistent à la fois à contenir toute dérive d'occupation des zones inondables et à affirmer la primauté du stockage des eaux dans certains secteurs, afin en particulier de permettre aux zones urbanisées (souvent situées en aval) d'être protégées d'une inondation ou d'en limiter l'extension. Les moyens nécessaires à cette politique sont divers ; ils passent par la maîtrise du foncier : acquérir les terrains correspondant aux zones d'expansion, instituer des servitudes légales sur ces espaces, les gérer à des fins agricoles et/ou environnementales, avoir recours à une politique d'indemnisation (MARTIN et al., 2002).

Les politiques de l'après-guerre avaient surtout mis l'accent, pour protéger des zones fortement urbanisées comme la Région Parisienne ou le Val de Loire, sur la réalisation de grands ouvrages, barrages réservoirs écrêteurs de crue, d'ailleurs apparus à l'usage davantage comme des barrages de soutien d'étiage. À l'époque, les grandes agences de bassin avaient réussi à imposer cette politique de grands travaux, dont les retombées touristiques (aires nautiques, réserves ornithologiques…) se sont révélées ultérieurement très positives pour des régions rurales plutôt en perte de vitesse économique. La nouvelle politique de développement des zones d'expansion des crues (loi Bachelot) se place à une autre échelle, incluant celle de bassins versants de taille réduite, voire élémentaire, où les oppositions sont souvent marquées entre les secteurs amont et aval. Or cette loi laisse de ce point de vue un certain nombre de problèmes concrets non résolus. Si, après une crue destructrice, la réalisation de petits travaux locaux de protection ou d'aménagement - en général réalisés par des maîtres d'œuvre locaux -, soulève rarement de difficultés dans la mesure où ils sont perçus comme une réparation, la mise en place de structures de prévention plus importantes comme les champs d'expansion de crue nécessite une véritable solidarité, financière et sociale, entre l'urbain, qui profite de l'aménagement et le rural, qui subit l'inondation et qui, de plus en plus, souhaite recevoir des contreparties en échange de ses bonnes dispositions.

Le contrôle des espaces concernés par la mise en place de zones d'expansion des crues renvoie donc à la maîtrise du foncier. Les outils juridiques existants suggèrent que la solution la plus sûre pour maîtriser ces zones d'expansion est l'acquisition par la puissance publique des terrains concernés. Cette acquisition peut se faire à l'amiable, s'appuyer sur un droit de préemption ou résulter d'une expropriation avec déclaration d'utilité publique. Certains syndicats mixtes d'aménagement de rivière ne sont pas favorables à de telles solutions, qui peuvent aboutir à déresponsabiliser les agriculteurs riverains ayant une faible perception des inondations. De fait, dans le Minervois, la délégation au SIAHBAD (Syndicat Intercommunal de l'Aménagement Hydraulique des berges de l'Argent Double) de l'entretien des berges a modifié le comportement des agriculteurs : les rejets agricoles (après la taille des vignes ou après épandage de pesticide) en bordure du lit de l'Argent Double ou du Rivassel sont une cause non négligeable d'entrave et d'embâcle lors d'une crue, même de fréquence quinquennale. Autre solution, l'acquisition par préemption, en principe possible grâce à l'existence d'une taxe départementale des espaces naturels sensibles (TDENS), est souvent limitée par le coût des terrains concernés, pas forcément accessibles aux collectivités rurales. Par ailleurs, l'obligation d'ouvrir au public les terrains ainsi acquis s'accommode mal d'autres types de gestion, notamment agricole. Les SAFER peuvent aussi intervenir : de même qu'elles contrôlent en général les terrains sur lesquels pèse une emprise due à des aménagements hydrauliques, elles peuvent aussi se porter acquéreur de terrains en fond de vallée et les rétrocéder en vue de la création de zones d'expansion des crues. Dans le cas d'une gestion agricole, cela suppose l'imposition d'un cahier des charges, lequel ne peut légalement excéder une durée de dix ans, ce qui est court pour mener une vraie politique de prévention durable. Une autre solution consiste à profiter d'opérations de remembrement agricole, afin de regrouper préférentiellement dans les zones d'aménagement hydraulique ou d'expansion des crues les terrains propriété de la collectivité publique intéressée.

Au total, on peut dire que si l'acquisition des terrains s'impose pour les emprises d'aménagements hydrauliques liés à la gestion des crues (seuils, digues, vannages, chenaux, etc…), elle peut être justifiée dans la mise en œuvre de zones d'expansion des crues mais présente un certain nombre d'inconvénients, voire de contraintes. La plus importante de ces contraintes concerne le coût de gestion de ces espaces, surtout s'ils ne sont pas destinés à être fréquemment submergés : maîtrise de la végétation, encadrement de la fréquentation éventuelle, gestion du développement d'activités en vue d'une valorisation économique (agriculture, forêt) ou environnementale (parc, conservatoire). Une autre contrainte concerne les conventions, baux ou contrats liant des exploitants agricoles qui sont installés sur des zones d'expansion des crues : ils sont en général très coûteux et sont le plus souvent non pérennes. Par ailleurs, même si ces dispositifs contractuels soumettent les exploitants à certaines servitudes, ces servitudes sont attachées à une personne et ne s'appliquent plus dès lors que cette personne cède l'exploitation de ses terrains. Ainsi, pour s'assurer d'une réelle maîtrise foncière, les pouvoirs publics devraient attacher les servitudes aux fonds et non aux personnes. Quant au dispositif réglementaire concernant les PPRI, qui vaut servitude d'utilité publique, il ne peut de fait s'appliquer dans le cadre général de gestion des crues ni dans le cadre d'opérations tendant à favoriser l'expansion des crues puisqu'il institue des servitudes d'urbanisme.

En l'absence d'un véritable outil réglementaire permettant d'instituer des servitudes d'utilité publique dans des zones d'expansion des crues indépendamment de la réalisation d'ouvrages ou de travaux, le moyen le plus simple de gérer les crues reste en définitive la solution de contrats ou de servitudes conventionnelles donnant lieu à compensation financière, qui ne concerne que ceux qui s'y engagent volontairement. Deux formules sont d'ailleurs possibles : rémunération ou indemnisation. La première formule est sans doute plus adaptée aux zones de crues lentes mais récurrentes, mais elle peut être très coûteuse. L'indemnisation est une formule plus souple, et peut être fixée sur une base annuelle, forfaitaire, ou occasionnelle lorsque la crue survient ; son montant n'est pas encore fixé réglementairement mais, dans le cas d'une indemnisation occasionnelle, une prise en compte du montant réel des dégâts constatés et causés par le fonctionnement de la zone d'expansion serait sans doute un argument fort pour inciter les agriculteurs concernés à en accepter l'aménagement.

La politique de développement des zones d'expansion des crues s'inscrit donc dans une stratégie globale de lutte contre les inondations, qui nécessite de traiter l'hydrosystème dans son intégralité spatiale, avec toutes ses composantes, naturelles et humaines. La compréhension du fonctionnement de l'aléa dans le cadre de son bassin versant est un préalable à toute élaboration d'un plan global de gestion ; en permettant la délimitation d'espaces réservés prioritairement à la rivière en crue, l'approche « naturaliste » permet aussi de poser aux responsables de vraies questions. À la politique de travaux de protection rapprochée, faciles à légitimer pour un élu auprès de ses administrés, doit succéder une réflexion globale, qui débouche sur des solutions satisfaisantes pour développer une véritable solidarité entre l'amont et l'aval du bassin versant. La maîtrise d'ouvrage doit sans doute changer de main, permettre un certain recul. Peut-être la solution réside-t-elle finalement dans les nouvelles structures transrégionales et trans-départementales telles le SMMAR (Syndicat Mixte des Milieux Aquatiques et des Rivières), qui regroupe plusieurs syndicats de gestion des bassins versants de rive gauche de l'Aude représentant par ailleurs plusieurs communautés de communes ? Seuls des maîtres d'ouvrage ayant une forte légitimité politique sur l'ensemble du bassin versant seront capables de mobiliser et de convaincre les différents acteurs locaux que la lutte contre les inondations est l'affaire de tous, et nécessite de dépasser les intérêts particuliers au profit de la collectivité tout entière.

L'analyse historique montre que les espaces de liberté autrefois laissés au cours d'eau étaient moins des espaces livrés à la dynamique naturelle du fleuve que des espaces exploités, utilisés, humanisés mais dont la destination économique entrait moins violemment en conflit avec la dynamique naturelle. Il semble qu'aujourd'hui nous soyons dans une période charnière où les équilibres mis en place (ou maintenus quoique fragilisés) depuis deux ou trois siècles en se fondant sur une hiérarchie d'acteurs, de territoires d'action et de moyens, sont en train de basculer.

Qui dit hiérarchie, dit choix. Or, aujourd'hui, arbitrer entre des intérêts divergents, choisir une solution plutôt qu'une autre constitue bel est bien pour les élus et gestionnaires actuels le risque majeur, porteur d'échec potentiel aux élections futures. Dès lors, comment arbitrer les relations entre les différents acteurs présents sur un territoire alors même que la concurrence s'accroît pour la possession de l'espace (foncier), pour la création de richesses (déploiement des activités économiques, de l'industrie jusqu'au tourisme) ? La culture du consensus peut rapidement trouver ses limites face aux intérêts contradictoires de groupes d'acteurs locaux, électeurs et citoyens. (VEYRET et al, 2005).

Les registres des permis de construire à l'épreuve de la législation

Afin de mettre en évidence la réalité des changements opérés en raison de la mise en place d'outils réglementaires et d'un contexte de responsabilisation, notre attention s'est particulièrement focalisée sur la délivrance ou le refus des permis de construire sur le territoire des basses plaines de l'Aude et notamment les communes de Coursan et Cuxac-d'Aude[75] et de trois communes de la vallée de la Lys.

Le territoire des basses plaines de l'Aude : une urbanisation au mépris du risque.

Le territoire des basses plaines de l'Aude a bénéficié d'une croissance de l'urbanisation depuis les années 1970, phase pendant laquelle il n'y eut aucune crue majeure dans l'Aude. De plus, l'aménagement des cours d'eau par les mesures structurelles, notamment l'endiguement, a pu donner un sentiment de sécurité aux populations riveraines des rivières laissant libre cours aux constructions dans le lit majeur. La saturation du marché immobilier de villes moyennes proches (Narbonne, Béziers) et les migrations liées à l'héliotropisme ont accentué le phénomène de périurbanisation profitant à des communes comme Coursan ou Cuxac qui subissaient de leur côté la déprise viticole. Les collectivités locales n'ont pas cherché à freiner cette croissance bénéfique. Les inondations n'ont pas été prises en compte, soit pour convenance de développement local, soit par perte de mémoire, les terres à vocation d'urbanisation n'ayant jamais été inondées (de « mémoire d'Homme »). Ainsi, les points bas de Cuxac (les Garrigots) qui offraient un potentiel foncier notable ont été urbanisés depuis la fin des années 1970 et inondés en novembre 1999.

Le développement des basses plaines de l'Aude en matière d'urbanisation a globalement suivi le mouvement national. Dans la période faste des années 1970 et 1980 (figure 6.6), les villes de Narbonne et Béziers ont su fournir leur part de périurbain vers ces zones au foncier moins cher. Cette phase a bénéficié de la décentralisation et, par conséquent, d'une autonomie locale en matière d'attribution des permis de construire, en plus du phénomène de déprise agricole qui offre un panel de terrains constructibles. Les années 1990 sont marquées par un déclin probant des constructions. Le déclin résulte de la combinaison de facteurs, plus particulièrement économiques à échelle nationale, et d'un contexte local ponctué d'événements catastrophiques marquants. Dans l'Aude, c'est réellement l'évènement de novembre 1999 qui fait resurgir la conscience du risque. Dès lors, la répartition urbaine se fonde sur l'exposition aux inondations. L'événement de 1999 a aussi précipité la mise en place de la prévention réglementaire. Alors que seulement trois communes, dans le département de l'Aude, étaient couvertes par un document

[75] Pour plus de détails sur l'analyse relative à ces communes se reporter à VINET F et DEFOSSEZ S. : Contrainte inondation et pression foncière en France méditerranéenne. La difficile conciliation de l'aménagement du territoire et de la prévention contre les risques, in. Scarwell H.J, Franchomme M., (dir) 2004: « Contraintes environnementales et gouvernance des territoires » Actes du colloque, Les éditions de l'AUBE-Nord, 2004, pp.71-78

de prévention réglementaire (PPR ou équivalent) en 1999, ce sont plus de 80 communes qui en sont dotées début 2004 par des PPR approuvés ou en application par anticipation. Ce renforcement de la maîtrise de l'occupation du sol change la donne en matière d'extension urbaine et amorce une recomposition du territoire des basses plaines en gelant les constructions dans certaines communes au profit des zones alentour paraissant comme moins exposées.

Une redistribution de la demande foncière intervient dès les mois suivant les inondations de l'Aude. Ces événements ont donc interrompu la périurbanisation dans les territoires les plus durement touchés. La comparaison de deux communes situées en zone inondable (Coursan et Cuxac-d'Aude) éclaire ces processus de redistribution de la demande foncière en zone inondable.

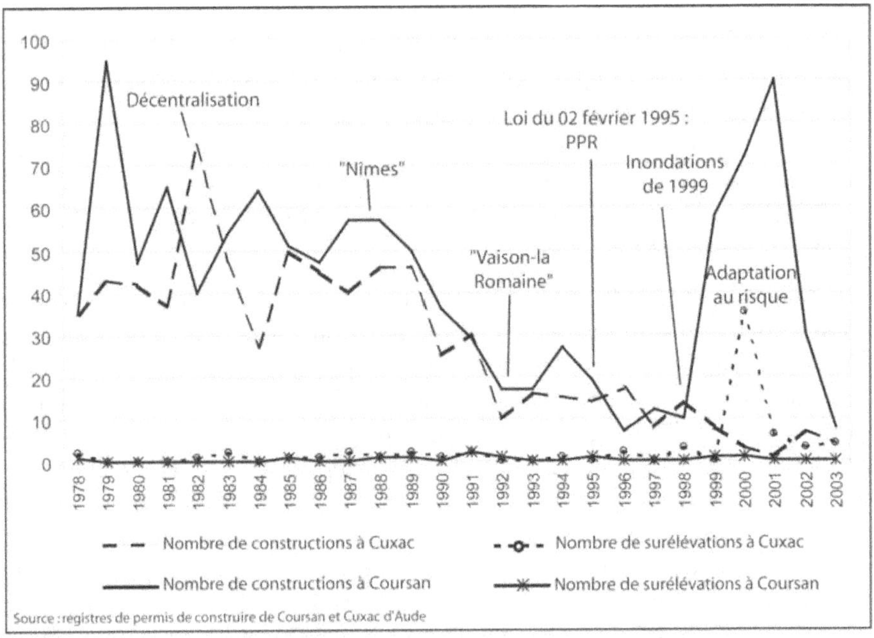

Figure 6.6 - Evolution de l'urbanisation depuis les années 1970 selon les contextes réglementaire et événementiel. (Vinet et Deffossez, 2004)

L'analyse des permis de construire de ces deux communes montre une évolution de l'urbanisation quasi semblable jusqu'à 1999 qui s'inscrit, comme nous l'avons précisé plus haut, dans les schémas nationaux d'évolution générale de l'extension urbaine. La différenciation mise en évidence par l'analyse des permis de construire de ces deux communes est intervenue à partir de 2000. Rappelons que Cuxac a subi des préjudices (humains et matériels) nettement supérieurs à Coursan lors des inondations de novembre 1999. Cuxac a ainsi poursuivi le déclin amorcé dans les années 1990. On peut supposer que le drame très médiatisé des inondations de 1999 (cinq victimes) a eu un impact net sur la conscience citoyenne du risque puisque le nombre de demandes de permis subit lui-même une forte baisse. Les services instructeurs des permis de construire ont refusé les permis de construire dans les zones touchées suivant ainsi la directive préfectorale du 10 janvier 2000. Cependant, malgré l'interdiction de construction dans la commune de Cuxac, de nouveaux arrivants (informés ou non au préalable du risque) se sont implantés par le biais de vente immobilière. Ces zones dévastées ont même subi, selon les dires de la presse, une spéculation immobilière, les maisons sinistrées ayant été rachetées pour être remises en état puis revendues... à un prix parfois largement supérieur à sa valeur initiale.

À l'inverse, la commune de Coursan bénéficie d'une croissance des demandes de constructions (et des accords) : d'une quarantaine de demandes en 1999, elle atteint plus d'une centaine dès l'année 2000. En plus de la relance du marché foncier de la fin des années 1990, Coursan (et d'autres communes) récupère probablement les constructions rendues impossibles dans la commune voisine et de nouveaux risques apparaissent avec cette intensification urbaine. Le report de la pression foncière se fait aussi sur les communes périphériques soumises à d'autres contraintes environnementales. La petite commune d'Armissan ne peut par exemple plus accueillir d'habitant car au risque d'inondation torrentielle s'ajoute la contrainte « feux de forêt » et la présence d'un périmètre protégé inconstructible, la Montagne de la Clape. Le report anarchique de la pression foncière dans les communes avoisinantes génère des risques comme le ruissellement urbain.

Il serait souhaitable que la mise en place des PPR fût accompagnée d'une planification urbaine à l'échelle intercommunale. Cette réflexion est en cours mais l'émergence d'une intercommunalité efficace est lente.

Le risque d'inondation : une réalité scientifiquement objectivée et/ou juridiquement contraignante : l'exemple de la Lys ?

L'inventaire des différents permis de construire délivrés sur plusieurs années, mais également de ceux qui ont été refusés et encore, de ceux qui ont fait l'objet d'un contentieux, quelle qu'en fût l'issue, permet d'évaluer l'impact de la réglementation sur l'occupation des sols et l'aménagement du territoire. Autrement dit, nous avons cherché à vérifier si les pratiques avaient changé en raison d'un cadre réglementaire renforcé et plus cohérent et si la gestion du risque d'inondation passait par la maîtrise de l'occupation des sols. L'analyse des permis de construire devrait nous apporter des éléments supplémentaires dans une perspective d'évaluation de la politique de prévention.

Quoi qu'il en soit, pour les trois communes étudiées, ni les épisodes successifs de crues, ni la loi Barnier ni même l'élaboration de l'atlas des zones inondables ou la mise en place du PPRI ne semblent avoir fondamentalement influencé le nombre de permis de construire accordés. En ce qui concerne la loi Bachelot de 2003, nous manquons encore un peu de recul pour en analyser les conséquences éventuelles. De façon plus précise, à travers la figure 6.7, on soulignera :

- d'abord, que le nombre moyen de permis de construire sur ces trois communes est peu différent. Cela s'explique d'une part par la proximité de la vallée de la Lys avec la métropole lilloise, assurant son rayonnement sur ce territoire, d'autre part, par la superficie des communes d'Estaires, Sailly et Merville, significativement supérieure ;
- que les lois de décentralisation sur les trois communes n'ont eu aucun impact sur l'augmentation des permis de construire. Il ressort que ces communes ont peu de terrains disponibles, si ce n'est au centre-ville ;
- que la plupart des projets de construction concernent des projets de lotissements, ce qui explique les quelques pics remarqués sur le graphique ;
- que même si le nombre de permis accordés diminue immédiatement après la crue de Vaison-la-Romaine en 1992 et celle de la Lys en 1993, les mairies affirment que ces événements n'ont en aucun cas influencé la délivrance ou non de permis ;
- que la loi Barnier de 1995 ne s'est pas non plus traduite par une baisse du nombre de permis accordés, car le PPRI ne concerne que des terrains situés immédiatement le long de la Lys (ces terrains sont tous agricoles). Cependant, les mairies affirment que, le cas échéant, elles prévenaient systématiquement les demandeurs du classement de leur terrain en zone inondable de façon à limiter les demandes de permis.

Toutefois, quand il y en a, elles sont refusées, pour plusieurs raisons. Tout d'abord, à cause de la taille modeste des communes étudiées (environ 500 habitants), le nombre de permis de construire délivrés chaque année reste relativement faible, aux alentours de dix.

De plus, il apparaît difficile, au regard du graphique ci-dessous, d'établir une corrélation entre les lois ou les événements et l'évolution quantitative de la délivrance des permis de construire. En effet, on ne constate aucune évolution ou baisse significative du nombre de permis accordés, suite à l'entrée en vigueur des différentes lois.

Toutefois, les entretiens ont permis de relever une certaine influence de la crue de Vaison-la-Romaine de 1992 :

- l'influence des maires joue un rôle non négligeable. Selon leur volonté et leurs choix politiques, ils influent sur le développement urbain de leur territoire. On observe, en effet, sur certaines communes, une évolution différente du nombre de permis accordés selon le maire mandaté ;
- la politique communale et la médiatisation d'événements marquants semblent donc avoir davantage d'impact que le seul cadre législatif.
- Le dépouillement des permis de construire n'étant pas suffisamment parlant, nous avons complété notre étude par des entretiens et des enquêtes auprès des élus et des populations de ces communes pour nous rendre compte de ce qui était reproché à l'État :
- de tenter de recentraliser la politique d'aménagement local en deux temps : d'abord lors de l'élaboration du PPRI, puis lors de la délivrance du permis de construire, les activités d'enregistrement et d'objectivation du risque d'inondation ne servant qu'à justifier des décisions d'urbanisme contraignantes en vue d'un contrôle plus global. Le circuit d'attribution des permis de construire a d'ailleurs été révisé au lendemain de l'arrêté préfectoral attestant de l'anticipation de l'application du PPRI ;
- de mener un politique qui se contente de réglementer sans prendre en compte les spécificités locales et se déresponsabilise ensuite sur le maire qui a la charge d'intégrer les normes dans les documents d'urbanisme ;
- de mener cette politique réglementaire pour transférer les bénéfices de la prévention vers des intérêts assuranciels. L'État a encouragé les constructions dans le lit majeur et désormais ne veut plus financer les ouvrages nécessaires à la protection des inondations. Il fait l'économie de ces dépenses et communique aux assurances les cartes des risques en se dédouanant de sa responsabilité.

Les choix et arbitrages ne reposent pas sur une objectivation du risque, mais sur des contraintes budgétaires, sur la volonté de réduire le temps de la contestation et sur le choix de privilégier une méthode simple et empirique de cartographie des risques qui permettra d'asseoir celle-ci sur des éléments factuels parlants, non contestables et permettant d'éviter toute surenchère scientifique. Les permis délivrés sur plusieurs communes de la Lys constituent autant d'éléments de compréhension pour mesurer l'impact de la législation et celui de certains événements retentissants, comme des inondations, pour l'aménagement du territoire.

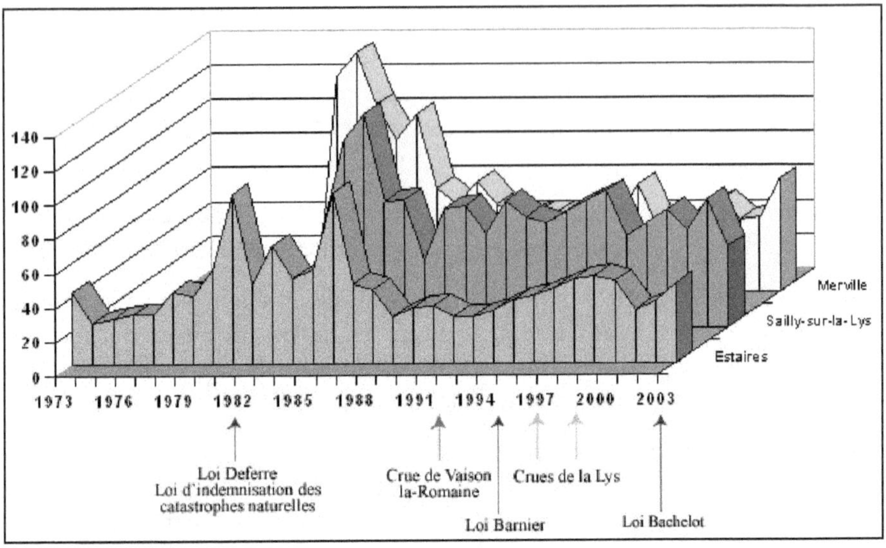

Figure 6.7 - Évolution comparative des permis de construire de 1975 à 2003. (Scarwell, 2005)

Les élus vont se mobiliser pour ébranler la légitimité de l'option réglementaire défendue par l'État en tant que solution face au problème des inondations. Finalement, ils affirment lors des entretiens que ce n'est pas l'occupation imprudente de la zone inondable qui est en question, mais le caractère anormal et incontrôlé des débordements du fleuve ou de la rivière. L'État ne finance plus les ouvrages de protection, alors qu'il a délivré autrefois les permis en zone inondable. Enfin, selon les élus, l'inondation n'a pas un caractère totalement naturel ! Les travaux sur la Somme confirment cette tendance des élus et des populations à transférer la responsabilité des dégâts sur les services de l'État, en l'occurrence sur ceux de la Navigation (AMALRIC et *al.*, 2004). Parallèlement, ils accréditent la thèse d'une possibilité de maîtrise technique des crues et réclament à ce titre la construction de digues et de travaux d'entretien des rivières comme alternative aux documents réglementaires.

En conclusion, on retiendra que si le PPR doit être considéré comme un outil d'amélioration de la planification urbaine, l'occupation du lit majeur des communes est relativement récente.

Cette occupation sous forme de lotissements montre que :

- c'est au cours des dernières années que l'extension en zone inondable s'est accélérée ;
- la décentralisation n'a pas eu d'impact positif ou négatif en matière de prise en compte du risque d'inondation ;
- les communes se sont dotées ou ont recours à des services juridiques ou des services spécialisés pour anticiper les questions d'aménagement, d'urbanisme et d'environnement ;
- l'État affiche le risque et affirme sa posture hiérarchique par l'engagement successif d'une série de procédures réglementaires de type Plan de Prévention des Risques, c'est-à-dire des documents ayant valeur de servitude d'utilité publique s'imposant dans les documents d'urbanisme.

Chapitre 7

LES NOUVEAUX TERRITOIRES DE GESTION DU RISQUE

H. Scarwell

Dans les années 1960, la critique d'une gestion par filière de la ressource en eau et, surtout, la présentation d'un bilan sur la santé et les multiples excès anthropiques des fleuves et des rivières, font prendre davantage conscience que le modèle de la gestion de l'eau et donc, plus globalement, le rapport à l'eau qu'entretient notre société, doivent évoluer (BETHEMONT, 1999).

De même, le droit et la gestion du risque des inondations ont trop longtemps reflété « *la vision trop présomptueuse de la maîtrise des inondations* » et par cela même ont inscrit celles-ci dans une logique équivoque due à « *une conception passéiste des rapports de l'homme à la nature : l'homme reconnaissait certes son impuissance à maîtriser les flots, mais on le laissait néanmoins construire en zone inondable* », ce qui rendait caduque toute logique d'aménagement durable (ROMI, 2003, p. 202). Autrement dit, on pérennisait la présence de la population en la sécurisant par des aménagements, ce qui revenait à adapter à l'occupation humaine les zones exposées au risque.

L'intérêt aujourd'hui n'est-il pas de prendre en compte la logique d'aménagement durable sans laquelle des erreurs continueront d'être faites en matière d'urbanisme et aboutiront à des catastrophes ? À ce titre, diverses réponses ont été apportées, certaines portant sur l'élaboration de documents spécifiques comme l'élaboration de PPRI, d'autres concernant l'intégration de la problématique inondation dans les politiques de l'eau, le droit de l'urbanisme et plus globalement la politique d'aménagement. Autant d'éléments dont la convergence semblerait nécessaire pour intégrer les contraintes environnementales dans une perspective d'aménagement durable. Ainsi, l'hydraulicien ne pourrait plus se cantonner à une vision limitée du cours d'eau, puisque c'est l'ensemble du bassin versant qui participerait à la dynamique de l'inondation (LAGANIER et DAVY, 2000).

Finalement, si la prise en compte du risque dans l'aménagement du territoire nécessite la considération de plusieurs axes, ceux-ci ne peuvent être segmentés selon les types d'enjeux. Seule une politique globale de développement de l'espace et des populations qui l'occupent semble pertinente pour parvenir à réduire le risque en certains endroits, sans l'aggraver ailleurs. Autrement dit, ne faudrait-il pas envisager non seulement une gestion de l'eau à l'échelle pertinente du bassin versant, mais concurremment, imposer aux documents d'urbanisme d'intégrer les questions du risque dans le droit des sols ? Si ces relations sont à la fois évidentes, voire « naturelles », elles n'en sont pas moins complexes.

Aussi la gestion de l'eau s'est-elle radicalement transformée en intégrant progressivement une vision territoriale. C'est précisément en revenant au territoire et à l'échelle de gestion pertinente qu'il devient alors possible d'appréhender le risque comme un objet que l'on peut territorialiser.

De cette lecture très schématique du rapport de la société au risque d'inondation découle une histoire originale de l'aménagement de certains espaces au sein desquels le territoire (en tant qu'espace institutionnel), en apparence absent ou extérieur à ces questionnements, est progressivement (ré)introduit dans la définition même de certains de ces concepts car il devient l'aire de regroupement actif et consensuel des acteurs sociaux. C'est d'ailleurs à partir de lui que l'on opérera une distinction entre « appartenants » et « extérieurs », donnant à la notion de gouvernance toute sa signification. Le risque d'inondation devient alors une composante intrinsèque du territoire en lien avec la nature, dont la prise en compte peut toutefois contribuer à modifier les dynamiques spatiales et la logique territoriale. Cette prise en compte peut également contribuer à réguler des processus sociaux dans le sens où elle vise à orienter ou à permettre des conduites collectives susceptibles de produire un meilleur équilibre du territoire.

Et si penser le risque, c'était penser le territoire dans lequel il s'insère afin d'intégrer les effets collectifs de son utilisation ? Et si la question du risque, et notamment celui de l'inondation, n'était au fond que le révélateur de la difficulté à mener une politique d'aménagement où prévalent les logiques gestionnaires, les approches désegmentées de l'activité par territoire et la tyrannie du court terme ?

Les travaux présentés dans cet ouvrage ont mis en exergue au moins trois problématiques essentielles dans le domaine de la gestion du risque d'inondation.

La première a trait au fait qu'une attention plus grande accordée aux contraintes naturelles se traduit par la recherche d'une échelle de prise en compte des inondations calée sur le fonctionnement global de l'hydrosystème, échelle nationale ou internationale. Elle impose alors de s'affranchir des limites administratives pour prendre en compte des territoires pertinents de gestion du risque. Il est parfois difficile de délimiter avec précision le territoire du risque, car cette délimitation suppose des études renouvelées et approfondies des zones concernées. Ainsi, la territorialisation du risque doit être envisagée sous la forme d'une reconfiguration territoriale, intégrant à la fois les zones inondables immédiatement concernées, mais aussi celles qui sans être directement exposées, contribuent à la formation du risque (bassin versant).

La seconde concerne la réintégration du risque dans les territoires, qui n'implique plus nécessairement la stérilisation d'espaces, mais qui peut passer désormais par une occupation adaptée et raisonnée du territoire.

La troisième concerne l'articulation entre les différentes échelles spatiales d'action. En effet, il ne s'agit pas tant de composer un territoire institutionnel du risque, que de composer avec ce territoire fonctionnel ou cet espace hydrologique et finalement articuler ces différentes échelles.

Comment s'organisent les modalités de coopération entre ces territoires ? C'est autour de ces trois problématiques que seront construits nos développements.

La recomposition du territoire du risque : du bassin versant au district hydrographique

La lutte contre les inondations doit aujourd'hui se déprendre de toute approche sectorielle, laquelle ne permettait pas une politique intégrée de gestion. C'est une extension du niveau spatial de gestion des risques qui est davantage promue, laquelle contribuerait aux actions de prévention des inondations et ne serait plus fondée sur l'exposition personnelle aux dangers, mais sur l'appartenance à une communauté territoriale délimitée par les frontières d'un bassin hydraulique.

En effet, depuis que la conscience collective a été mobilisée autour de la défense du patrimoine hydraulique, la gestion de l'eau s'est réorganisée en tenant compte de la raréfaction de la ressource, de son caractère social et culturel (LORIFERME, 1987 ; VALIRON, 1990). L'explosion des besoins a fait apparaître la nécessité d'une approche globale des problèmes de l'eau, mais aussi, de toutes les questions liées à l'environnement, comme l'énonce la loi sur l'eau de 1992 : « *l'eau est un patrimoine commun dont la gestion équilibrée est d'intérêt général* ».

Ainsi, les modes de gestion des risques hydrologiques ne peuvent s'envisager qu'au travers de l'évolution historique de la gestion plus générale de l'eau, d'abord par filière puis globalement, et enfin, intégrée dans le cadre du bassin versant, voire à l'échelle du district hydrologique transfrontalier.

Notre propos consiste à démontrer comment on est passé d'une gestion sectorielle à une gestion spatiale de l'eau. Autrement dit, comment de l'eau, instrument du territoire, aménagé pour les besoins du territoire, on est passé à une relation « eau-aménagement » du territoire, voire à un « ménagement » du territoire (MARIE, 1985) en restituant un territoire au risque.

Des temps de la proximité (XVIII-XIXe siècles) et des pollutions historiques au temps des bassins

Si, autrefois, les économies locales étaient suffisamment souples pour supporter les inondations fréquentes, en raison de la fatalité des habitants, prédominante depuis le Moyen-Âge et sous l'Ancien Régime, elles ont laissé progressivement la place à un besoin de sécurité. L'évolution de la notion de risque dans la société se traduit ainsi par le passage d'un risque vécu (fatalité divine et contre laquelle la protection humaine est imparfaite, voire impuissante) à un risque perçu comme quelque chose de maîtrisable (FABIANI, THEYS, 1987 ; DOURLENS et *al.,* 1991).

Dans la région Nord-Pas-de-Calais, à titre d'exemples, les paysages d'eau, milieux originaux et naturels dans les époques anciennes, se sont progressivement transformés en espaces de plus en plus artificialisés. Cette gestion de proximité n'a pas permis un partage équilibré des usages de l'eau. Les villes ont fortement contribué au dysfonctionnement et à l'altération des rivières qui les traversaient. C'est le cas, par exemple, de la ville de Lille et de plusieurs communes de la métropole lilloise. L'essor industriel entre la Lys et la Marque a favorisé une forte demande en eau motrice et en eau destinée aux différents traitements. Enfin, la croissance démographique a contribué à l'augmentation de la demande en eau domestique. En définitive, avant le XIXe siècle, il n'existait pas de gestion de l'eau en tant que telle. L'eau était indispensable à différents usages économiques ou militaires, comme l'illustre l'ouvrage déjà cité de A. Guillerme, *Les temps de l'eau* (1983).

Dès la loi municipale de 1884, le conseil municipal s'est vu confier l'ensemble des affaires communales. À ce titre, pour la gestion de l'eau, la commune a désormais officiellement compétence pour créer des services publics constituant un monopole de fait et nécessitant une occupation du domaine public. La loi du 8 avril 1898, texte de base du régime juridique de l'eau, organise la gestion de l'eau à partir d'une distinction entre cours d'eau navigables et non navigables. Elle consacre une gestion de l'eau par filière et par usage (BAROUCH, 1989). C'est également de cette loi que le maire tient son pouvoir de police : « Le maire surveille au point de vue de la salubrité, l'état des ruisseaux, rivières, étangs, mares ou amas d'eau ». Après l'entrée en vigueur des lois de 1884 et de 1898, les communes assurent la distribution de l'eau et mettent en place progressivement des réseaux techniques territoriaux de distribution de l'eau et d'assainissement. Pour des raisons d'efficacité, ces réseaux se sont regroupés, notamment en raison des économies des rendements d'échelle qu'ils permettent. Ils se substituent progressivement aux initiatives individuelles. Ainsi, le porteur d'eau, la fontaine publique et le « tout-à-la-rue » ont peu à peu fait place à la distribution d'eau à domicile et au tout-à-l'égout. L'époque est marquée par des prélèvements importants, notamment pour les cours d'eau non navigables et non flottables, alors que les prises d'eau ne peuvent être pratiquées dans les fleuves et rivières navigables et flottables sans autorisation de l'administration. Localement, on constate une régression des zones humides au profit des terres labourées et au profit de l'industrialisation et de l'urbanisation. Les destructions de l'après-guerre seront l'occasion de donner un nouvel élan à la politique d'assainissement et le programme d'installations modernes prendra son essor dans la décennie soixante (GOUBERT, 1984)[76].

De fait, la gestion de l'eau (avant la loi de 1964) a été longtemps calquée sur les structures administratives traditionnelles et caractérisée, à l'échelle de l'État, par un partage des responsabilités entre différents ministères : l'irrigation et l'aménagement dépendent du ministère de l'Agriculture, la navigation et la protection contre les crues du ministère des Travaux publics ; le ministère de l'Industrie et des Mines s'occupe de la production d'énergie et de la filière eau pour l'industrie. À côté de cette gestion verticale de l'eau, seul le ministère de la Santé Publique organisait une gestion horizontale autour des questions de l'hygiène et de la protection de la santé ;

À partir du moment où l'eau disponible n'est plus extensible à souhait et que les ponctions et rejets à outrance ont des répercussions sur la ressource, c'est la relation homme/nature qui se trouve en décalage avec l'environnement scientifique social, culturel et économique. Il devient alors urgent de substituer une gestion intégrée et territoriale de l'eau à l'approche par filière. De même, une meilleure connaissance des hydrosystèmes favorise

---

[76] Pour un historique de l'équipement hydraulique de la France, voir Goubert J.P., 1984 : La France s'équipe. Les réseaux d'eau et d'assainissement 1850-1950. *Les Annales de la Recherche Urbaine*, Les réseaux techniques urbains, pp.47-53.

l'intégration du long terme dans les dimensions spatiales et temporelles de la gestion. Cette gestion intégrée et territoriale passe par la consécration du bassin versant comme nouveau cadre de la gestion territoriale de l'eau et du risque d'inondation.

L'intensification des tensions pour l'utilisation de l'eau, les problèmes de pollution et le sur-prélèvement dans les nappes d'eau souterraines provoquent une réaction de l'État qui se traduit par la création en 1959 d'une commission nationale de l'eau, chargée de mener une réflexion sur une gestion plus rationnelle de la ressource (HUBERT, 2001). Cette gestion sectorielle va être remise en cause par la loi sur l'eau du 16 décembre 1964 qui réorganise le territoire juridique de l'eau à un échelon pertinent. À ce titre, le territoire métropolitain va être découpé en six grands bassins fluviaux (Artois-Picardie, Rhin-Meuse, Seine-Normandie, Loire-Bretagne, Adour-Garonne et Rhône-Méditerranée-Corse). Cette délimitation aux seuls critères hydrographiques ou culturels est contestable, mais elle répond à la volonté de dépasser le cadre des régions administratives, aux frontières irréelles, ce qui conduit à organiser l'action publique de l'État autour de ce nouvel échelon et illustre la mise en place d'une politique territoriale

Une nouvelle étape est franchie avec le bilan de l'application de la loi de 1964 réalisée par les pouvoirs publics, par le biais d'un débat sur la politique de l'eau (Assises Nationales de l'Eau) et aboutit à la refonte du droit de l'eau consacré par la loi du 3 janvier 1992.

L'innovation majeure de cette loi consiste à instituer une planification systématique et obligatoire de la ressource en eau, tant au plan qualitatif que quantitatif, sous la forme des schémas directeurs d'aménagement et de gestion des eaux (SDAGE)[77], à l'échelle des grands bassins hydrographiques et des schémas d'aménagement et de gestion des eaux (SAGE), de même qu'à l'échelle des bassins versants de plus petite taille.

Plus globalement, ce changement d'échelle conjugué aux dynamiques environnementales, intercommunales ou d'aménagement du territoire, met la gestion de l'eau en rapport direct avec le développement territorial et pose

77 Elaborés par le comité de bassin à l'initiative du préfet coordonnateur de bassin, les SDAGE fixent les orientations fondamentales de la gestion équilibrée de la ressource en eau et définissent les objectifs et les aménagements à réaliser. Ils déterminent le périmètre des SAGE dont le contenu doit être compatible avec le SDAGE. Le SAGE, plus détaillé par définition que le SDAGE, fixe les « objectifs généraux d'utilisation, de mise en valeur et de protection quantitative et qualitative des ressources en eau superficielle et souterraine » (art.5). Il est établi par une Commission locale de l'eau (CLE) composée pour moitié d'élus locaux, pour un quart des représentants des usagers, des propriétaires riverains, des organisations professionnelles et des associations concernées et pour un quart des représentants de l'Etat. Sa mise en œuvre peut s'appuyer sur une communauté locale de l'eau regroupant sous la forme d'une structure intercommunale, les communes concernées par le SAGE. La mise à disposition du public des textes des SAGE permet aux citoyens d'exercer un contrôle (possibilité de recours administratifs et contentieux) sur l'action de l'administration et des collectivités territoriales.

ainsi la question de son articulation avec les territoires politico-administratifs existants et les acteurs concernés.

La recomposition du territoire du risque : le district hydrographique, une approche encore plus intégrée (la Directive Cadre sur l'Eau (DCE))

La mise en œuvre en France de la Directive Cadre Européenne (DCE) renforce la tendance déjà ancienne à la territorialisation de la politique de l'eau. Aussi, le territoire constitue un concept opératoire à la fois dans le domaine de l'aménagement du territoire et dans celui de la gestion de l'eau. La directive établit un cadre pour une politique communautaire dans le domaine de l'eau et a été adoptée sous la présidence française le 23 octobre 2000 et publiée le 22 décembre 2000. Elle vise à établir un cadre global pour la protection des eaux continentales, souterraines et côtières, en fixant des objectifs ambitieux et une méthode (figure 7.1). Elle propose une approche intégratrice en prévoyant de décrire directement les milieux aquatiques à partir des habitats et des espèces qui les composent. L'objectif à atteindre devient « *le bon état écologique* » qui doit être compatible avec une pression humaine raisonnable. Elle traduit donc le passage d'une obligation de moyens vers une obligation de résultats sur le milieu naturel qui doit être réalisé en 2015 pour le bon état écologique et chimique des eaux souterraines, des eaux de surface (côtières et continentales), des eaux artificielles et fortement modifiées, des zones protégées.

En outre, elle définit le district hydrographique comme cadre spatial pour conduire les actions de la protection des eaux, qui correspond à la notion actuelle de bassin hydrographique. Des plans de gestion et des programmes de mesures sont prévus pour chaque district, afin de répondre à l'objectif général de la directive. Celle-ci propose également une démarche et des moyens pour atteindre les objectifs prévus, ainsi qu'un état initial des eaux. Enfin, elle encourage la participation (art.14 de la DCE), qu'il faut entendre comme la participation active[78] des parties intéressées, la mise à disposition des informations et la consultation du public. Précisons que la participation active du public à la mise en œuvre de la politique de l'eau est fortement encouragée. Elle se situe dans le droit fil de la convention d'Aarhus[79].

---

[78] Selon C. Noël, ingénieur chargé de mission à la Direction de l'eau, cette participation active s'appuiera avant tout sur les structures de concertation existantes : Comité de Bassin, Commission locale de l'eau composée des représentants des collectivités, de l'Etat et des usagers (associations, industriels, agriculture etc..).

[79] Cf. Convention d'Aarhus du 23 juin 1998 sur l'accès à l'information, la participation du public au processus décisionnel et à l'accès à la justice en matière d'environnement. Elle fut transcrite dans le droit français par la loi n° 2002-285 du 27 février 2002 dite loi « *démocratie et proximité* » autorisant

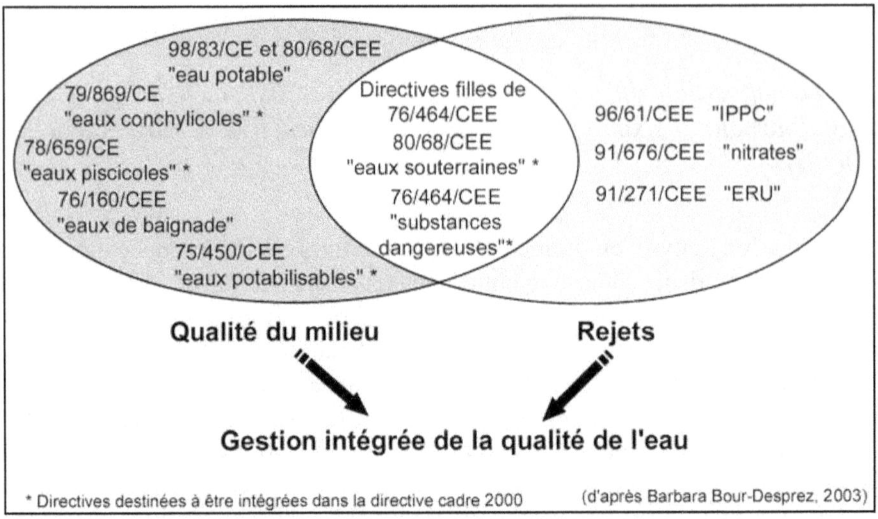

Figure 7.1 - Les directives intégrées dans la DCE.

Cette rapide chronologie de la gestion de l'eau et plus particulièrement du risque d'inondation témoigne à la fois de l'évolution des modes d'action publique (territorialisés et multi-objectifs) et des processus de décision (pluri-acteurs et participatifs), ce que mettra en évidence l'évolution des outils de cette gestion. On retiendra que pour faire émerger de nouveaux territoires de gestion du risque d'inondation des procédures de planification sont nécessaires. Aujourd'hui, les aménagements des cours d'eau doivent être conçus dans le cadre de projets globaux et intégrés à une échelle pertinente :

- prenant en compte l'ensemble du bassin versant et considérant la rivière et ses affluents de leurs sources à son embouchure ;
- envisageant la satisfaction de l'ensemble des usages de l'eau et les besoins qui en résultent, tant sur le plan quantitatif que qualitatif ;
- étudiant les impacts sur l'environnement et intégrant la protection des écosystèmes aquatiques et la prévention des effets néfastes pour la préservation des milieux naturels ;
- débouchant sur une conception polyvalente et une gestion cohérente des différents ouvrages et équipements.

Cette nouvelle vision de l'eau s'est imposée, non sans résistance, aux acteurs locaux : il s'agit de limiter le coût des risques, de maintenir ou de

l'approbation de la Convention sur l'accès à l'information, la participation du public au processus décisionnel et l'accès à la justice en matière d'environnement.

recréer un fonctionnement « naturel » des hydrosystèmes. De même, dans le cadre de l'urbanisme, la loi d'orientation foncière de 1967, instituant le Plan d'Occupation des Sols (POS), va plus loin dans sa volonté d'intégration du risque dans les stratégies de développement des communes en instaurant des zones ND (comprenant des zones inondables et humides), au sein desquelles l'urbanisation est définitivement ou temporairement exclue. Désormais, il va falloir concilier enjeux environnementaux et enjeux socio-économiques, sans abandonner complètement pour autant la logique de protection structurelle. La politique de gestion du risque prendra appui de plus en plus sur les travaux de génie écologique privilégiant un aménagement doux des rivières et sur une logique préventive ancrée sur l'écriture des risques à travers des cartes réglementaires, comme sur l'information et la planification territoriale.

La prise en compte du risque d'inondation dans l'aménagement de l'espace et l'urbanisme : à la croisée de plusieurs démarches

Une politique publique de gestion du risque, action collective organisée par l'État, ne peut être efficace que si elle est lisible, continue, motivée et expliquée. À ce titre, la collectivité doit donner du sens et hiérarchiser les autres politiques, ce qui implique un processus de construction et des compromis nécessaires.

L'intégration du risque suggère de rechercher en permanence un équilibre entre des objectifs parfois antinomiques. En effet, il faut admettre qu'indubitablement, le développement des villes, des espaces périurbains et celui des risques entretiennent des liens au point que la fréquence et l'intensité des inondations augmentent en fonction de la croissance et de la densité urbaine, des mouvements de population qui se déplacent sous la pression immobilière vers des zones à risque telles que le lit des fleuves ou sur des zones mal stabilisées. À ce titre, la dynamique du développement durable constitue un nouveau référentiel de l'action publique favorisant la reconfiguration des découpages traditionnels et l'émergence de nouvelles démarches dans la gestion du risque mais aussi, plus globalement, la façon de reproblématiser la question du risque d'inondation.

Notre propos sera de rappeler ici que l'évolution de la gestion du risque d'inondation résulte du passage d'une conception techniciste à une approche systémique, en raison notamment de la prise en compte du lien inondation/aménagement du territoire. L'aménagement durable du territoire semble être à ce prix et signifie que la prévention des inondations n'est plus seulement synonyme de charges et d'obligations mais peut être source d'opportunités, comme l'émergence de nouveaux espaces récréatifs sur les zones humides.

Globalement, l'aménagement du territoire se situe entre permanence et changements, mais ces derniers prévalent, notamment du fait de la décentralisation et de la montée de la question environnementale. Le rejet pour la gestion du risque d'inondation d'un enfermement sur des logiques sectorielles ou corporatistes, au profit d'approches équilibrées et globales, notamment pour les questions liées à l'eau, renvoie à des types d'action distincts qui s'inscrivent désormais dans la projection du temps et l'anticipation à long terme, sur lesquelles nous voudrions nous interroger. C'est la diversité de ces approches que l'on a voulu mettre en évidence. Elle élargit le regard et incite à une plus grande prudence dans l'énoncé des politiques souhaitables pour promouvoir une gestion du risque cohérente.

Une idée assez largement répandue selon C. Cans (2003) considérerait que « *la loi du 30 juillet 2003 permettrait – enfin ! – de juguler les risques naturels* » (p. 204). Pourtant, s'il est un reproche essentiel à formuler, c'est celui qui porte sur l'occasion manquée d'offrir au droit des inondations « *un cadre juridique unifié autour de sa logique essentielle qui consisterait à l'organiser autour de trois approches : le concevoir, le prévoir, le gérer. L'éparpillement ne joue pas en faveur d'une culture unifiée du risque* » (CANS, 2003, p. 204). Par exemple, est toujours d'actualité la question de savoir si le PPR a pour objet de classer un territoire en zone à risque - ce qui impliquerait l'interdiction totale ou partielle de tout développement urbain - ou s'il a vocation à faire connaître aux populations concernées que le territoire est soumis à un risque, dont elles tireront elles-mêmes les conséquences en termes de sécurité.

Dans tous les cas, les principes qui ont gouverné la gestion des territoires situés en amont et en aval des zones de réalisation des catastrophes naturelles ont évolué en fonction de la conception du risque. À ce titre, la gestion du risque d'inondation s'est construite de façon pragmatique comme autant d'ajustements et d'adaptation au nouveau contexte et aux nouveaux cadres territoriaux d'action.

Plusieurs indices témoignent de cette véritable rupture entre l'aménagement du territoire, tel que les textes l'énoncent aujourd'hui, et l'aménagement du territoire tel qu'il était conçu pendant ce qu'il est convenu d'appeler « *l'âge d'or* »[80].

Le renouveau de l'aménagement du territoire est, comme le souligne J. Fialaire (2004), marqué à la fois par sa transversalité, sa finalité et son appel au partenariat. Contrairement à d'autres politiques, l'aménagement du territoire n'a pas été conçu comme une politique sectorielle, mais bien au contraire, comme une politique globale « *interagissant entre différents secteurs où l'action publique se réalise au moyen de politiques*

---

[80] On définit ainsi la période s'écoulant de 1945 à 1975.

structurantes » (FIALAIRE, 2004 - l'urbanisme à titre d'exemple). Paradoxalement, la prise en compte de cette transversalité n'est effective que de façon récente. Son arrivée comme « *bousculeuse » et médiatrice* entre environnement et organisation de l'espace (ANTOINE, 1996) inscrit les actions dans une stratégie de développement durable depuis peu de temps.

Cette approche subodore des approches intégrées et globales et non l'addition de politiques sectorielles. À ce titre, les interactions sont fondamentales. Avec le développement durable, l'aménagement va devoir se changer en « *gestion du territoire* ». Il ne s'agit plus de l'« *aménagement du territoire* » mais du « *ménagement du territoire* ».

En effet, plusieurs lois inscrivent l'aménagement du territoire dans le champ du développement durable et mettent en œuvre des orientations destinées à refonder les principes et les objectifs de l'aménagement du territoire. Dorénavant, les textes privilégient une logique de projet territorial de développement au service du développement durable, obligeant les collectivités territoriales à prendre en compte la dimension environnementale. Tel est l'esprit de la LOADT[81] du 4 février 1995 modifiée par la loi « Voynet », loi d'orientation pour l'aménagement et le développement durable du territoire[82], qui crée les DTA (Directives territoriales d'aménagement), les pays et les agglomérations, mais également de la loi SRU du 13 décembre 2000[83] qui apporte des outils de planification spatiale et recherche la cohérence des politiques d'aménagement, en leur fixant trois objectifs : le renouvellement urbain, la solidarité sociale, et la cohérence à l'échelle de l'agglomération entre la planification urbaine et les politiques du logement social, des transports collectifs et de l'aménagement commercial. Le code de l'urbanisme demande prioritairement aux nouveaux outils du droit de l'urbanisme d'exprimer « *un projet d'aménagement et de développement durable* » (art.L.122 et L.123). La loi crée les SCOT (Schémas de cohérence territoriale) et les PLU (Plans locaux d'urbanisme). La loi sur l'intercommunalité du 12 juillet 1999[84] dote les communautés d'agglomération et les communautés de communes de compétences nouvelles et met en œuvre des dispositifs d'incitation. Cette loi fournit les nouveaux instruments juridiques et techniques utiles à la mise en œuvre de politiques de développement durable. C'est également le cas de la loi « *Robien* » du

---

[81] Loi n°95-115 du 4 février 1995 d'orientation pour l'aménagement et le développement du territoire, JORF, 5 février 1995, pp.1973 et s.

[82] Loi n°99-533 du 25 juin 1999 d'orientation pour l'aménagement et le développement durable du territoire, JORF, 29 juin 1999 pp. 9515 et s.

[83] Loi n°2000-1208 du 13 décembre 2000.

[84] Loi n° 99-586 du 12 juillet 1999 relative au renforcement et à la simplification de la coopération intercommunale.

2 juillet 2003[85] qui modifie notamment certaines dispositions du pays et du SCOT.

Finalement, ces lois fixent des défis à relever. L'un d'entre eux est celui de la relation traditionnelle entre environnement et aménagement. Cet état de fait tient à une particularité des politiques publiques françaises, à savoir leur vision fonctionnaliste de l'aménagement du territoire. En effet, selon R. Passet J et J. Theys (1995), ce dernier s'est longtemps limité à la préservation de quelques zones naturelles désignées comme dignes de protection, pour pouvoir développer à loisir le reste des territoires. L'environnement étant alors perçu comme un facteur limitant, il était nécessaire en France de commencer par un changement des mentalités, pour tendre vers un développement durable.

Enfin, si la maîtrise de l'urbanisation à travers les documents d'urbanisme constitue la clé d'entrée la plus évidente pour intégrer la problématique des risques dans l'aménagement, cette intégration n'a de raison d'être que si les procédures sont respectées et leur non-respect sanctionné. À travers elles, ne devient-il pas possible de réfléchir en amont au meilleur parti à tirer des territoires en fonction de leurs spécificités ? Autrement dit, à une réorientation de l'urbanisation future vers des secteurs non exposés. L'évolution des textes ne tendrait-elle pas à l'intégration progressive des préoccupations de l'urbanisation, comme de celles relatives aux risques et aboutissant à une sorte de « *pénétration par capillarité* » (MORAND-DEVILLER, 2002) ? Le droit de l'urbanisme préfigure alors la possibilité d'adapter l'occupation humaine au risque (BILLET, 2003). En l'état du droit, mais aussi de sa pratique, la planification et le contrôle des activités humaines ne doivent-ils pas exprimer les objectifs de prévention ? Un commencement pourrait être la reconnaissance d'un territoire au risque, quitte à limiter ou interdire l'occupation anthropique ?

En somme, l'aménagement et l'urbanisation ont ignoré longtemps le risque. À la prévention, on a fréquemment préféré la mise en œuvre de protections visant à limiter l'aléa, en empêchant la réalisation du phénomène. Entre la négation du risque autrefois et l'interdiction de toute modification d'un site, il existe tout un éventail de possibilités (DEGARDIN, 2001). En ce sens, la question des risques a renouvelé cette relation par le biais d'ajustements successifs. Leur prise en compte dans les politiques d'aménagement du territoire représente un enjeu important pour la gestion de l'eau. Désormais, s'il n'est plus concevable d'hypothéquer les conditions de développement et de croissance, il convient de prendre en compte la multifonctionnalité des zones inondables lors des réflexions d'aménagement. D'autant que ces zones peuvent aussi offrir des opportunités d'aménagement. Dans cette perspective,

---

[85] Loi n°2003-590 du 2 juillet 2003, Loi Urbanisme et habitat.

l'État et les collectivités territoriales ont envisagé des stratégies de remédiation et de reconquête de certaines zones à risque.

Ainsi, les contraintes des zones inondables peuvent se transformer en atouts pour le développement urbain. Les caractéristiques des zones humides et des fonds de vallée deviennent des appuis pour des utilisations du sol, nouvelles ou plus traditionnelles, qui sont intéressantes pour les citadins et compatibles avec la présence occasionnelle de l'eau (SCARWELL, FRANCHOMME, 2005).

La problématique du développement durable appliquée à la ville implique la maîtrise de l'urbanisation dans les zones situées plutôt à proximité des aires vulnérables au risque d'inondation et constitue un des axes de la politique de prévention. En effet, la réduction du nombre de personnes exposées, mais aussi la mise en valeur de certains espaces, amène une meilleure protection des personnes.

On retiendra que le développement durable constitue désormais un objectif central pour les diverses politiques qui l'intègrent progressivement. C'est pourquoi, chacun s'accorde à reconnaître que la meilleure façon de gérer le risque d'inondation est autant à chercher dans une politique d'aménagement durable du territoire que dans une politique de gestion intégrée de l'eau et de planification urbaine.

Comme l'a démontré un jugement[86] du Tribunal Administratif de Lille, les démarches d'aménagement du territoire ne peuvent ignorer les enjeux liés à la gestion de l'eau sous peine d'annulation. Parallèlement, l'efficacité d'une politique locale de l'eau est largement tributaire de décisions qui sont prises « *en-dehors* » d'elles : ce sont avant tout l'occupation des sols et le développement économique qui façonnent les milieux.

Au-delà d'un truisme lié au fait que les risques d'inondation voient forcément leur récurrence varier en fonction des démarches d'aménagement du territoire qui n'appréhendent pas correctement les enjeux liés à la gestion de l'eau, il conviendra de s'interroger ultérieurement sur l'articulation des modalités de prise en compte de ce lien dans le temps et l'espace, tant par les politiques de l'eau que par les politiques d'aménagement du territoire.

Désormais, s'il s'agit de privilégier simultanément une logique de gestion intégrée de l'eau et une logique de projet territorial de développement durable, cela présuppose la création de nouveaux espaces de décision, mais aussi un jeu d'acteurs qui s'ouvre à d'autres partenaires. Par conséquent, l'action publique se dote de nouvelles institutions susceptibles de prendre en compte la globalité des problématiques, voire leur transversalité, sur des

---

[86] T. A. Lille, N° 98-552 Fédération Nord-Nature c/Syndicat mixte pour la révision et le suivi de la mise en œuvre du schéma directeur de l'arrondissement de Lille, audience publique du 12 avril 2000.

territoires d'intervention différents. Toutefois, la politique de l'eau, comme la politique d'aménagement du territoire en milieu urbain et/ou rural, doit s'imprégner des enjeux des uns et des autres.

Si le rapprochement entre ces deux politiques, longtemps séparées par des logiques et des modes d'organisation différents, n'a pas été toujours privilégié, les nouvelles lois relatives à l'aménagement durable du territoire et la Directive Cadre européenne sur l'Eau (DCE) s'engagent résolument vers une cohérence et une complémentarité des approches et repose sur la définition des frontières du territoire du risque. Faut-il les étendre ou au contraire « *libérer* » le phénomène naturel de certaines contraintes territoriales adoptées dans un but préventif, en composant avec le territoire ?

Au total, l'histoire de ces rapports est complexe et en dépit de l'attraction du développement durable, il faut réaliser que les approches et démarches doivent être remises en cause de façon à inverser les priorités, les modes d'action et de raisonnement qui prédominaient jusque-là. En effet, « *la vague déferlante du développement durable* » (WACHTER, 2002, p. 171) a suscité de nouvelles visions et des pratiques en matière d'aménagement, en rendant populaires certaines attitudes, dont celle de prise en compte des risques ou de « *ménagement du territoire* ».

L'articulation des espaces à problème (où se localisent les risques hydrologiques et les enjeux liés à l'eau) et des espaces de solution où s'inscrivent les actions réglementaires, contractuelles ou organisationnelles

Le bassin versant est souvent présenté comme le niveau pertinent de gestion de l'eau et des milieux aquatiques, capable de créer une cohérence politique, de construire de nouveaux réseaux d'acteurs et d'engager un processus de « *démocratie participative* » autour de la protection de la ressource en eau. Mais comment se met en place la solidarité entre l'amont et l'aval du bassin versant ? Comment ce nouveau maillage s'articule-t-il avec les cadres territoriaux préexistants, en charge pour certains de la gestion de l'eau ? La question de l'articulation des espaces à problème et des espaces de solution mérite d'être évoquée.

La tendance actuelle des politiques d'aménagement du territoire comme celle de la politique de l'eau consiste à s'appuyer sur des territoires qui non seulement transcendent les limites administratives, mais qui de surcroît ne sont pas identiques. Chaque territoire répond à une logique propre et ne prétend pas faire coïncider son périmètre d'intervention. À titre d'exemple, le périmètre du SAGE ne prétend pas correspondre à celui du SCOT, mais il convient de prendre en compte les enjeux identifiés par l'un et par l'autre. En effet, comment imaginer que des travaux et des études financés par un contrat de rivière à l'échelle du bassin versant pour lutter contre des inondations, relayés dans un PPR par la création de zones d'inconstructibilité soient remis en cause dans un projet de SCOT et/ou de PLU ? C'est bien la cohérence de la démarche qui serait en cause et qui finalement mettrait les personnes et les biens en situation d'insécurité. Comment s'organisent les modalités de coopération entre ces territoires ?

En pratique, il ne s'agit pas pour chaque territoire d'agir en toute liberté, mais au contraire de se conformer à un certain nombre de principes directeurs communs définis tant au niveau communautaire que national, comme à celui des circonscriptions de bassin (SDAGE). Cette notion d'échelle doit sous-tendre les réflexions pour concilier au mieux la prévention du risque d'inondation avec les enjeux de l'aménagement et du développement.

Le bassin versant, un territoire de projet prenant en compte le risque d'inondation

Les processus de recomposition territoriale issus des nouvelles lois d'aménagement du territoire[87] incitent, tout comme la loi sur l'eau[88], à se détacher des échelons traditionnels et à construire des intercommunalités de taille pertinente (MARCELPOIL, 1996), qui permettraient de combiner espaces hydrologiques et territoires institutionnels (LEFEBVRE, 1998). Ainsi, les politiques d'aménagement du territoire se conçoivent aujourd'hui autour de la notion de «*projet de territoire*». En effet, qu'il s'agisse de SCOT, de PLU, d'agglomérations ou de pays, il ne s'agit pas tant d'édicter dans un cas de la réglementation et, dans l'autre, de «*flécher*» des financements sans avoir de réflexion approfondie sur des objectifs plus généraux. Ces projets territoriaux doivent poursuivre un objectif de développement durable intégrant notamment l'environnement et pour certains d'entre eux un volet « eau », prenant en compte le risque naturel.

Leur territoire d'intervention pertinent correspond à un bassin de vie ou à un bassin d'emploi, voire à un territoire vécu. Il est donc essentiel de faire jouer les synergies entre les outils des deux politiques, qu'il s'agisse d'outils réglementaires directement liés à l'eau (PPR) ou non (SCOT, PLU). Cette synergie peut s'effectuer de façon optimale au sein du bassin versant qui constitue une entité pour une gestion globale et intégrée de l'eau, car c'est à

---

[87] Les formes de coopération intercommunales consacrées par les lois du 5 février 1992 et du 6 février 1995, et confirmées par la loi du 12 juillet 1999, apportent des réponses à ces interrogations, en mettant l'accent à partir d'un projet commun de développement local.

[88] Loi n°92-3 du 3 janvier 1992, modifiée par la loi n°92-1336 du 16 décembre 1992 et par la loi n°95-101 du 21 février 1995 – JO des 4 janvier 1992, 23 décembre 1992, 3 février 1995.

l'intérieur de ses frontières que les activités humaines (urbanisation, agriculture, tourisme, industrie, etc.) et les aménagements influencent la sécurité des milieux et la sécurité des populations, de l'amont vers l'aval.

De cette façon, les PPRI habituellement élaborés à l'échelle communale ou intercommunale seront consolidés au niveau du bassin versant. De la même manière, les SCOT qui ont une influence sur le fonctionnement du bassin versant prendront en compte les questions de ruissellement urbain.

Dans cette perspective, la complémentarité des outils d'analyse du fonctionnement global du bassin versant (SAGE, contrats de rivière…) et des outils régissant l'occupation des sols (SCOT, PLU, PPRI) est évidente. Les SAGE et contrats de rivière établissent le cadre pertinent d'analyses des SCOT et des PLU. Ces derniers rendent pleinement opérationnels les SAGE et contrats de rivière qui ne peuvent établir eux-mêmes des servitudes d'utilisation des sols opposables aux tiers.

Si le débat (GHIOTTI, 2000 ; VITALI, 2003) tourne encore parfois autour de la pertinence de la gestion par bassin (optimum dimensionnel), on parle davantage aujourd'hui de gestion intégrée montrant ainsi que le rôle de l'eau doit être abordé dans un contexte plus large que le bassin et son hydrologie (écologique, économique, commercial, et sociopolitique), d'où la notion de gestion intégrée par bassin. Dans cette logique organisationnelle, on conçoit que de nouveaux territoires peuvent servir de référence pour envisager une structuration administrative de l'espace qui permettrait de dépasser le cadre communal, considéré comme trop restreint pour gérer une politique de prévention des inondations et de protection de la ressource en eau (SCARWELL, LAGANIER, 2002).

À première vue, il peut sembler absurde de poser la question du rôle du bassin versant, tant la réponse paraît évidente, dans la mesure où il constitue bien le cadre d'une gestion territoriale et intégrée de l'eau, dans le respect des équilibres naturels. Pourtant, la question de son articulation avec les autres cadres territoriaux existants est tout à fait justifiée au regard des problèmes ou des interrogations qu'elle soulève. En effet, l'articulation entre les cadres territoriaux et l'échelle hydrologique la plus pertinente (VANIER, 1999), le bassin versant, semble a priori nécessaire pour une meilleure appropriation par les acteurs de ce nouvel espace. Or, le bassin versant est avant tout un espace physique dont les limites reposent sur des considérations hydrologiques, morphodynamiques ou écologiques. Par ailleurs, la gestion des inondations peut être menée à l'intérieur du périmètre du SAGE, ainsi que dans celui du SCOT, dont une partie se situe dans le périmètre du SAGE (figure 7.2). C'est pourquoi, en matière de gestion du risque d'inondation, il ne convient pas tant de raisonner en termes de territoire, mais plutôt de projet. À ce titre, le bassin versant est bien l'unité physique, la bonne échelle de gestion du risque d'inondation, mais également celle qui permet de mettre en cohérence la politique de l'eau avec les autres politiques (domaine économique environnemental, touristique, urbanistique, agricole, etc.) menées sur ce même bassin.

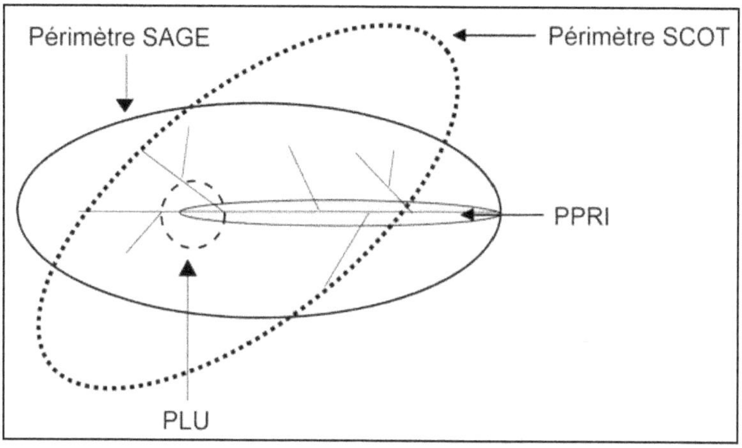

Figure 7.2 - Echelles et outils réglementaires d'intégration du risque d'inondation.

Cette gestion globale par bassin en termes d'aménagement du territoire constitue le niveau de référence des interventions de l'État, des agences de l'eau et des collectivités territoriales et de leurs groupements. La retranscription de la DCE en droit français devrait prendre en compte les potentiels à la fois économiques, sociaux et environnementaux liés à l'aménagement et à la gestion des cours d'eau, dans une démarche de développement durable, et en considérant les espaces et structures naturels des fleuves comme des infrastructures naturelles.

Quoi qu'il en soit, la gestion du risque d'inondation implique encore l'identification d'une structure de bassin capable d'assurer la maîtrise d'ouvrage, adaptée à la mise en œuvre d'une réelle stratégie de prévention et dotée de moyens financiers, afin d'assurer ses missions à l'échelle des bassins versants (SCARWELL, LAGANIER, 2004).

Quelle structure porteuse pour la mise en œuvre du S.A.G.E intégrant la prise en compte du risque d'inondation ?

La mise en œuvre du SAGE peut s'appuyer sur les maîtres d'ouvrage publics présents sur un bassin et regroupés éventuellement au sein d'une communauté locale de l'eau, établissement public constitué dans le cadre d'un SAGE. C'est pourquoi les collectivités territoriales intéressées s'associent dans une communauté locale de l'eau qui prend le plus souvent la forme d'un syndicat mixte mais qui peut également prendre la forme d'un syndicat de communes (figure 7.3).

Le Syndicat de communes est régi par les parties législatives et réglementaires du Code Général des Collectivités Territoriales dont l'article L.5212-1 donne la définition suivante : « Le syndicat de communes est un établissement public de coopération intercommunale associant des communes en vue d'œuvres ou de services d'intérêt intercommunal ».

Par ailleurs, la loi du 4 février 1995, qui permet notamment aux structures intercommunales d'avoir une fiscalité propre, facilite désormais l'élaboration de projets intercommunaux de gestion intégrée de l'eau, des espaces naturels et du patrimoine (LEFEBVRE, 1998 ; VANIER, 1999 ; LOGIE, 2000 ; MAZET, 2000). Ce sont des EPCI à fiscalité propre qui « ont vocation à élaborer et conduire ensemble un projet commun de développement économique et d'aménagement de l'espace ».

Finalement, il est possible de se retrouver avec une structure qui porte la démarche « eau » et une autre qui porte la démarche « aménagement du territoire ». Ces structures n'interviennent pas sur une seule et même échelle, ce qui pose la question de leur articulation avec celles qui sont en place ou de l'intégration des enjeux de l'eau dans les autres politiques sectorielles. Ne faudrait-il pas dans certains cas envisager pour le nouvel EPCI d'adhérer pour la compétence « eau » à la structure de bassin existante plutôt que de prendre en charge lui-même cette compétence qui ne couvrirait qu'un faible pourcentage de son territoire ?

On citera l'exemple du SAGE de l'Arc Provençal dont la structure porteuse est le syndicat intercommunal du bassin de l'Arc. Le SAGE a été considéré ici comme le prolongement normal à un contrat de rivière, signé en 1986 et achevé en 1991. Il a été en outre l'occasion d'élargir le cadre d'intervention du SABA[89] (territoire de compétence) et les objectifs de gestion du bassin versant. Mais une autre alternative existe également. En effet, ne faudrait-il pas mieux que ce soit directement l'EPCI qui porte le SAGE, comme l'illustre l'exemple de la communauté de communes du Val de Drôme ?

Historiquement, un premier contrat de rivière pour la Drôme et le Haut-Roubion a été signé en 1990. Il visait à supprimer la pollution des rivières, restaurer et entretenir les berges et les abords des cours d'eau. En 1992, le ministère de l'environnement a choisi le bassin de la Drôme comme site pilote pour la nouvelle loi sur l'eau. Dès 1994, le premier SAGE de France est engagé sur la rivière Drôme. En 1999, un second Contrat de Rivière est conclu pour sept ans. Ce contrat s'inscrit dans la continuité des actions

---

[89] Syndicat d'aménagement du bassin versant de l'ARC.

engagées dans le premier Contrat de Rivière et constitue également l'outil de mise en œuvre des préconisations du SAGE. Piloté par la communauté de communes, il associe le Syndicat Mixte de la rivière Drôme, (créé en 1982), la Communauté de Communes du Val de la Drôme (créée en 1987) et le Syndicat d'aménagement du Diois (créé en 1981). D'autres institutions sont également à signaler en relation avec les usages agricoles de l'eau : un syndicat d'irrigation collective et des associations syndicales autorisées regroupant des irriguants individuels. Elle bénéficie du soutien financier de l'Etat, l'agence de l'eau RMC[90], la région Rhône-Alpes et le département de la Drôme.

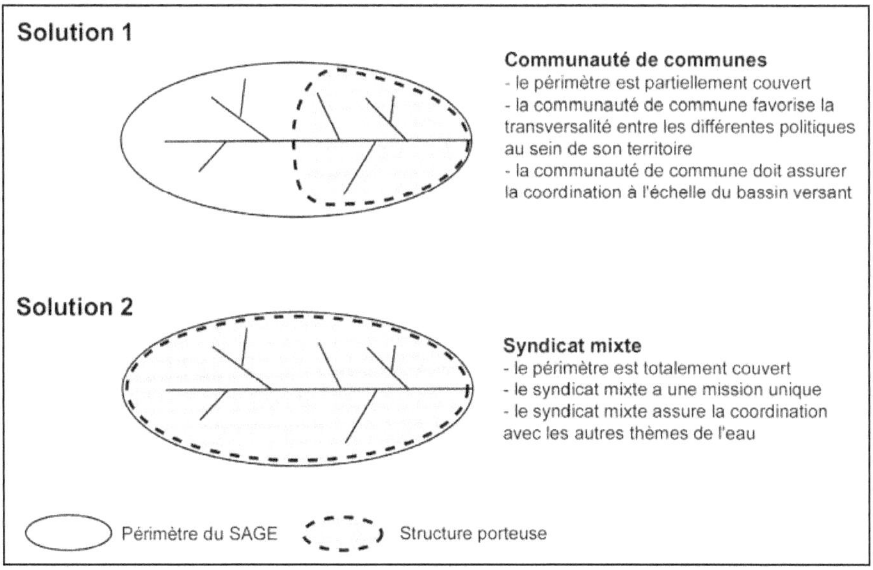

Figure 7.3 - Structure porteuse et gestion par bassin versant.

L'État semble mener, depuis 1995, une politique d'incitation à la constitution dans plusieurs bassins versants d'une maîtrise d'ouvrage « adaptée à la mise en œuvre d'une réelle stratégie de prévention »[91], comme l'illustre l'exemple du bassin de la Meuse : établissement public d'aménagement de la Meuse et de ses affluents constitué en 1996. De même, l'action du préfet coordonnateur de bassin et des élus locaux a permis de confier à une institution interdépartementale la maîtrise d'ouvrage de l'étude globale sur le Rhône, envisagée dès 1994. En Camargue, un syndicat

[90] Agence de l'eau Rhône Méditerranée Corse.

[91] Colloque « Prévention des inondations et responsabilité des pouvoirs publics » organisé par l'Association française des Établissements publics territoriaux de bassin à Paris, le 15 novembre 2000.

intercommunal destiné à prendre en charge les travaux de confortement des digues a été constitué entre les communes d'Arles, de Port-Louis et des Saintes-Maries-de-la-Mer et s'est transformé ensuite en syndicat mixte associant le département des Bouches-du-Rhône et la région Provence-Alpes-Côte-d'Azur.

Dans cette perspective, la loi du 30 juillet 2003 énonce désormais que « pour faciliter, à l'échelle d'un bassin ou d'un sous-bassin hydrographique, la prévention des inondations et la gestion équilibrée de la ressource en eau, les collectivités territoriales intéressées et leurs groupements peuvent s'associer au sein d'un établissement public territorial de bassin »[92].

L'établissement public territorial de bassin (EPTB), une gestion décentralisée du risque d'inondation ?

Si les lois de décentralisation ont confié aux collectivités territoriales des compétences en matière de gestion de risques notamment pour les communes, elles sont par contre plus sibyllines en ce qui concerne les pouvoirs des départements et des régions en ce domaine. Dans cette perspective, l'EPTB permet aux départements, régions et communes de se regrouper pour intervenir à l'échelle du bassin versant.

Si l'on reconnaît le bassin versant comme le cadre nécessaire et cohérent de l'action publique et de l'aménagement du territoire, il convient désormais d'organiser la gestion de l'eau sur trois types d'organismes :

- les comités de bassin, organismes de concertation pour définir la politique de l'eau au niveau des nouveaux districts ;
- les agences de l'eau, organismes de financement et d'incitation financière au service de cette politique ;
- les établissements publics territoriaux de bassin, organismes d'animation et de maîtrise d'ouvrage opérationnelle à l'échelle des bassins hydrographiques.

Ceux-ci viennent d'être reconnus officiellement comme des acteurs de la politique de l'eau à l'échelle des bassins et des sous-bassins. Ce sont des syndicats mixtes ou des institutions interdépartementales régis par le code des collectivités territoriales qui regroupent des collectivités territoriales et qui travaillent à l'échelle d'une rivière ou d'un bassin versant selon le principe de subsidiarité. Ainsi, l'Établissement public Loire a le statut de syndicat mixte- c'est le plus grand syndicat mixte de France - réunissant 6 régions, 16

[92] Art. L.231-10 du code de l'environnement.

départements, 19 villes et 10 syndicats départementaux de communes. À l'inverse, l'Institution interdépartementale des barrages-réservoirs du bassin de la Seine est, comme son nom l'indique, une institution interdépartementale qui regroupe les départements de Paris, des Hauts-de-Seine, de la Seine-Saint-Denis et du Val-de-Marne. Elle est administrée par un conseil d'administration de 24 membres, composé de douze élus du Conseil de Paris et de quatre conseillers généraux de chacun des trois autres départements. Cette institution a été créée en 1969 à la suite de la réforme administrative de la région Île-de-France, afin de poursuivre sur son territoire les missions engagées par l'ancien département de la Seine.

Aussi, la gestion de l'eau, à l'échelle d'un bassin versant, renouvelle-t-elle la question de la « gouvernance de bassin »[93]. La politique locale de l'eau, jusqu'alors pensée à trois (État, experts, collectivités locales) se redéfinit par un processus de dialogue entre les acteurs traditionnels et de nouveaux acteurs (mouvements associatifs -ou société civile- et secteur privé).

Historiquement, les Établissements Publics Territoriaux de Bassin (EPTB) sont le plus souvent apparus pour porter des projets d'ouvrages lourds, puis ont développé leurs actions et leurs missions en fonction des besoins du bassin. C'est le cas de l'Institution d'aménagement de la Vilaine, comme le rappelle son directeur, M. Allanic : « *Ses missions fondatrices étaient essentiellement la lutte contre les inondations. En 1961, il s'agissait d'accompagner un grand projet de développement économique sur la basse vallée de la Vilaine, dans la région de Redon et d'assurer, condition préalable jugée indispensable, la maîtrise hydraulique d'une région régulièrement soumise aux inondations, du fait de la conjonction récurrente des grandes marées -l'estuaire de la Vilaine remonte à 80 kilomètres à l'intérieur des terres - et des crues de la Vilaine. Pendant 25 ans, l'Institution a essentiellement eu une fonction d'aménageur sur la basse vallée. Elle a réalisé de grands travaux d'hydraulique fluviale, de grandes infrastructures routières et des ponts, en liaison avec les services de l'État. Le plus significatif de ces grands travaux est le barrage d'estuaire situé sur son embouchure, le barrage d'Arzal qui a été mis en service en 1970 et permet d'arrêter l'onde de marée, et donc de supprimer l'une des causes des grandes inondations dans la basse vallée (...). Depuis 1990, l'Institution évolue progressivement vers des missions de gestion de l'ensemble du bassin versant et de la rivière* »[94].

---

[93] On peut définir la gouvernance comme un processus de coordination d'acteurs, de groupes sociaux, d'institutions pour atteindre des buts propres discutés et définis collectivement.

[94] Rapport n°3386, A.N., (2001), sur les causes des inondations répétitives ou exceptionnelles et sur les conséquences des intempéries afin d'établir les responsabilités, d'évaluer les coûts ainsi que la pertinence des outils de prévention, d'alerte et d'indemnisation. p. 176 et 177.

Dans cette perspective, le rapprochement entre les EPTB et les SAGE permettrait de concilier la capacité de maîtrise d'ouvrage de l'EPTB et la planification au niveau du bassin versant du SAGE. Dans cette hypothèse, les liens entre l'EPTB et les acteurs locaux se renforceraient, afin que s'instaure un dialogue fructueux et que soit maintenue la cohérence des actions. De surcroît, l'expertise des EPTB est un atout pour les petites collectivités. En effet, la complexité des textes - loi de 1964, loi de 1992, projet de loi sur l'eau - et des procédures les accompagnant fait douter de la capacité des communes, voire des syndicats intercommunaux, à mettre en place des projets cohérents à l'échelle des micro-bassins versants. La mise en œuvre d'EPTB au niveau territorial le plus pertinent permettra, comme le souligne, H. Torre, président du comité de bassin Rhône-Méditerranée-Corse, « *si l'on souhaite obtenir une plus grande efficacité sur le terrain, [...] renforcer les pouvoirs des EPTB. Dès lors que les Agences de l'eau ne peuvent pas être maîtres d'ouvrage de travaux - et cela est souhaitable -, il faut en trouver d'autres en liaison avec l'État. Il faut donc avoir des EPTB mieux organisés et ayant des compétences plus étendues* »[95].

En janvier 2004, l'Association Française des Établissements Publics Territoriaux de Bassin a organisé, en partenariat avec le Ministère de l'Écologie et du Développement Durable, des rencontres techniques sur le thème : « *Mettre en œuvre des projets de prévention des inondations à l'échelle des bassins versants* ». Ces rencontres ont eu lieu à Orléans et ont rassemblé, en majorité, des membres des services techniques de l'État, des collectivités et des EPTB, assurant pour la plupart la maîtrise d'ouvrage des projets retenus dans le cadre du plan national de prévention des inondations du MEDD. Cette manifestation témoigne de la volonté de ces établissements de s'imposer comme structure idéale de gestion des problèmes liés notamment à l'eau. L'Association Française des EPTB a été créée en 1999 et rassemble aujourd'hui 24 EPTB, qui agissent directement, pour plus des deux tiers d'entre eux, pour la prévention des inondations. Ces 24 EPTB couvrent les ¾ du territoire métropolitain. Ainsi, 73 Départements et 12 Régions sont membres d'au moins un EPTB.

Les EPTB ont un rôle privilégié dans la prévention des inondations. Leur rôle est pluriel :

- ils assurent la fonction de maître d'ouvrage d'études et de travaux ou le montage des financements nécessaires auprès de leurs membres.
- ils interviennent en partenariat avec l'État et les agences de l'Eau et servent, par le biais de leurs élus, de relais d'information auprès de

[95] Rapport n°3386, A.N., (2001), sur les causes des inondations répétitives ou exceptionnelles et sur les conséquences des intempéries afin d'établir les responsabilités, d'évaluer les coûts ainsi que la pertinence des outils de prévention, d'alerte et d'indemnisation. p. 176.

leurs collectivités territoriales membres, voire directement auprès des riverains, en favorisant l'appropriation locale des démarches ;

- ils coordonnent et animent les actions à l'échelle des bassins, pour assurer entre elles une cohérence dépassant les frontières administratives traditionnelles ;
- ils peuvent ainsi souvent servir d'interlocuteur unique ;
- ils assurent, dans une mission d'aménagement du territoire, la solidarité entre secteurs amont et aval, et entre zones urbaines et rurales des cours d'eau.

En conclusion, on retiendra que la conception globale de la gestion du risque d'inondation, à l'échelle d'un bassin versant, renouvelle non seulement la question de la gouvernance de bassin[96], mais aussi celle de l'aménagement du territoire. Cependant, elle résulte souvent d'une construction en élaboration permanente étroitement liée à l'évolution des connaissances et des techniques, ainsi que de démarches et de ruptures dans les pratiques d'aménagement. Elle passe également par un renouvellement de la manière de gérer le territoire. Elle tente d'intégrer le caractère multidimensionnel du territoire (des flux et des tensions économiques, sociales et politiques qui évoluent dans le temps) en privilégiant une action planificatrice et contractuelle combinant réglementation et démocratisation du processus décisionnel. Elle implique aussi, non sans difficultés, une recomposition des territoires par la création de nouveaux cadres territoriaux comme le développement d'une conscience commune de l'eau et des risques associés. Ce n'est que dans ces conditions que les populations pourront s'approprier le risque d'inondation, comme ses modes de gestion, en prise avec les territoires, pour conduire une politique de « *ménagement* » du territoire.

[96] C'est-à-dire, comme la définit P. Le Galès (1998), comme « un processus de coordination d'acteurs, de groupes sociaux, d'institutions pour atteindre des buts propres discutés et définis collectivement dans des environnements fragmentés, incertains ».

Conclusion générale

Rechercher les figures du risque suppose d'emprunter des chemins multiples à la croisée de plusieurs disciplines des sciences humaines et sociales et des sciences de la nature. Gérer le risque d'inondation implique d'inscrire son action à la croisée de diverses politiques publiques pour certaines axées directement sur l'inondation, pour d'autres davantage ancrées sur la planification urbaine ou l'aménagement du territoire. Or l'enjeu affiché est désormais d'aborder la gestion des inondations en composant avec le territoire. Et pas seulement les lieux de manifestation de l'inondation. Il s'agit également d'aborder le lien entre risque et territoire, à travers la compréhension du jeu des interdépendances socio-économiques et politiques mais également hydrologiques. Il faut alors prendre un peu de recul et sortir de la zone inondable pour mieux y revenir! Contrairement à l'hypothèse de l'avènement d'une société du risque telle définie par Ulrich Beck, dans laquelle l'ensemble des relations sociales seraient vues à travers ce prisme, du point de vue des acteurs locaux, la question du risque est toujours associée aux autres enjeux sociaux de développement. Cette mise en regard du risque et du développement réinterroge différemment le « paradigme du risque », supposé se diffuser de façon uniforme. Dès lors, la gestion du risque est négociée de façon différenciée selon les composantes socio-spatiales concernées.

L'ambition de restituer le risque au territoire implique alors de redéfinir les frontières traditionnelles des cadres de l'intervention (celles de l'État, du département ou de la commune) tout comme les modes d'intervention. En effet, l'approche territoriale du risque s'envisage à d'autres échelles spatiales que la zone inondable, que ce soit par exemple celle du bassin versant ou encore celle de l'espace vécu. Les modalités de l'intégration risque-territoire reposent par ailleurs sur la mobilisation de tous les acteurs, de l'État au citoyen, dans le cadre d'un projet collectif, la prévention du risque au sein d'un projet de territoire. Ce projet ne peut donc plus faire l'économie d'un dialogue approfondie entre les différents acteurs territoriaux.

Dans cette perspective, l'ouverture d'un espace de discussion peut être une voie intéressante pour créer une dynamique collective. Mais cette stratégie est valable à condition d'accorder aux acteurs locaux (les associations, les élus, les populations) une place et un rôle dans le dispositif décisionnel. De même, le sujet se retrouve-t-il au cœur du système de prévention lorsqu'on considère l'importance que peuvent jouer les pratiques d'autoprotection dans la limitation de la vulnérabilité. On le voit, le risque se définit par un ensemble d'interrogations qui portent d'abord sur le rapport au monde et sur la construction au monde par les individus. Si au cours des siècles passés on s'est surtout préoccupé des conditions de production et de légitimation des vérités scientifiques, on s'interroge aujourd'hui davantage sur les rapports entre ces connaissances et le contexte social Quoi qu'il en soit, l'accent est mis sur les rapports que l'individu entretient avec son destin personnel et avec le monde, sur la manière dont il construit ses comportements et dont il produit du sens.

Par conséquent, si la question de l'acceptabilité du risque est l'une des facettes importantes du projet d'intégration du risque au territoire, alors le risque doit-il devenir objet de concertation et de négociation pour définir ce qui est acceptable et ce qui ne l'est pas. Le traitement technique du problème devra alors être articulé avec sa dimension politique dévoilant ainsi une nouvelle figure du risque.

Bibliographie

ABRIC J.C. : *Pratiques sociales et représentations*. Paris : Presses Universitaires de France, 1994.

ALONSO W.: *Location and Land Use. Toward a general theory of land rent.* Cambridge : Harvard University Press, 1964.

AMALRIC M., SCARWELL H.J et LAGANIER R. : La représentation médiatique du risque d'inondation : entre déni et rumeur : le cas de la Somme (80), in *Récits et représentations des catastrophes depuis l'Antiquité,* sous la direction de R. Favier et A.M. Granet-Abisset, MSH-Alpes Grenoble, pp. 129-143., 2004.

AMOROS C. ET PETS G.E. (dir.) : *Hydrosystèmes fluviaux*, collection Écologie, n°24, Paris, Masson, 1993.

ANGELMAR R. : *Les méthodes de l'évaluation*. Dans : « *L'évaluation des politiques publiques* », Nioche et Poinsart (ed.). Paris : Economica, 1984.

ANTOINE J.M., DESAILLY B. : Le risque naturel, l'élu et l'ingénieur dans les Pyrénées ariégeoises in *Revue de géographie alpine* T. 86/2 représentation des risques naturels en montagne p. 63-76, 1998.

ANTOINE S. : Les leçons de l'expérience historique, *in* Gaudemar (de) J.P. (dir.), *Environnement et aménagement du territoire*, La Documentation française, Paris pp. 35-39, 1996.

ARNAUD-FASSETA, G., BELTRANDO, G., FORT, M., PLET, A., ANDRÉ, G., CLÉMENT, D., DAGAN, M., MERING, C., QUISSERNE, D., RYCK, I. : *La catastrophe hydrologique de novembre 1999 dans le bassin versant de l'Argent Double (Aude, France) : de l'aléa pluviométrique à la gestion des risques pluviaux et fluviaux.* Géomorphologie : relief, processus, environnement, 1, pp. 17-34. 2002.

ARNAUD-FASSETA, G., COSSART, E., FORT, M. : *Hydro-geomorphic hazards and impact of man-made structures during the catastrophic flood of june 2000 in the Upper Guil catchment (Queyras, Southern French Alps).* Geomorphology, Elsevier, pp. 66, 41-67, 2005.

BARELLO A. : *L'Aspre à la fin du XVIIIème siècle : une moyenne montagne sous la Révolution*, Revue Géographique des Pyrénées et du Sud-Ouest, 60 (3), pp. 435-456, 1989.

BAROUCH G. : *La décision en miettes*. L'Harmattan, Paris, 1989.

BARRAQUE B. : Entre public et privé, l'eau et ses Agences, in *Cultures, usages et stratégies de l'eau en Méditerranée occidentale. Tensions, conflits et régulations*, sous la direction de Marié M., Larcena D., Dérioz P., L'Harmattan, Collection Villes et entreprises, pp. 371-395, 1999.

BARRAQUE B. et THEYS J., Ed. : *Les politiques d'environnement. Evaluation de la première génération : 1971-1995*. Paris : Editions Recherches, 1998.

BARRUE-PASTOR M. BARRUE M. : Mémoire des catastrophes, gestion des risques et architecture paysanne en montagne in *Revue de géographie alpine* T. 86/2 1998 représentation des risques naturels en montagne p. 25-36, 1998.

BARTHE Y. : La mise en politique des déchets nucléaires. L'action publique aux prises avec les irréversibilités techniques, Thèse de sociologie, Paris, Centre De Sociologie de l'Innovation, Ecole des Mines de Paris, 2000.

BEAUCHAMP Ch. : Fièvres d'hier, paludismes d'aujourd'hui. *Annales E.S.C.* 43/1 p. 249-275, 1988.

BECK U : La société du risque, Alto - Aubier, 2001.

BERGER J.-F. : *Activités humaines, dynamiques écologiques et fluctuations climatiques : une co-évolution complexe perceptible par l'étude des archives sédimentaires des géosystèmes nord-méditerranéens,* in LEVEQUE C., *Quelle nature voulons-nous ? Pour une approche socio-écologique du champ de l'environnement,* Actes du colloque de Lille d'octobre 2001, Elsevier, Paris, 2003.

BERODY M. : *Prévention et culture du risque dans le bassin versant de la Semoy : influence sur la vulnérabilité des populations au risque d'inondation.* Mémoire de maîtrise sous la direction de Nathalie Pottier. Université de Saint-Quentin-en-Yvelines, 2004.

BETHEMONT J. : *Les grands fleuves. Entre nature et société.* A. Colin, Paris, 1999.

BLONDIAUX L., SINTOMER Y. (dirs.), Démocratie et délibération, n°57 de la revue Politix, 2002.

BOLTANSKI L. et THEVENOT L. : *De la justification. Les économies de la grandeur.* Gallimard, Essais, Paris, 1991.

BORRAZ O. : *Gouverner une ville, Besançon 1959-1989*, PUR, Rennes 1998.

BOURRELIER P.H, DENEUFBOURG G., VANSSAY (DE) B.: *Les catastrophes naturelles : le grand cafouillage*, Eyrolles, 2000.

BOURRELIER P.H., DENEUFBOURG G, DE VANSSAY B. : *Les catastrophes naturelles. Le grand cafouillage*, Editions OEM, Paris, 2000.

BRAVARD J.P. (s.d.) : Les régions françaises face aux extrêmes hydrologiques. Gestion des pénuries et des excès. Paris. SEDES, 2000.

BRUGNOT G., CASSAYRE Y. : De la politique française de restauration des terrains en montagne à la prévention des risques naturels, in Favier R. (dir.), Les pouvoirs publics face aux risques naturels dans l'histoire, Publications de la MSH-Alpes, Grenoble, pp. 261-271, 2002.

BURBY R.J. (ed.) : *Cooperating with nature. Confronting natural hazards with land-use planning for sustainable communities.* Washington : Joseph Henry Press, 1998.

BURBY R.J. : *Cities under water. A comparative evaluation of ten cities. Efforts to manage floodplain land use.* University of Colorado, Institute of Behavioral Science, 1988.

BURBY R.J., DALTON L. : *Plans can matter ! The role of Land Use Plans and State Planning Mandates in limiting the development of hazardous areas.* USA : Public Administration Review, May/June 1994, vol. 54/3, 1994.

BURBY R.J., FRENCH S., KAISER E.: *A conceptual framework for evaluating the effectiveness of flood plain land use management.* Center for urban and regional studies, University of North Carolina at Chapel Hill, 1979.

BURBY R.J., FRENCH S.: Floodplain land use management : a national assessment. *Studies in water policy and management*, n° 5. Boulder : Westview Press, 1985.

BURBY R.J., STEVEN P., FRENCH S.: Coping with floods : the land use management paradox. *Journal of American Planning Association*, vol. 47, 1981.

CALAME P. : *Un territoire pour l'Homme,* Editions de l'aube, 1994.

CALLON M. : Eléments pour une sociologie de la traduction. La domestication des coquilles Saint-Jacques et des marins pêcheurs dans la baie de Saint Brieuc. *L'Année sociologique*, n°36, p. 169-208, 1986.

CALVET, M. : *La catastrophe exemplaire : premiers enseignements géomorphologiques de la crue de novembre 1999 dans les Corbières.* In : Le Martinel B. (Ed.) : Au chevet d'une catastrophe. Les inondations des 12 et 13 novembre 1999 dans le Sud de la France. Actes du Colloque de Perpignan, 26-28 juin 2000, Presses Universitaires de Perpignan, Perpignan, pp. 63-86, 2000.

CANS C. : La loi du 30 juillet 2003 et la prévention des risques naturels : Réelles avancées et cruels constats d'inefficacité », *Droit de l'environnement*, Numéro spécial, n°113, pp. 204-209, 2003.

CHATEAURAYNAUD F. et TORNY D. : *Les sombres précurseurs. Une sociologie pragmatique de l'alerte et du risque.* Editions de l'EHESS, Paris, 1999.

CŒUR D. : Aux origines du concept moderne de risque naturel en France. Le cas des inondations fluviales (XVIIe s. - XIXe s.) in FAVIER R. & GRANET-ABISSET A.M. *Histoire et mémoire des risques naturels* CNRS MSH Grenoble p. 117-137, 2002.

CŒUR D. : *La maîtrise des inondations dans la plaine de Grenoble (XVIIème – XXème siècle) : enjeux techniques, politiques et urbains*, thèse de doctorat d'histoire, Université Pierre Mendès France et Institut d'urbanisme de Grenoble, 2003.

COMBY J. (ed) : *Evaluer un terrain. Aspects économiques et juridiques.* Paris : ADEF, 1994.

COMMISSARIAT GENERAL DU PLAN : *La prévention des risques naturels. Rapport de la Commission interministérielle d'évaluation des politiques publiques.* Paris : La Documentation Française, 1997.

COSANDEY C. (ed) : Les eaux courantes, géographie et environnement, Belin, Paris, 2003.

COUSTEAU E. : *Perception du risque d'inondation par les habitants de Cuxac d'Aude.* Mémoire de maîtrise sous la direction de Freddy Vinet. Université Paul Valéry. Montpellier, 2004.

CROZIER M. : *Le phénomène bureaucratique.* Seuil, collection Points Essais, Paris, 1971.

DE VANSSAY B. : Demande d'information des associations sur les risques inondations et perception de leur rôle. Actes du colloque « *inondations en France* » Agropolis Montpellier décembre 2002. P. 137-139, 2003.

DE VANSSAY B.: Les leçons à tirer de l'expérience PER, in C. DOURLENS, *Conquête de la sécurité et gestion des risques*, Paris, l'Harmattan, pp. 161-175, 1991.

DE VANSSAY B.: Les PER un transfert de responsabilité, *RJE* n°3, pp.447-457, 1995.

DECROP G. : Expertise et négociation des risques : “les scènes locales de risques” ont-elles une quelconque pertinence ? in *Risques collectifs et situations de crise, apports de la recherche en sciences humaines et sociales*. Claude Gilbert (dir). L’Harmattan. pp. 251-266, 2002.

DEGARDIN F. : Urbanisation et inondations : de l’opposition à la réconciliation *B.A.G.F.* 79/1 pp. 91-103, 2002.

DELAHAYE D. - Processus de ruissellement et d'érosion des sols en Basse-Normandie, in *Norois*. **16**, 45-59, 1996.

DELEAU M., NIOCHE J.P. : *Evaluer les politiques publiques : méthodes, déontologie, organisation*. Rapport pour le Commissariat Général du Plan. Paris : Documentation Française, 1986.

DESAILLY B. : *Crues et inondations en Roussillon, le risque et l’aménagement, fin du XVIIème – milieu du XXème siècle*, thèse de doctorat de géographie, Université Paris X – Nanterre, 1990.

DESAILLY B. : *Le temps des Aiguats*, in BROC N. et alii, *De l’eau et des hommes en terre catalane*, éditions del trabucaïre, Perpignan, pp. 169-217, 1992.

DIALLO F. : *La prise en compte à l’échelle individuelle du risque inondation : le cas de la vallée de l’Orge aval*. Mémoire de maîtrise sous la direction de Nathalie Pottier. Université de Saint-Quentin-en-Yvelines, 2004.

DION R. : *Le val de Loire, étude de géographie régionale*, thèse de doctorat ès lettres, Université de Paris, impr. De Arrault, Tours, 1933.

DOURLENS C., GALLAND J.P., THEYS J. et VIDAL-NAQUET P.A. : *Conquête de la sécurité, gestion des risques*. L’Harmattan, Paris : 1991.

DURAN P., MONNIER E. : Le développement de l’évaluation en France. Nécessités techniques et exigences politiques. *Revue française de science politique*, n° 42, 1992.

EPTEAU J.R., BRAVARD, J-P., PIÉGAY, H., HÉROIN, E., RAMEZ, P. : *Détermination de l’espace de liberté des cours d’eau*. Guide Technique n°2, Bassin Rhône Méditerranée Corse. DIREN Rhône-Alpes, 1998.

EYMERI J.M. : *La fabrique des énarques*. Paris : Economica., 2001.

FABIANI J.L., THEYS J. : *La société vulnérable,* Presses de l’Ecole Normale supérieur, Paris, 1987.

FAVIER R., GRANET-ABISSET A.-M. (dir.) : *Histoire et mémoire des risques naturels*, publications de la MSH-Alpes, Grenoble, 2000.

FESTINGER L. : *Theory of cognitive dissonance*, Stanford university press, 1962.

FIALAIRE J. : Le renouveau de l’aménagement du territoire, dans « *Le renouveau de l’aménagement du territoire* », J.L. Bodiguel et J. Fialaire. L’Harmattan, Paris, 2004.

FLAMENT C. : *Aspects périphériques des représentations sociales*, in Guimelli, *Structures et transformations des représentations sociales*. Lausanne, Delachaux et Niestlé, 1994.

FORT M. et *al.* : Impacts hydromorphologiques des fortes précipitations des 12-13 novembre 1999 sur la retombée méridionale de la Montagne Noire : l’exemple de l’Argent-Double (Aude) in *Au chevet d’une catastrophe : les inondations des 12 et 13 novembre 1999 dans le sud de la France*. Sous la direction de B. Lemartinel. Actes du colloque Médi-Terra de Perpignan. juin 2000. Presses Universitaires de Perpignan. p. 63-86, 2000.

FORT, M., ARNAUD-FASSETA, G., BELTRANDO, G., PLET, A., MERING, C. : *Impacts hydromorphologiques des fortes précipitations des 12-1 » novembre 1999 sur la retombée méridionale de la montagne noire : l'exemple de l'Argent Double (Aude).* In : Le Martinel B. (Ed.) : Au chevet d'une catastrophe. Les inondations des 12 et 13 novembre 1999 dans le Sud de la France. Actes du Colloque de Perpignan, 26-28 juin 2000, Presses Universitaires de Perpignan, Perpignan, pp. 41-52, 2000.

GARRY G.: Auch, Nîmes, Vaison-la-Romaine : retours d'expériences. *Bulletin de l'Association des Géographes français*, 131-145, 1995.

GARRY, G., GRASZK E. : *Plans de prévention des risques naturels (PPR), Risque d'inondation. Guide méthodologique.* La Documentation Française, Paris. 1999.

GAUDIN J.P. : *Pourquoi la gouvernance* ? PFNSP, la Bibliothèque du citoyen, Paris : 2002 ;

GAUME E., LIVET M., DESBORDES M., VILLENEUVE J.P. : Hydrological analysis of the river Aude, France, flash flood on 12 and 13 November 1999 *Journal of Hydrology* 286, 135–154, 2004.

GAUME E., LIVET M., PONS M. : *Analyse du comportement hydrologique des parties amont des bassins-versants lors des crues des 12 et 13 novembre 1999 dans l'Aude, les Pyrénées-Orientales et le Tarn. Rapport de synthèse.* Ministère de l'Aménagement du Territoire et de l'Environnement, 2000.

GAUTIER, E., PIEGAY, H., BERTAINA, P. : *A méthodological approach of fluvial dynamics oriented towards hydrosystem management : the Loire and Allier rivers case study.* Geodinamica Acta, 13/1, pp. 29-43, 2000.

GENEVOIX M. : *Raboliot.* Paris, Grasset, 1925.

GHIOTTI G. : Unité fonctionnelle et cadre de concertation : le bassin versant, un outil pour l'aménagement du territoire ? Dans « Multi-usages et gestion de l'eau en Méditerranée » *Revue de l'économie Méridionale*, n°spécial, vol. 48, n°191, pp. 249-267, 2000.

GODARD O. : Aspects institutionnels de la gestion intégrée des ressources naturelles et de l'environnement, éditions de la Maison des Sciences de l'Homme, Paris, 1980.

GODARD O., HENRY Cl., LAGADEC P., MICHEL-KERJAN E. : Traité des nouveaux risques Folio actuel Gallimard, 2002.

GOUBERT J.P. : La France s'équipe. Les réseaux d'eau et d'assainissement 1850-1950. *Les annales de la recherche urbaine*, Les réseaux techniques urbains, pp. 47-53, 1984.

GRANELLE J.J. : *Espace urbain et prix du sol.* Paris : Sirey, 1970.

GRANELLE J.J., HEYMANN-DOAT A. , JALABERT G. : *Etat des lieux : la recherche sur le foncier.* Paris : ADEF, 1988.

GRANELLE J.J., VILMIN T. : *L'articulation du foncier et de l'immobilier.* Paris : ADEF, 1993.

GRAVEL N., MARTINEZ M., TRANNOY A. : L'approche hédonique du marché immobilier. *Etudes Foncières*, n° 78, 1998.

GRUET B. : La notion de risque dans les sociétés anciennes : le cas de la Campanie (Ier – XVIème siècle après J.C.) in *The mediterranean world : environment and history* Eric Fouache ed. Elsevier SAS, p. 295-303, 2003.

GUILHOU X., LAGADEC P. : *La fin du risque zéro,* Eyrolles éditions Paris, 2002.

GUILLERME J. : *Les temps de l'eau – La cité, l'eau et les techniques (fin IIIe-début XIXe siècle*). Seyssel, Champs Vallon, 2ème édition, 1983.

HABERMAS J. : La souveraineté populaire comme procédure. Un concept normatif d'espace public, dans *Lignes*, septembre, n°7, p.49, 1989.

HAGHE J.P. : *Les eaux courantes et l'Etat en France 1789-1920 – Du contrôle institutionnel à la fétichisation marchande*, Thèse sous la direction de Marcel Roncayolo, EHESS, 1998.

HANDMER J. : *Local capacity for flood hazard management.* Dans : *« Improving flood hazard management across Europe »*, E. Penning-Rowsell (ed.). Commission des Communautés Européennes, Programme Environnement, chapitre 11, 1996.

HARLEY B. : Déconstruire la carte, dans « *Le pouvoir des cartes, Brian Harley et la cartographie* », P. Gould et A. Bailly (dir.), Anthropos, Paris, pp. 61-85, 1995.

HUBERT G. ET LEDOUX B.: *Le coût du risque*, Paris, Presses de l'ENPC, 1999.

HUBERT G. : *Aménagement et gestion locale des bassins hydrographiques. Procédures de planification et processus de décision*, HDR en Aménagement de l'espace et urbanisme, Université de Tours, 2001.

HUBERT G., CAPBLANCQ J., BARROCA B., L'influence des inondations et des documents réglementaires sur le marché foncier et zone inondable, *Annales des Ponts et Chaussées*, n° 105, pp. 32-39, 2003

HUBERT G., DE VANSSAY B. : *Le risque d'inondation .et la cartographie réglementaire. Analyse de l'efficacité, des impacts et de l'appropriation locale de la politique réglementaire*. Rapport de recherche pour le programme « *Evaluation et prise en compte des risques naturels et technologiques* » du Ministère de l'écologie et du développement durable, 2005.

HUTTON J. ET MITELI D. : *Analysis of adoption and implementation of community land use regulations for floodplains*. Final report to the National Science Foundation. Woodward Clyde Consultants, 1979.

JEUDY H.P. : *Le désir de catastrophe*. Aubier Paris, 1990.

JOBERT B. et MULLER P. : *L'Etat en action,* PUF, Paris, 1987.

JOUVE B. : Chambre de Commerce et d'industrie et développement local : le cas de Lyon., *Sociologie du travail,* n°44, pp. 521-540, 2002.

KERVERN G.Y. : *Eléments fondamentaux des cindyniques,* Economica, Paris. 1995.

KERVERN G.Y., RUBISE P. : *L'archipel du danger,* éditions Economica, Paris, 1991.

L.R. JOHNSTON ASSOCIATES : *Floodplain management in United States : an assessment report*. Federal Interagency Floodplain Management Task Force, 1992.

LAGANIER R., DAVY L. : La gestion de l'espace face aux risques hydroclimatiques en région méditerranéenne dans « *Les régions françaises face aux extrêmes hydrologiques. Gestion des excès et de la pénurie »*, J.P. Bravard (dir.), SEDES, pp. 15-39, 2000.

LAGANIER R., PICOUET P., SALVADOR P.G., SCARWELL H.J.: Inondation, territoire et aménagement : de la rupture à la réconciliation entre risque et société. L'exemple de la vallée de la Canche (Pas-de-Calais, France), Revue de Géographie de Lyon, *Géocarrefour*, volume 75, n°4, pp. 375-382, 2000.

LAGANIER R., SCARWELL H.J.: Risque inondation, aménagement du territoire et développement durable : l'exemple du bassin versant de la Canche (Pas-de-Calais), Revue *CLES*, n°37, Développement durable et territoires, l'Harmattan, pp. 87-102., 2001.

LAGANIER R., SCARWELL H.J.: Risques hydrologiques et territoires, in « *Les risques* », question de géographie, sous la direction de Vincent Moriniaux, Editons du Temps, pp.106 -137, 2003.

LAGANIER R., VILLALBA B., ZUINDEAU B. : Développement durable et territoire : éléments pour une recherche pluridisciplinaire, Revue numérique *Développement durable et territoires* (www.revue-ddt.org), 2002.

LAGANIER R.: *Contribution à l'étude des processus d'érosion et des risques naturels dans les îles du sud-ouest Pacifique – Nouvelle-Calédonie, Îles Salomon*, thèse de doctorat en géographie, Université des Sciences et Technologies de Lille-ORSTOM, 305 p., 1994 .

LAGANIER R.: Les crues de l'Ardèche et leur prévention, Etudes hydrologiques méditerranéennes – Revue *Espace rural*, Université de Montpellier III, n° 21, pp. 17-88, 1990.

LAGANIER R.: *Recherches sur l'interface Eau-Territoire dans le Nord de la France*. Habilitation à Diriger des Recherches, Soutenue à l'USTL, 237 p., 2002.

LALO A. : Le débat public sur l'indemnisation des inondations, *Revue Alliage*, « Pour une nouvelle culture du risque », n°48-49, pp. 129-152, 2001.

LANDON, N., FRANC, O., BRAVARD, J-P. : *L'Herbasse (Drôme). Proposition d'une gestion douce pour une rivière déstabilisée*. In M. Griselin (Ed.) : L'eau, la Terre et les Hommes, Hommage à R. Frécaut. Presses Universitaires de Nancy, pp. 383-390, 1993.

LARRUE C. : *Analyser les politiques publiques d'environnement*. Paris : L'Harmattan, collection Logiques Politiques, 2000.

LASCOUMES P. : L'obligation d'informer et de débattre, une mise en public des données de l'action publique, dans *Les effets d'information en politique* , sous la direction de J. Gerstlé, 'Harmattan, Paris, L pp 303-323, 2001.

LASCOUMES P. : Normes juridiques et mise en œuvre des politiques publiques. *L'année sociologique*, vol. 40, p. 43-711990.

LE BOURHIS J.J et BAYET C. : *Ecrire le risque ; Etude des mécanismes d'inscription du risque d'inondation au niveau local*, CNRS-GAPP/Ministère de l'Ecologie et du Développement Durable, 2001.

LEFEBVRE C, *La loi d'orientation sur l'aménagement et le développement du territoire et la réforme de l'Etat*. L'Harmattan, Paris, 1998.

LEFROU C. : *Les crues des 12, 13 et 14 novembre 1999 dans les départements de l'Aude, de l'Hérault, des Pyrénées-Orientales et du Tarn*. Rapport AN n°3386. 1999.

LIEVOIS J. : Appropriation des risques transcrits *Revue de géographie alpine* T. 86/2 représentation des risques naturels en montagne p. 91-99, 1998.

LIGNEAU P. : Les collectivités locales et le revenu minimum d'insertion. *Revue de Droit social*, vol. 7, p. 606, 1989.

LOGIE G. : *L'intercommunalité au service du projet de territoire*. Syros, 2000

LOLIVE J. : 1999 *Les contestations du TGV Méditerranée : projet, controverse et espaces publics,* L'Harmattan, Paris.

LONGUEPEE J. : *Les dynamiques territoriales à l'épreuve des risques naturels. L'exemple du risque d'inondation en basse vallée de la Canche*. Thèse de doctorat en sciences économiques. Dunkerque, 2003.

LONGUEPEE J., ZUINDEAU B. : L'impact du coût des inondations sur les valeurs immobilières : une application de la méthode des prix hédoniques à la basse vallée de la Canche. *Colloque " Hydrosystèmes, paysages, territoires ",* Lille, 6-8 septembre 2001.

LORIFERME M. : *40 ans de politique de l'eau*, Economica, Paris, 1987.

LYNCH D. : *L'image de la cité*. Paris, Dunod, 1976.

MARCELPOIL E.G. : Territoires et politiques de développement, *Hommes et Terres du Nord,* n°4, pp. 203-211, 1996.

MARIE M. : De l'aménagement au ménagement du territoire en Provence. *Le genre humain, les usages de la Nature*, n°12, Seuil, Paris, 1985.

MARSH D. et RHODES R.A.W. (eds): *Policy networks in British government,* Clarendon Press, Oxford, 1992.

MARTIN, X., VERREL, J-L., MATHIEU, B., PIN, X. : *Maîtrise foncière des champs d'expansion des crues*. Rapport de l'Inspection Générale de l'Environnement. Ministère de l'Ecologie et du Développement Durable. 2002.

MASSON M., GARRY G., BALLAIS J.L. : *Cartographie des zones inondables, approche hydrogéomorphologique*. MATE, Min. de l'Équipement, des Transports et du Tourisme, 1996.

MAZET P. : *Aménagement du territoire,* A. Colin Paris, 2000.

MEDD, *Plans de prévention des risques naturels (PPR). Risques d'inondation, Guide méthodologique*, Paris, La Documentation Française, 1999 ;

MESCHINET DE RICHEMOND N. : *Les inondations catastrophiques sur la bordure montagneuse du Roussillon : dégâts et sinistrés*, thèse de doctorat de géographie, Université Paris X – Nanterre, 1997.

MESCHINET DE RICHEMOND N. : *Les sociétés rurales catalanes face aux inondations catastrophiques (France, XVIIIème – XXème siècles)*, in *The mediterranean world environment and history*, actes du colloque de Paris 24 – 26 avril 2002, Elsevier, Paris, 2003.

MOLES A. : *Psychologie de l'espace*. Paris : Casterman, 1977.

MONNIER E. : *L'évaluation de l'action des pouvoirs publics*. Paris : Economica, 1992.

MORAND-DEVILLER J. : Les grands principes du droit de l'environnement et du droit de l'urbanisme. *Droit de l'environnement*, n°spécial janvier-février 2002, Environnement et urbanisme : sur la voie de l'intégration, pp. 8 et s, 2002.

MORIN E. : *La Méthode 6 – Ethique*. éd. Seuil, Paris, 2004.

MURPHY F., *Regulating flood plain development*, research paper n° 56, Department of geography, University of Chicago, USA, 1958.

NOVEMBER V., MARCO O., PIGEON P., SCHOENEICH P. : *Revue de géographie alpine* T. 86/2 1998 représentation des risques naturels en montagne Avant-propos p. 7-9, 1998.

PARKER D. : Floodplain development policy in England and Wales. *Applied Geography*, vol. 15, n° 4, 1995.

PASSET R., THEYS J. : *Héritiers du futur : aménagement du territoire, environnement et développement durable*. Editions de l'Aube/DATAR, Paris, 1995

PAULET J.P. : *Les représentations mentales en géographies*. Anthropos. Paris, 2002.

PELTIER A. : De toile et de tôle : vulnérabilité et protection des campings de montagne face aux inondations. Actes du séminaire géorisques 8 février 2005 Montpellier à Paraître presses universitaires de L'UPV, 2005.

PENNING-ROWSELL E., HANDMER J. : *Evaluating flood warning effectiveness : the conceptual, methodological and practical research problems*. CRESS working paper 1986/6. Australia : National University (Camberra), Centre for ressource and environmental studies, 1986.

PENNING-ROWSELL E., UNDERWOOD L. : *Flood hazard and flood plain management : survey of existing studies*. Middlesex Polytechnic, Flood Hazard Research Project, report n° 2, 1972.

PIGEON P. : Représentation cartographique du risque et vulnérabilité liée à la pression foncière touristique (Taconnaz, les Houches et Vers-le-Nant, Chamonix). *Revue de géographie alpine* T. 86/2 représentation des risques naturels en montagne p. 101-117,1998.

PONTIER J.M. : Territorialisation et déterritorialisation de l'action publique. *AJDA*, p.723, 1997.

POTTIER N., HUBERT G. : *Evaluation de l'efficacité des mesures réglementaires de prévention des risques naturels : synthèse des études de cas menées dans le Val de Saône et dans la Vallée de la Marne*. CERGRENE, Ministère de l'aménagement du territoire et de l'environnement (DPPR) 1998.

POTTIER N., HUBERT G., RELIANT C. Quelle efficacité de la prévention réglementaire dans les zones inondables ? Éléments d'évaluation, *Annales des Ponts et Chaussées*, n°105, 2003a, 14-23, 2003.

POTTIER N., Land use controls. Assessment of land use controls in floodplains management, in *Improving flood hazard management across Europe*, E. Penning-Rowsell (eds.), Commission des communautés Européennes: programme Environnement, chapitre 1996.

POTTIER N., RELIANT C., HUBERT G., VEYRET Y. : Les plans de prévention des risques naturels à l'épreuve du temps : prouesses et déboires d'une procédure réglementaire, *Annales des Ponts et Chaussées*, n° 105, 40-48. 2003.

POTTIER N., VEYRET J., MESCHINET DE RICHEMOND N., HUBERT G., RELIANT C., DUBOIS-MAURY J.: Évaluation de la politique de gestion des risques naturels en France, Actes du colloque international *« Risques naturels et aménagement en Europe »,* Paris, Paris X, MEDD, Ministère de l'équipement, La grande Arche, 2002.

POTTIER N.: *L'utilisation des outils juridiques de prévention des risques d'inondation : évaluation des effets sur l'homme et l'occupation des sols dans les plaines alluviales (application à la Saône et à la Marne*), thèse, CEREVE, Ecole des Ponts et Chaussées, 1998.

POTTIER N.: La lutte contre les inondations en France : outils d'hier et stratégies de demain, in « *Les risques* » ? Question de géographie, Vincent Moriniaux (dir), Edition du Temps, pp. 173- 203, 2003.

POTTIER N.: Risques d'inondation, réglementations et territoires, *Hommes et Terres du Nord*, n°2, p. 93-101, 2000.

PRADEL L. : *Naturel, surnaturel : les phénomènes atmosphériques dans l'art oral caribéen*, in YACOU A. et alii, *Les catastrophes naturelles aux Antilles, d'une Soufrière à l'autre*, éditions Karthala – CERC, Paris, pp. 99-106, 1999.

RAPPORT fait au nom de la Commission d'enquête sur les causes des inondations répétitives ou exceptionnelles et sur les conséquences des intempéries afin d'établir les responsabilités, d'évaluer les coûts ainsi que la pertinence des outils de prévention, d'alerte et d'indemnisation, Galley R. et Fleury J. (2001). Assemblée nationale, Tome I : rapport ; tome II : Auditions. Documents d'information de l'Assemblée nationale, n°3386, 618 p.

RELIANT C. : *L'expertise comme outil de territorialisation d'une politique publique ? Fonctions et usages de l'expertise socio-économique dans la politique d'aménagement des zones inondables en France et en Angleterre*. ENPC, CEREVE, thèse de doctorat en sciences et techniques de l'environnement, 2004.

RIP A. et GROENEWEGEN P. : Les faits scientifiques à l'épreuve de la politique, dans *La science et ses réseaux* , sous la direction de M. Callon (dir.), La Découverte, Paris, 1989.

RODE S. : *Des inondations et des hommes. Représentation et gestion territoriale du risque d'inondation dans trois communes du Val de Loire.* 2001-14. Collection mémoires et documents de l'UMR PRODIG. Paris, 2001.

ROMI R.: La prévention des risques naturels, aspects matériels : du discours écologiste aux actes raisonnables ? *Droit de l'environnement*, n°spécial, n°113, pp. 202-203, 2003.

ROUQUETTE M. : *Introduction à l'étude des représentations sociales*. Presses Universitaires de Grenoble, 1998.

ROUSSEL I. : Investigations concernant l'évaluation du risque orageux en milieu urbain. *Publications de l'Association Internationale de Climatologie*., Vol. 3., pp. 363-372, 1990 (a).

ROUSSEL I. : Les inondations en milieu urbain et la gestion du risque ; l'exemple de l'agglomération nancéienne. *Bulletin de l'Association de Géographes Français*, 67 (1), pp. 13-24, 1990 (b).

RUDOL F. : La participation au piège de l'enrôlement, in *Villes et Démocratie,* Espaces et Sociétés, p112, 2003.

SAUVAGE L. : *L'impact du risque industriel sur l'immobilier.* Paris : ADEF, 1997.

SCARWELL H., LAGANIER R. : *Risque d'inondation et aménagement durable des territoires*, Septentrion, Collection environnement et société, 2004.

SCARWELL H., LECLERCQ E. : De l'enquête au terrain : les représentations du risque d'inondation comme relation en tension. In *contraintes environnementales et gouvernance des territoires ss* dir. Scarwell H., Franchomme M. éditions l'Aube Nord pp. 426-434, 2004.

SCARWELL H.J, LAGANIER R.: Eau et intercommunalité dans la Région Nord-Pas-de-Calais : état d'avancement des SAGE à travers l'exemple du SAGE de la Canche, *BAGF- Géographies*, n°1, pp. 104-123, 2002.

SCARWELL H.J, LAGANIER R: Les recompositions de l'action publique en contexte transfrontalier : l'exemple du district hydrographique de l'Escaut, *Revue numérique : Développement Durable et Territoires, (www.revue-ddt.org),* Numéro sur : « Gouvernance locale et Développement durable », en ligne : dossier n° 2, 2003.

SCARWELL H.J., FRANCHOMME M.: Autour des zones humides : espaces productifs d'hier et conflits d'aujourd'hui, *VertigO,* revue canadienne, vol. 6 No 1 : Les savoirs locaux et l'environnement, 2005.

SCARWELL H.J. : Analyse du risque inondation et recomposition du territoire : exemple du bassin versant de la Canche, Programme « *Méthodes pour une gestion intégrée du risque d'inondation à partir de l'analyse du bassin versant de la Canche* » (Programme « Risque Inondation » du GIP Hydrosystème 1999-2001. Ministère de l'aménagement du Territoire et de l'environnement), R Laganier (dir). 249 p., 2001.

SCARWELL H.J.: *La filière éthanol-carburant : enjeux et stratégies, environnement politique et juridique*, Thèse de doctorat, nouveau régime, Nantes, 1993.

SCHOENEICH P. : Risques naturels, espace vécu et représentations : le nécessaire décodage de la mémoire in *Histoire et mémoire des risques naturels* s.d. Favier R. & Granet-Abisset A.M. MSH-Alpes, Grenoble p. 249-270, 2000.

SCHOENEICH P., BUSSET-HENCHOZ M.P. : La dissonance cognitive : facteur explicatif de l'accoutumance au risque. *Revue de géographie alpine* T. 86/2 1998 Représentation des risques naturels en montagne p. 53-62, 1998.

SJÖBERG L. : Explaining risk perception: an empirical and quantitative evaluation of cultural theory. *Risk decision and policy*, n° 2, pp 113-130, 1997.

SJÖBERG L. : *Risk perceptions by politicians and the public.* Risk research report n° 23. Stockholm School of Economics, Center for risk research. 1996.

THEYS J. : La gouvernance, entre innovation et impuissance : le cas de l'environnement. in S. Wachter (dir.) *L'aménagement durable, défis et politiques* (*Revue développement durable et territoire, dossier 2 gouvernance locale et développement durable*) L'Aube-datar p. 163-188, 2002.

VALIRON F. : *La politique de l'eau en France de 1945 à nos jours.* Presses de l'ENPC, 1990.

VANIER M.: La recomposition territoriale : un grand débat idéal, *Espaces et Sociétés*, L'Harmattan, n°96, 1999.

VEYRET Y. (dir), *Les risques*, Paris, SEDES, 2003.

VEYRET Y., BEUCHER S., BONNARD J.-Y. : *Risques naturels et territoires*, Bulletin de l'Association de Géographes Français, 82 (1), pp. 63-74, 2005.

VEYRET Y., GARRY G., MESCHINET DE RICHEMOND N. : *Risques naturels et aménagement en Europe*, Paris, Armand Colin, 2004.

VINET F et DEFOSSEZ S. : Contrainte inondation et pression foncière en France méditerranéenne. La difficile conciliation de l'aménagement du territoire et de la prévention contre les risques, in. Scarwell H.J, Franchomme M., (dir) 2004: « *Contraintes environnementales et gouvernance des territoires* » Actes du colloque, Les éditions de l'AUBE-Nord, 2004, pp.71-78.

VINET F. : *Crues et inondations dans la France méditerranéenne. Les crues torrentielles des 12 et 13 novembre 1999 (Aude, Tarn, Pyrénées Orientales et Hérault)*, Editions du Temps, Nantes, 2003.

VINET F. : Diagnostic et enjeux de la gestion du risque inondation en France méditerranéenne. *La Houille Blanche.* Publications de la société hydrotechnique de France N° 6-2004 P. 76-82., 2004.

VINET F., MESCHINET DE RICHEMOND N. : Territoires et acteurs du risque d'inondation torrentielle en France méditerranéenne, Bulletin de l'Association de Géographes Français, 82 (1), pp. 116-126, 2005.

VITALI D. : Le bassin versant comme territoire des possibles. *Méditerranée*, n°12 p. 29-34, 2003.

VIVERET P. : *L'évaluation des politiques et des actions publiques. Propositions en vue de l'évaluation du RMI.* Rapport au Premier Ministre, collection des rapports officiels. Paris : La Documentation Française, 1989.

WACHTER S. : *L'aménagement durable : défis et politiques*, édition de l'Aube Datar, La tour d'Aigues, 2002.

WHITE G. : *Flood hazard in the United States : a research reassessment.* Boulder : University of Colorado, Institute of behavioral sciences, 1975.

WHITE G.: *Human adjustments to flood ; a Geographical approach to the flood problem in the United States.* Research paper n°29, Department of Geography, Chicago : University of Chicago Press, 1945.

XATARD E. : *Perception du risque de crue catastrophique par les habitants du haut Vallespir*, mémoire de maîtrise de géographie, Université Toulouse le Mirail, 1991.

Table des figures

Table des tableaux

638923 - Janvier 2016
Achevé d'imprimer par

1livre.com
du rêve à la réalité !